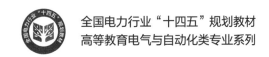全国电力行业"十四五"规划教材

高等教育电气与自动化类专业系列

信号分析与处理

主编　刘蓉晖　米　阳

参编　赵　玲　杨尔滨

主审　陈后金

中国电力出版社

CHINA ELECTRIC POWER PRESS

内 容 提 要

本书为全国电力行业"十四五"规划教材。

本书简明扼要地介绍了信号与线性系统的基本概念、理论和分析方法。全书共分 8 章，内容包括：绪论、连续时间信号的时域分析、连续时间信号的频域分析、离散时间信号的时域和 z 域分析、离散时间系统的时域和 z 域分析、离散时间信号的频域分析、滤波器原理与设计以及现代信号分析与处理简介。重点章节都配有大量例题，进行了重点、难点的讲解和分析，且有 MATLAB 仿真分析，章节都配有习题、知识拓展，数字资源附有部分习题参考答案。

本书可作为电气类专业的本科教材，也可作为自动化类、计算机类、生物医学工程类等专业的教材或参考书，同时也可作为相关专业科技、工程技术人员的参考书。

图书在版编目（CIP）数据

信号分析与处理/刘蓉晖，米阳主编；赵玲，杨尔滨参编. --北京：中国电力出版社，2024.11. --ISBN 978-7-5198-9296-8

Ⅰ. TN911

中国国家版本馆 CIP 数据核字第 2024FJ4423 号

出版发行：中国电力出版社
地　　址：北京市东城区北京站西街 19 号（邮政编码 100005）
网　　址：http://www.cepp.sgcc.com.cn
责任编辑：罗晓莉
责任校对：黄　蓓　王小鹏
装帧设计：赵姗姗
责任印制：吴　迪

印　　刷：廊坊市文峰档案印务有限公司
版　　次：2024 年 11 月第一版
印　　次：2024 年 11 月北京第一次印刷
开　　本：787 毫米×1092 毫米　16 开本
印　　张：16
字　　数：397 千字
定　　价：68.00 元

前　　言

　　《信号分析与处理》是电气类专业的重要专业基础课之一，主要研究信号分析与处理的基本概念、原理、分析方法以及工程应用。该课程以《高等数学》《电路原理》等课程为基础，又是《自动控制原理》《数字信号处理》《微机继电保护原理》等课程的基础。本书主要介绍信号处理及其在电气工程中应用的理论及分析方法。

　　连续时间信号分析和离散时间信号分析是信号处理的基础，本书先进行连续信号分析并介绍连续系统的基本概念和理论，然后阐述离散信号分析及离散系统的基本概念和理论。通过类比，使读者对连续系统和离散系统进行信号处理的概念及方法有较深入的理解和认识。

　　对于线性系统中的信号处理，无论是连续系统还是离散系统，其所处理的信号都可以分解为一系列基本信号分量的线性组合；而线性系统对任一输入信号的响应，是系统对许多不同基本信号的响应叠加；不同的信号分解方式会导致不同的系统分析方法。无论是连续系统的时域、（复）频域分析法，还是离散系统的时域、z 域分析法，本书都采用统一的观点和方法对信号处理及线性系统进行阐述，从而使读者更易于掌握本课程中抽象的概念和分析方法。针对数字信号处理的广泛应用，本书介绍了模拟滤波器和数字滤波器的原理及分析方法，以及现代信号分析与处理方法，使读者对于现代信号处理技术的进展与应用有进一步的了解。为使学生能及时对所学的知识进行检查、理解各章节的基本概念和分析方法，每章都配有一定量的习题，MATLAB 训练与计算机仿真题，并在数字资源中附有大部分习题的参考答案。

　　本书共分 8 章。第 1 章介绍信号和系统的一般概念和分析方法，第 2 章阐述连续时间信号的时域分析方法，第 3 章介绍连续时间信号的频域分析方法，第 4 章介绍离散时间信号的时域和 z 域分析方法，第 5 章介绍离散时间系统的时域和 z 域分析，第 6 章介绍离散时间信号的频域分析，离散信号的频域分析方法即离散傅里叶变换的概念和分析；第 7 章阐述模拟滤波器和数字滤波器的原理和分析方法；第 8 章是现代信号分析与处理方法。

　　本书由上海电力大学刘蓉晖、米阳、赵玲、杨尔滨共同编写，刘蓉晖和米阳担任主编。其中，第 1～5 章、第 8 章由刘蓉晖编写，第 6 章由米阳编写，第 7 章由赵玲编写，全书习题的参考答案由杨尔滨编写。同时，本书参考了大量国内外相关的参考书。北京交通大学陈后金教授审阅了全书，提出了许多宝贵意见，上海电力大学靳希教授也提供了许多宝贵意见。在此对陈后金教授和靳希教授及这些参考书的作者致以衷心的感谢。楚瀛、毛玲、杨欢红、孙改平、夏能弘、李晓华等也对本书的文稿校对做了很多工作，在此深表谢意。很多高校教师也提出了宝贵的建议和修改意见，编者在此表示诚挚的感谢。

　　由于时间较为紧张，再加上编者的水平有限，书中难免存在不足之处，恳请读者不吝批评指正，意见请寄上海电力大学电气工程学院电路电机教研室。

编者

2024 年 6 月

目　录

第 1 章 绪 论

本章重点要求

（1）掌握信号的基本概念与分类，会判断信号是周期信号还是非周期信号，连续信号还是离散信号等。

（2）掌握系统的基本概念和系统的描述方法；会判断系统是否为线性、时不变、因果、稳定系统。

（3）了解本课程的发展和应用，理解本课程研究的内容。

思 考

本课程研究的主要问题和研究方法是什么？

1.1 信号的概念及其分类

1.1.1 信号的概念

在人类社会活动中，人们经常以语言、文字、图形及数据等方式传播和接收消息。消息（message）是通过一定手段所表达的感觉、思想和意见等。从维持生存及完成社会职能的角度来说，人类也必须不停地进行各种消息的传递和交换。

为了有效地发送和利用消息，需要将消息转换为易于处理和传送的信号。信号（signal）是消息的载体，常常借助于某种便于处理、交换和传输的物理量作为运载手段。例如，汽车的汽笛声和钟楼的报时声是声信号，交通信号灯、光纤通导的激光束等是光信号，电台发射的电磁波、卫星导航信号等属于电信号等。目前，在各种信号中，电信号是最便于传输、控制与处理的。在实际应用中，许多非电信号，如温度、流量、压力、速度、转矩等都可以通过专用的传感器转换为电信号。本书主要讨论电信号。

除了使用消息和信号之外，也常用到信息（information）这一术语。在信息论中，信息是消息的一种度量，特指消息中有意义的内容。信号是运载信息的载体，也是通信系统（communication system）中传输的主体。现实世界中的信号有两种：一种是自然存在的物理信号，如语音、地震信号、生理信号、天文及气象中的各种信号等；另一种是人工产生的信号，如雷达信号、超声探测信号、空间卫星测控信号、无线导航信号等。不管是哪种形式的信号，它总是蕴含一定的信息。例如，图像信号含有丰富的图像信息，包括物体形状、颜色、明暗等；心电图信号可以分析与鉴别各种心律失常、心肌受损等。因此，信号是信息的表现形式，信息则是信号的具体内容。

1.1.2 信号的描述

信号通常可以用数学上的函数（function）或序列（sequence）表示，例如 $f(t) = K\sin(\omega t)$，

$f(n) = a^n \varepsilon(n)$ 等，它们既可以看成是一种数学上的函数或序列，也可看成是用数学方法描述的信号。自变量为时间 t 或整数 n 时，常常把"信号"与"函数 $f(t)$"或"序列 $f(n)$"等同起来。例如在电信号中，其最常见的表现形式是随时间变化的电压或电流，可以表示为函数 $u(t)$、$i(t)$ 或序列 $u(n)$、$i(n)$。

描述信号的基本方法是写出它的数学表达式，该表达式是一个或若干个自变量的函数或序列的形式。例如信号 $f(t)$，其中自变量是时间 t，则信号 $f(t)$ 为时间 t 的函数。若将信号随自变量的变化关系绘成图像，则这个图像就是信号的波形，与信号的数学表达式相比，波形的描述方式更具有一般性。有些信号，虽然无法用闭式数学形式描述，但却可以画出它的波形图。

1.1.3 信号的分类

1. 确定性信号与随机信号

若在任意时间点上取值都是确定值，这种信号称为确定性信号（deterministic signal），例如正弦信号。信号在时间点上的取值是一个不确定的变量，但变量的取值有一个范围，这种信号称为随机信号（random signal）。确定性信号可以唯一确定其信号的取值，随机信号的取值是不确定的。本书主要讨论确定性信号。

2. 连续时间信号与离散时间信号

在自变量的整个连续区间内都有定义的信号称为连续时间信号（continuous time signal），简称连续信号。这里"连续"指的是信号的定义域，信号的值域可以连续，也可以不连续。本书用时间 t 表示连续时间信号的自变量，用函数 $f(t)$ 表示连续时间信号。

在离散的时间点上才有定义的信号，称为离散时间信号（discrete time signal），简称离散信号。同样，此处的"离散"指的是定义域，其值域可以是连续的，也可以是不连续的。对于离散信号，通常将自变量用整数 n 表示，用序列 $f(n)$ 表示离散时间信号。如图 1-1 表示的离散信号，在 $n = -2, -1, 0, 1, 2, 3, 4, \cdots\cdots$ 离散时刻的函数值分别为 3，-2，2.2，2.8，1.5，2.5，-1，$\cdots\cdots$。

3. 模拟信号与数字信号

模拟信号（analog signal）是定义域和值域均连续的信号，因此模拟信号肯定是连续时间信号。数字信号（digital signal）指定义域和值域均是离散的信号，因此数字信号肯定是离散时间信号。如图 1-2 中表示的数字信号，其离散时刻的值只取 0 或 1。

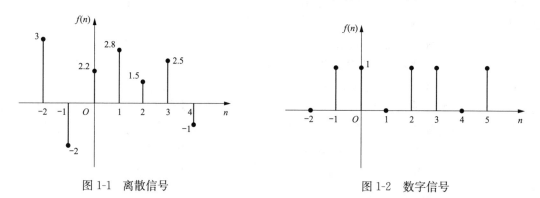

图 1-1   离散信号   图 1-2   数字信号

4. 周期信号与非周期信号

确定性信号按照周期性可以分为周期信号和非周期信号。周期信号（periodic signal）是指信号以固定的时间间隔完全重复（包括形状和大小），并且是无始无终的。

对于连续信号，若存在 $T > 0$，使

$$f(t) = f(t + mT) \quad (m = \pm 1, \pm 2, \pm 3, \cdots\cdots) \tag{1-1}$$

对于离散信号，若存在整数 $N > 0$，使

$$f(n) = f(n + kN) \quad (k = \pm 1, \pm 2, \pm 3, \cdots\cdots) \tag{1-2}$$

则称 $f(t)$、$f(n)$ 为周期信号，T 和 N 为信号 $f(t)$ 和 $f(n)$ 的周期。显然周期信号的波形是以周期 T 重复变化的，如图 1-3 所示。周期信号属于确定性信号的一种。

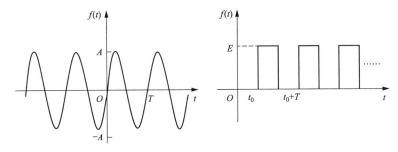

图 1-3　周期信号

如果一个信号不具有周而复始的特性，那么它就是非周期信号（aperiodic signal）。非周期信号也可以看成是周期信号在周期 T 趋于无穷大时的特例。

5. 因果信号与非因果信号

如果一个信号只在自变量的正半轴左闭区间 $[0, \infty)$ 取非零值，而在 $(-\infty, 0)$ 开区间内取零值，则称此信号为因果信号（causal signal），否则就称为非因果信号（non-causal signal）。与因果信号对应，自变量的正半轴开区间 $(0, \infty)$ 取零值，而在 $(-\infty, 0]$ 右闭区间内取非零值的信号称为反因果信号（anticausal signal）。显然，一个在 $(-\infty, \infty)$ 区间都存在非零值的信号可以表示为因果信号和反因果信号之和。

6. 能量信号与功率信号

从能量的观点研究信号，将信号 $f(t)$ 看作加在 1Ω 电阻上的电压或电流，则信号在时间间隔 $-T/2 \leqslant t \leqslant T/2$ 内消耗的能量称为归一化能量，即

$$W = \lim \int_{-T/2}^{T/2} f^2(t)\mathrm{d}t \tag{1-3}$$

信号在时间间隔 $-T/2 \leqslant t \leqslant T/2$ 内的平均功率称为归一化功率，即

$$P = \lim_{T \to \infty} \frac{1}{T} \int_{-T/2}^{T/2} f^2(t)\mathrm{d}t \tag{1-4}$$

对于离散时间信号 $x(n)$，其归一化能量 W 和归一化功率 P 分别定义为

$$W = \lim_{N \to \infty} \sum_{n=-N}^{N} x^2(n) \tag{1-5}$$

$$P = \lim_{N \to \infty} \frac{1}{2N+1} \sum_{n=-N}^{N} x^2(n) \tag{1-6}$$

如果信号的归一化能量 W 为非零的有限值，称此信号 $f(t)$ 为能量有限信号，简称能量信号（energy signal）。客观存在的信号大多是持续时间有限的能量信号。根据式（1-4）可知，能量信号的归一化功率为零。如果信号的归一化能量 W 为无穷大，而它的归一化

功率 P 是不为零的有限值，则称此信号 $f(t)$ 为功率有限信号，简称功率信号（power signal）。

1.2　信号分析与处理概述

早在 19 世纪，人们就开始尝试利用电磁波为载体以电信号方式传送消息。1837 年美国的莫尔斯发明了电报，将字母和数字编码后变成电信号传送出去。1876 年美国的贝尔发明了电话，直接将声音信号变成电信号沿导线传送。1865 年英国的麦克斯韦总结了前人的成果后，提出了电磁波理论学说，并在 1887 年由德国的赫兹通过实验加以证实，为无线电科学奠定了理论基础。1895 年俄国的波波夫和意大利的马可尼同时实现了电信号的无线传送。经过各国科学家的不懈努力，终于实现了利用电磁波传送信号的理想。

进入 20 世纪，传送电信号的通信方式得到迅速发展，无线广播、超短波通信、广播电视、雷达、无线电导航、卫星定位系统等相继出现，在国民经济、工农业生产、国防、医疗、科技开发等各个领域都有广泛的应用，并持续发展。进入 21 世纪后，通信技术的快速发展使人类的生活更加便捷。

无线电电子学、通信技术等的发展和应用，归根结底是要解决一个信号传输问题，也就是要建立一个输送信号的装置，即信号传输系统。电报、电话、收音机、电视机、雷达导航等都是一种信号传输系统。在信号传输与交换理论及应用的发展中，需要对信号进行分析和处理。信号分析是对信号的基本性能进行研究，信号处理是对信号进行某种加工和处理，以达到某种目的，例如滤除信号中的噪声和干扰，去除信号中冗余的信息等，将信号变换成容易分析与识别的形式，便于估计和选择它的特征参量。

20 世纪 80 年代以来，计算机技术的发展与应用，大大促进了信号处理研究领域的发展。信号处理的应用已遍及各个科技领域，例如在石油勘探、地震预报、医学领域中的心脑电图分析、语言识别、图像压缩、经济发展预测模型等都广泛采用了信号处理技术。进入 21 世纪，自适应信号处理、小波分析、人工神经网络理论等应用成果层出不穷，这些应用成果大大推动了现代通信技术的不断发展。信号处理技术，特别是数字信号处理技术在各个科学技术领域应用日益广泛，其正在发挥着越来越重要的作用。

1.3　系统的描述及其分类

1.3.1　系统的描述

系统是由若干相互联系的事物组合而成具有特定功能的整体。系统涉及的范围十分广泛，例如太阳系、生物系统属于自然系统；交通运输网、计算机网属于人工系统；电力网、通信网属于物理系统；经济结构系统、政治体制系统属于非物理系统。本书主要讨论电子学领域的电系统。

图 1-4 所示为信号处理系统的系统框图，模拟信号的信号处理要求在处理之前利用模/数转换器（A/D）来抽样模拟信号，通过数/模转换器将处理过的数字信号转换成模拟信号。该系统将模拟信号变换为数字信号，用数字技术进行处理，再还原为模拟信号。模拟输入信号经过防混叠低通滤波器后，送到模/数转换器，转换成数字信号，再将数字信号送到数字

处理系统（DSP）中进行算法处理，处理完成后将处理结果转换成模拟信号，同时，通过平滑滤波器得到所要求的模拟输出信号。

图 1-4　信号处理系统的系统框图

　　信号分析与处理领域中所研究的系统一般是一个抽象系统。将外部对系统的作用抽象为可用数学函数表示的输入信号（或激励），将具体的实际系统本身抽象为用数学方程或函数描述的数学模型，将要求系统完成的功能称为系统的输出信号（或响应），系统框图如图 1-5 所示。

图 1-5　系统框图

1.3.2　系统的分类

　　从不同的角度对系统进行分类，系统可分为连续时间系统和离散时间系统、线性系统和非线性系统、时变系统和时不变系统、因果系统和非因果系统、稳定系统和不稳定系统、记忆系统和无记忆系统等。

1. 连续时间系统和离散时间系统

　　如果一个系统的输入与输出都是连续时间信号，则称该系统为连续时间系统。如果一个系统的输入与输出都是离散时间信号，则称该系统为离散时间系统。例如，RLC 串联电路是连续时间系统，而数字计算机则是离散时间系统。连续时间系统的数学模型是微分方程，离散时间系统的数学模型是差分方程。连续时间系统和离散时间系统框图如图 1-6 所示。

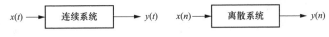

图 1-6　连续时间系统和离散时间系统框图

连续时间系统可表示为

$$y(t) = T[x(t)] \tag{1-7}$$

离散时间系统可表示为

$$y(n) = T[x(n)] \tag{1-8}$$

2. 线性系统和非线性系统

具有线性性质的系统称为线性系统（linear system），即如果

$$y_1(t) = T[x_1(t)], \quad y_2(t) = T[x_2(t)]$$

则

$$my_1(t) + ny_2(t) = mT[x_1(t)] + nT[x_2(t)] = T[mx_1(t) + nx_2(t)] \tag{1-9}$$

其中，m、n 为任意常数。

　　线性系统框图如图 1-7 所示。类似地，线性离散时间系统也具有线性性质，即如果

$$y_1(n) = T[x_1(n)], \quad y_2(n) = T[x_2(n)]$$

则

$$my_1(n) + ny_2(n) = mT[x_1(n)] + nT[x_2(n)] = T[mx_1(n) + nx_2(n)] \tag{1-10}$$

其中，m、n 为任意常数。

图 1-7　线性系统框图

不具有线性性质的系统称为非线性系统。

3. 时变系统和时不变系统

若在相同起始条件下，输入信号 $x(t)$ 延迟一个 t_d 后，输出响应 $y(t)$ 也延迟一个同样的 t_d，则称此系统为时不变系统（time invariant system），否则称为时变系统。时不变系统框图如图 1-8 所示。

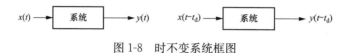

图 1-8　时不变系统框图

满足线性和时不变性的系统称为线性时不变系统（Linear Time Invariant system，LTI系统），本书主要讨论线性时不变系统。

4. 因果系统和非因果系统

在实际的物理系统中，激励是产生响应的原因，响应是激励引起的后果。系统在 t_0 时刻的输出响应只与 t_0 时刻和 t_0 之前时刻的输入激励有关，则称该系统为因果系统或物理可实现系统，否则称为非因果系统或物理不可实现系统。

一般而言，实际运行的系统都是因果系统，不满足因果规律的非因果系统在实际中不存在，但研究非因果系统是有理论意义的。

5. 稳定系统和不稳定系统

系统对于任何一个有界输入，其系统的输出也有界，则称该系统为稳定系统，即如果系统的输入信号 $|x(t)| \leqslant A$，则输出 $|y(t)| \leqslant B$。反之，如果系统的输入有界，输出无界，则称该系统为不稳定系统。

6. 记忆系统和无记忆系统

如果系统的输出信号不仅取决于当前时刻的激励信号，而且与它过去的工作状态有关，则称该系统为记忆系统（或动态系统）。含有记忆元件的系统都是记忆系统，例如包含电容、电感等的系统。如果系统的输出信号只取决于当前时刻的激励信号，而与它过去的工作状态无关，则称该系统为无记忆系统。纯电阻电路就是一个无记忆系统。

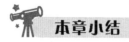

1. 信号的定义及其分类

信号是信息的表现形式，信息则是信号的具体内容。根据信号的特点，信号可以分为确定性信号与随机信号、周期信号与非周期信号、时间连续信号与时间离散信号、模拟信号与数字信号、因果信号与非因果信号、能量信号与功率信号等。

2. 系统的描述及其分类

系统是由若干相互联系的事物组合而成具有特定功能的整体。从不同的角度对系统进行分类，系统可分为连续时间系统和离散时间系统、线性系统和非线性系统、时变系统和时不变系统、因果系统和非因果系统、稳定系统和非稳定系统、记忆系统和无记忆系统等。

信号分析处理在电力系统中的应用

数字信号处理技术，尤其是信号分析处理技术，在电力系统各个方面的应用越来越普遍，发挥的作用也日益重要。电力工程信号可以分为电压信号和电流信号。信号提取和处理在电力系统中具有广泛的应用。

高压电器局部放电检测是电力系统中重要的安全保障措施之一。局部放电可能在绝缘介质中产生，例如电缆、变压器油纸绝缘、气体绝缘开关（GIS）和开关设备中。局部放电的存在可能导致设备的损坏和可靠性降低，还可能引发事故，因此准确地检测和定位局部放电是非常重要的。信号分析处理是局部放电检测中的关键技术之一，其主要目的是将局部放电信号从背景噪声中分离出来，并提取特征量以进行局部放电诊断和定位。在高压电器局部放电检测中，局部放电信号通常被认为是一种高频脉冲信号，其包含丰富的特征信息。通过对局部放电信号进行特征提取，可以准确地描述和分析其信号特征，为后续的信号处理和分析提供基础。常用的局部放电信号特征包括脉冲个数、脉冲幅值、脉冲宽度、脉冲间隔等，这些特征可以通过时域分析、频域分析、小波分析等方法进行提取。不同类型的局部放电信号，其特征提取方法也不同。例如，对于高频、短脉冲的局部放电信号，可以采用小波变换方法进行特征提取。

1.1　简要回答以下问题：

(1) 什么是信号？信号分类的方式有哪几种？

(2) 计算机可以处理什么信号？为什么？

(3) 离散信号、数字信号两者之间有何异同？

1.2　指出图 1-9 所示信号是连续信号还是离散信号。

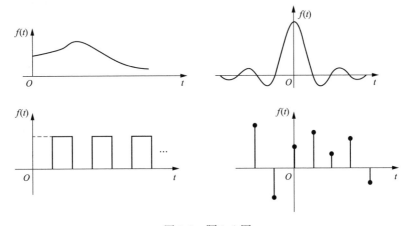

图 1-9　题 1.2 图

1.3　判断下面的说法是否正确，如果不正确，请证明或举例说明。

（1）两个周期信号之和一定是周期信号。

（2）因果系统一定是物理可实现的系统。

（3）如果一个信号不是能量信号，那么它一定是功率信号。

1.4　下面信号是周期的吗？若是，请指明周期。

（1）$f(t) = a\sin(\pi t/5) + b\cos(\pi t/3)$　　　　（2）$f(t) = a\sin(3t/4 + \pi/3)$

（3）$f(t) = e^{j10t}$　　　　（4）$f(t) = 5\cos(\pi t/4 + \pi/5)$

第 2 章　连续时间信号的时域分析

本章重点要求

（1）掌握常用基本信号的时域描述方法、特点和性质。
（2）掌握信号的基本运算和信号的分解。
（3）理解连续时间信号时域分析。
（4）应用 MATLAB 进行连续时间信号时域分析。

思　考

连续时间信号时域分析方法的核心思想是什么？

2.1　连续时间信号的时域描述

连续的确定时间信号（简称连续时间信号）是可用时域上连续的确定性函数描述的信号，用一个时间函数或一条曲线来描述信号随时间变化的特性，称为连续信号的时域描述。在信号处理问题的研究中，常遇到用基本函数表示的基本信号，如直流信号、正弦信号、指数信号、抽样函数、冲激信号等。讨论基本信号的时域描述方法和性质有着重要的意义。通常基本信号可以分为典型信号和奇异信号两类。

2.1.1　典型信号

1. 直流信号

直流信号（DC signal）（图 2-1）的数学表达式为

$$f(t) = K \qquad (2-1)$$

2. 正弦信号和余弦信号（sine&cosine signal）

正弦信号（sine signal）和余弦信号（cosine signal）
（图 2-2）的数学表达式为

图 2-1　直流信号

$$f(t) = K\sin(\omega t + \theta)$$
$$f(t) = K\cos(\omega t + \psi) \qquad (2-2)$$

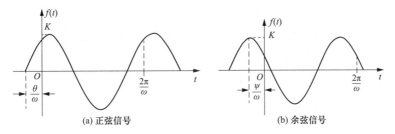

(a) 正弦信号　　　　　　　(b) 余弦信号

图 2-2　正弦信号和余弦信号

式中，K 为振幅；ω 为角频率（$\omega=2\pi f$，f 为频率）；θ、ψ 为初相位。正余弦信号的一个重要性质是对该信号进行微分和积分运算之后，仍为同频率正余弦信号。

3. 指数信号

指数信号（exponential signal）（图 2-3）的函数表达式为

$$f(t)=K\mathrm{e}^{at} \tag{2-3}$$

式中，a 为实数，它反映了信号衰减（$a<0$）或信号增加（$a>0$）的速率。对指数信号进行微分和积分运算后，仍为指数信号。

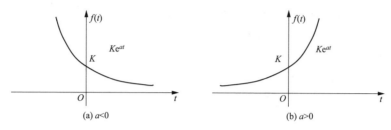

图 2-3　指数信号

4. 复指数信号

复指数信号（complex-exponential signal）（图 2-4）的函数表达式为

$$f(t)=K\mathrm{e}^{st} \tag{2-4}$$

式中，$s=\sigma+\mathrm{j}\omega$ 为复数，σ 为复数 s 的实部，ω 为复数 s 的虚部。根据欧拉公式，复指数信号可以写成

$$f(t)=K\mathrm{e}^{(\sigma+\mathrm{j}\omega)t}=K\mathrm{e}^{\sigma t}\cos\omega t+\mathrm{j}K\mathrm{e}^{\sigma t}\sin\omega t$$

可见，一个复指数信号可以分解为实部和虚部两部分。

$$\mathrm{Re}[f(t)]=K\mathrm{e}^{\sigma t}\cos\omega t$$
$$\mathrm{Im}[f(t)]=K\mathrm{e}^{\sigma t}\sin\omega t \tag{2-5}$$

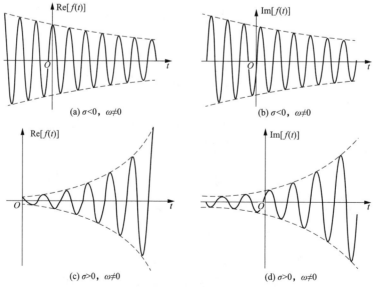

图 2-4　复指数信号

其中，实部包含幅度变化的余弦信号，虚部则为幅度变化的正弦信号。$Ke^{\sigma t}$ 表征了正弦与余弦函数振幅随时间变化的情况，即信号的包络线。

对复指数信号进行微分和积分运算后，仍然是复指数信号，利用复指数信号可以使许多运算和分析简化。虽然复指数信号在现实世界中并不存在，但它在信号分析中发挥着重要的作用。

5. 抽样信号

抽样信号（sampling signal）（图 2-5）的函数表达式为

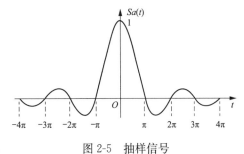

图 2-5　抽样信号

$$Sa(t) = \frac{\sin t}{t} \qquad (2-6)$$

信号波形如图 2-5 所示，从波形图上可知，$Sa(t)$ 具有如下性质。

（1）$Sa(t)$ 是一个偶函数，在 t 的正、负两个方向上其振幅逐渐衰减，当 $t = \pm\pi$，$\pm 2\pi$，…，$\pm n\pi$ 时，函数值为零。

（2）当 $t = 0$ 时，$Sa(t)$ 函数的分子和分母均为零，则其函数值可以借助求极限中的洛必达法则求得

$$Sa(0) = \lim_{t \to 0} \frac{\sin t}{t} = \left. \frac{\cos t}{1} \right|_{t=0} = 1$$

（3）$Sa(t)$ 还有下列性质：

$$\int_{-\infty}^{\infty} Sa(t)\mathrm{d}t = \pi$$

$$\int_{0}^{\infty} Sa(t)\mathrm{d}t = \int_{-\infty}^{0} Sa(t)\mathrm{d}t = \frac{\pi}{2}$$

2.1.2　奇异信号

在信号分析与处理中，除上述几种常用的典型信号外，还有一类基本信号，其本身具有简单的数学形式，都属于连续信号，但其本身或其微分、积分有不连续点存在。由于这类信号的各阶导数不都是有限值，所以通常把这类信号称为奇异信号。奇异信号是从实际信号中抽象出来的基本信号，在信号的分析中占有重要的地位。

1. 单位斜变信号

斜变信号也称斜坡信号，它是指从某一时刻开始随时间按正比例增长的信号。如果增长的变化率为 1，就称作单位斜变信号（unit ramp signal），其表达式为

$$R(t) = \begin{cases} 0 & (t < 0) \\ t & (t \geqslant 0) \end{cases} \qquad (2-7)$$

单位斜变信号如图 2-6(a) 所示。如果将起始点移至 t_0，则表达式为

$$R(t - t_0) = \begin{cases} 0 & (t < t_0) \\ t & (t \geqslant t_0) \end{cases} \qquad (2-8)$$

称之为延迟的斜变信号，如图 2-6(b) 所示。

单位斜变信号是物理不可实现的理想信号。在实际应用中常用到截平斜变信号，在时间 τ 以后的斜变波形被切平，如图 2-7 所示，其表达式为

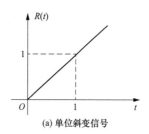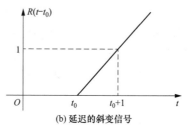

(a) 单位斜变信号　　　　　　　　　(b) 延迟的斜变信号

图 2-6　斜变信号

$$R_{\tau}(t)=\begin{cases} \dfrac{K}{\tau}R(t) & (t<\tau) \\ K & (t\geqslant\tau) \end{cases} \tag{2-9}$$

如图 2-8 所示的三角脉冲信号也可用斜变信号表示，写作

$$R_{\Delta}(t)=\begin{cases} \dfrac{K}{\tau}R(t) & (t<\tau) \\ 0 & (t\geqslant\tau) \end{cases} \tag{2-10}$$

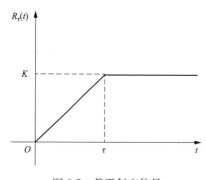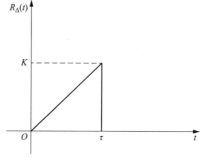

图 2-7　截平斜变信号　　　　　　　　图 2-8　三角脉冲信号

2. 单位阶跃信号

单位阶跃信号（unit step signal）表达式为

$$\varepsilon(t)=\begin{cases} 0 & (t<0) \\ 1 & (t>0) \end{cases} \tag{2-11}$$

其波形如图 2-9(a) 所示。$\varepsilon(t)$ 函数在跳变点 $t=0$ 处未定义，也有规定在 $t=0$ 处函数值 $\varepsilon(0)=1/2$。

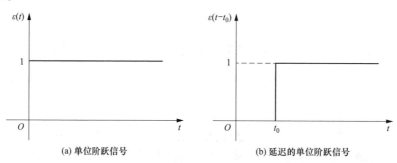

(a) 单位阶跃信号　　　　　　　　　(b) 延迟的单位阶跃信号

图 2-9　阶跃信号

单位阶跃信号描述了某些实际对象从一个状态到另一个状态可以瞬时完成的过程。例如在 $t=0$ 时刻在某一电路接入单位直流电压源并无限持续下去。上面如果接入电压源的时间延迟到 $t=t_0$ 时刻（$t_0>0$），则可用一个延迟的单位阶跃信号表示：

$$\varepsilon(t-t_0)=\begin{cases}0 & (t<t_0)\\ 1 & (t>t_0)\end{cases} \tag{2-12}$$

其波形如图 2-9(b) 所示。

单位斜变信号与单位阶跃信号之间是微分与积分的关系。容易证明以下关系式：

$$R(t)=\int_{-\infty}^{t}\varepsilon(\lambda)\mathrm{d}\lambda \tag{2-13}$$

$$\varepsilon(t)=\frac{\mathrm{d}R(t)}{\mathrm{d}t} \tag{2-14}$$

单位阶跃信号可以描述因果信号。如果 $f(t)$ 为因果信号，当且仅当

$$f(t)=f(t)\varepsilon(t) \tag{2-15}$$

利用阶跃及其延时信号之差也可表示矩形脉冲信号，其波形如图 2-10 示。矩形脉冲信号对于纵坐标左右对称，且宽度为 τ，则以符号 $G_\tau(t)$ 表示，也称为门限函数（gate function）。

$$G_\tau(t)=\varepsilon(t+\tau/2)-\varepsilon(t-\tau/2) \tag{2-16}$$

从上面的例子可以看出阶跃信号具有鲜明的"单边特性"，通常又称为"切除特性"。利用这一特性可以方便地表示各种信号的接入特性。例如图 2-11 的波形可写作：

$$f(t)=\cos\omega t\cdot\varepsilon(t) \tag{2-17}$$

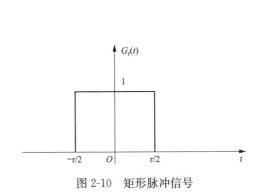

图 2-10　矩形脉冲信号

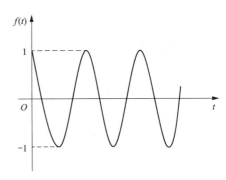

图 2-11　$\cos\omega t\cdot\varepsilon(t)$ 波形

利用单位阶跃信号还可以表示符号函数（signum function），如图 2-12 所示。

该函数定义为

$$\mathrm{Sgn}(t)=\begin{cases}1 & (t>0)\\ -1 & (t<0)\end{cases} \tag{2-18}$$

与阶跃信号类似，对于符号函数在跳变点也可不予定义，或规定 $\mathrm{Sgn}(0)=0$。显然，也可以利用阶跃函数表示 $\mathrm{Sgn}(t)$。

$$\mathrm{Sgn}(t)=2\varepsilon(t)-1 \tag{2-19}$$

或

$$\mathrm{Sgn}(t)=\varepsilon(t)-\varepsilon(-t) \tag{2-20}$$

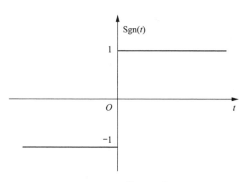

图 2-12　符号函数

3. 单位冲激信号

在自然界中常有这样一些物理现象，某个动作只发生在一个很短的瞬间，而在其他时刻没有任何动作。例如暴风雨天气中的雷鸣电闪的瞬间，力学里弹性碰撞的瞬间作用下的冲击力，通信系统中的抽样脉冲等，都可以用一个时间极短，但取值极大的函数模型来描述。冲激函数的概念就是以这类实际问题为背景提出的。

冲激函数的演变可通过分析矩形脉冲的极限问题得到。图 2-13(a) 所示是一个宽为 τ、高为 $\dfrac{1}{\tau}$ 的矩形脉冲，若保持矩形脉冲面积 $\tau \dfrac{1}{\tau} = 1$ 不变，当脉宽 $\tau \to 0$ 时，脉冲幅度 $\dfrac{1}{\tau} \to \infty$，此极限情况称为冲激强度为 1 的单位冲激函数（unit impulse signal），记作 $\delta(t)$，如图 2-13(b) 所示，具体表达式为

$$\delta(t) = \lim_{\tau \to 0} \frac{1}{\tau}\left[\varepsilon\left(t + \frac{1}{2}\right) - \varepsilon\left(t - \frac{1}{2}\right)\right] \tag{2-21}$$

冲激函数用箭头表示，它表明，$\delta(t)$ 只在 $t=0$ 点有"冲激"，在 $t=0$ 点之外各处，函数值均为零。

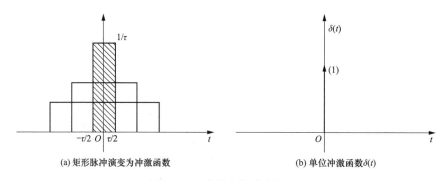

(a) 矩形脉冲演变为冲激函数　　　　　　(b) 单位冲激函数 $\delta(t)$

图 2-13　冲激函数形成原理

通过以上分析，可以给出单位冲激信号的更为严格的定义，也称为狄拉克（Dirac）定义，即

$$\begin{cases} \displaystyle\int_{-\infty}^{\infty} \delta(t)\,\mathrm{d}t = 1 \\ \delta(t) = 0 \quad (t \neq 0) \end{cases} \tag{2-22}$$

如果"冲激"点不在 $t=0$ 处而在 $t=t_0$ 处，则定义式可写为

$$\begin{cases} \displaystyle\int_{-\infty}^{\infty} \delta(t-t_0)\mathrm{d}t = 1 \\ \delta(t-t_0) = 0 \quad (t \neq t_0) \end{cases} \tag{2-23}$$

其波形如图 2-14 示，也称为延迟的单位冲激信号。

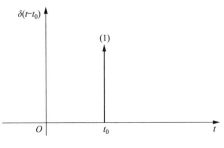

图 2-14　延迟的单位冲激信号

以上对冲激函数的定义都没说明 $t=0$ 时其函数值为何，因此说 $\delta(t)$ 不是通常意义上的函数，因而也称为奇异函数。一般将其在整个时间域的积分值用冲激强度表示。对于单位冲激信号，其冲激强度为 1。

冲激函数还具有如下性质。

(1) 筛选性质。若 $f(t)$ 为连续函数，则冲激函数 $\delta(t)$ 应使下式成立：

$$\int_{-\infty}^{\infty} f(t)\delta(t)\mathrm{d}t = \int_{-\infty}^{\infty} f(0)\delta(t)\mathrm{d}t = f(0)\int_{-\infty}^{\infty} \delta(t)\mathrm{d}t = f(0) \tag{2-24}$$

类似地，对于延迟 t_0 的单位冲激信号有

$$\int_{-\infty}^{\infty} f(t)\delta(t-t_0)\mathrm{d}t = f(t_0) \tag{2-25}$$

式 (2-24) 及式 (2-25) 均表明了冲激信号的筛选特性。连续时间信号 $f(t)$ 与单位冲激信号 $\delta(t)$ 相乘并在 $-\infty$ 到 $+\infty$ 时间内取积分，可以得到 $f(t)$ 在 $t=0$ 点的函数值 $f(0)$，也即"筛选"出 $f(0)$。若将单位冲激移到 t_0 时刻，则抽样值取 $f(t_0)$。

(2) 时域压扩性。$\delta(t)$ 的时域压扩性表达式为

$$\delta(at) = \frac{1}{|a|}\delta(t) \quad (a \neq 0 \text{ 为任意常数}) \tag{2-26}$$

证明：

$$\int_{-\infty}^{\infty} \delta(at)\mathrm{d}t = \int_{-\infty}^{\infty} \delta(|a|t)\mathrm{d}t = \frac{1}{|a|}\int_{-\infty}^{\infty} \delta(|a|t)\mathrm{d}(|a|t)$$

$$= \frac{1}{|a|}\int_{-\infty}^{\infty} \delta(\tau)\mathrm{d}\tau = \frac{1}{|a|}\int_{-\infty}^{\infty} \delta(t)\mathrm{d}t$$

当 $t \neq 0$ 时，$at \neq 0$，则 $\delta(at) = 0$，故由 $\delta(t)$ 的定义可知结论正确。

该性质表明：将 $\delta(t)$ 信号以原点为基准压缩到原来的 $\dfrac{1}{|a|}$ 倍（$|a| > 1$）或扩展到原来的 $\dfrac{1}{|a|}$ 倍（$0 < |a| < 1$），等价于冲激信号的强度乘以 $\dfrac{1}{|a|}$。

由冲激信号的时域压扩性可知，当 $a = -1$ 时，则 $\delta(t) = \delta(-t)$，即 $\delta(t)$ 函数是偶函数。

(3) 冲激函数的积分等于阶跃函数，阶跃函数的微分等于冲激函数。由定义式 (2-22) 可知

$$\int_{-\infty}^{t} \delta(\tau)\mathrm{d}\tau = \begin{cases} 0 & (t < 0) \\ 1 & (t > 0) \end{cases}$$

将此式与 $\varepsilon(t)$ 的定义式比较，就可以得出

$$\int_{-\infty}^{t} \delta(\tau)\mathrm{d}\tau = \varepsilon(t) \tag{2-27}$$

$$\frac{\mathrm{d}\varepsilon(t)}{\mathrm{d}t} = \delta(t) \tag{2-28}$$

阶跃函数在除 $t=0$ 以外的各点都取固定值，其变化率都等于零。而在 $t=0$ 处有不连续点，此跳变的微分对应在零点的冲激。

4. 单位冲激偶信号

单位冲激偶信号（unit impulse doublet signal）就是单位冲激信号的导数，表示为

$$\delta'(t) = \begin{cases} \dfrac{\mathrm{d}\delta(t)}{\mathrm{d}t} & t=0 \\ 0 & t \neq 0 \end{cases} \tag{2-29}$$

冲激偶信号可通过对矩形脉冲信号求导并取极限演变得到。如图 2-15 所示，矩形脉冲信号的导数是一正一负两个强度为 $\dfrac{1}{\tau}$ 的冲激函数，当 $\tau \to 0$ 时，矩形脉冲信号演变为单位冲激函数，而其导数则演变为单位冲激偶函数 $\delta'(t)$。

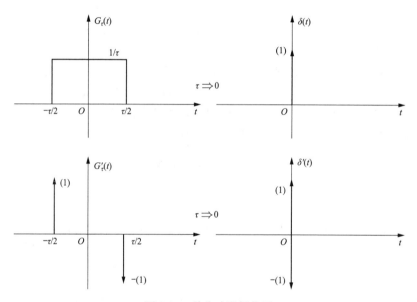

图 2-15　单位冲激偶信号

由上述分析可知，单位冲激偶信号是这样一种信号：当 $t \to 0_-$ 时，它是一个强度无穷大的正冲激信号；当 $t \to 0_+$ 时，它是一个强度为无穷大的负冲激信号。单位冲激偶信号还具有以下性质。

（1）单位冲激偶信号的积分等于单位冲激信号，即

$$\delta(t) = \int_{-\infty}^{t} \delta'(\tau)\mathrm{d}\tau \tag{2-30}$$

（2）单位冲激偶信号具有抽样性，即

$$\int_{-\infty}^{\infty} f(t)\delta'(t)\mathrm{d}t = -f'(0) \tag{2-31}$$

证明：

$$\int_{-\infty}^{\infty} f(t)\delta'(t)\mathrm{d}t = f(t)\delta(t)\Big|_{-\infty}^{\infty} - \int_{-\infty}^{\infty} f'(t)\delta(t)\mathrm{d}t = -f'(0) \qquad (2\text{-}32)$$

（3）单位冲激偶信号包含的面积为零，即正负冲激面积抵消。

$$\int_{-\infty}^{\infty} \delta'(t)\mathrm{d}t = 0 \qquad (2\text{-}33)$$

2.2　连续时间信号的基本运算

在信号分析与处理中，往往需要进行信号的基本运算，包括反褶、尺度变换、平移的信号波形变换，以及叠加、相乘、微分、积分等信号的数学运算。研究信号的基本运算，具有重要的理论和应用价值。

2.2.1　反褶

信号 $f(t)$ 经时域"反褶"运算后变成 $f(-t)$，它是将原信号 $f(t)$ 的波形按纵轴对称地翻转过来，如图 2-16 中所示。引入"反褶"的概念，实际是一种时间上的翻转，这主要是为了在数学上分析方便。但这种时间上翻转的功能在实际的信号处理硬件系统中是不能完成的。

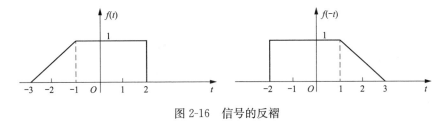

图 2-16　信号的反褶

显然，如果一个信号是偶函数，那么其反褶就是其本身；一个信号经两次反褶后也是其本身。

2.2.2　时移

$f(t)$ 的时间平移 $f(t-t_0)$ 是将信号 $f(t)$ 的波形沿时间轴平移 t_0 个单位。当 $t_0 > 0$ 时，表示右移，相当于时间滞后；当 $t_0 < 0$ 时，表示左移，相当于时间超前。图 2-17 表示 $t_0 = 1$ 和 $t_0 = -1$ 的情况。实际系统中的延迟器和预测器就可以实现信号的平移。

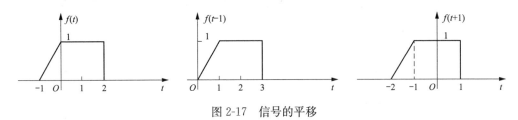

图 2-17　信号的平移

2.2.3　尺度变换

信号的尺度变换就是将信号 $f(t)$ 转换成新的信号 $f(at)$。通常，时间坐标的展缩可以用变量 at 替代原信号的自变量 t 来实现，$f(at)$ 将 $f(t)$ 以原点为基准，沿横坐标把 $f(t)$ 展缩到原来的 $1/a$ 倍。当 a 为正数，$a > 1$ 时，$f(at)$ 把 $f(t)$ 压缩到原来的 $1/a$ 倍；当 $a < 1$ 时，$f(at)$ 把 $f(t)$ 扩展到原来的 $1/a$ 倍。当 $a < 0$ 时，则先对 $f(t)$ 进行反褶变为 $f(-t)$，

然后再由 $|a|>1$ 或 $|a|<1$ 决定 $f(at)$ 的展缩。因此将非零常数 a 称为"尺度变换因子"或"展缩因子"，称 $f(at)$ 为"按展缩因子 a 对 $f(t)$ 进行时间展缩"。图 2-18 表示 $a=2$ 和 $a=1/2$ 的情况。实际系统中的展宽器和压缩器就可以实现这种功能。

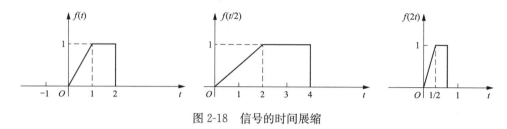

图 2-18　信号的时间展缩

以上讨论的三种波形变换是信号的基本波形变换。在一些复杂的运算中，几种信号变换可以结合到一起同时出现。下面举例说明。

【**例 2-1**】已知信号 $f(t)$ 的波形如图 2-19(a) 所示，试画出 $f(-3t-3)$ 的波形。

解：（1）首先考虑平移作用，求出 $f(t-3)$ 的波形，如图 2-19(b) 所示。

（2）将 $f(t-3)$ 作时间展缩，展缩因子为 3，将 $f(t-3)$ 压缩 1/3 倍，求得 $f(3t-3)$ 的波形，如图 2-19(c) 所示。

（3）将 $f(3t-3)$ 反褶，求出 $f(-3t-3)$ 的波形，如图 2-19(d) 所示。

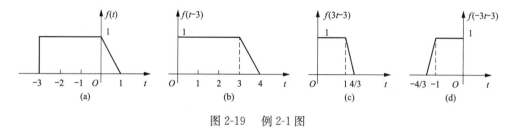

图 2-19　例 2-1 图

如果改变上述运算的顺序，例如先求 $f(3t)$ 或先求 $f(-t)$，并不影响最后的运算结果。信号同时进行多种运算时，与信号运算顺序无关。

2.2.4　相加和相乘

两信号相加后形成一个新的信号，其任意时刻的数值等于两个信号同在该时刻的数值之和，如图 2-20 所示。实际信号处理中硬件系统常用的加法器是完成相加的信号变换器。

$$f(t)=f_1(t)+f_2(t) \tag{2-34}$$

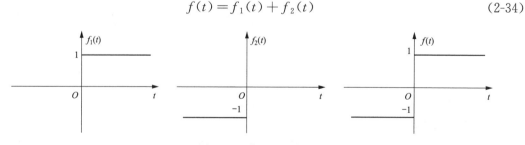

图 2-20　信号的相加

两信号的乘积也会形成一个新的信号，其任意时刻的数值等于两信号同在该时刻数值的乘积，如图 2-21 所示。实际信号处理中，抽样器和调制器都是完成相乘运算功能的系统。

$$f(t) = f_1(t) \cdot f_2(t) \tag{2-35}$$

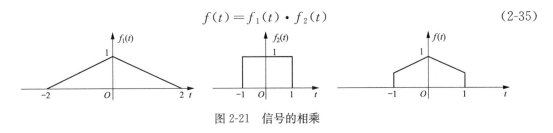

图 2-21　信号的相乘

2.2.5　微分和积分

信号的微分是指信号对时间的导数，可以表示为

$$f'(t) = \frac{\mathrm{d}f(t)}{\mathrm{d}t} \tag{2-36}$$

连续时间信号的微分运算表示该信号随时间的变化率。实际信号处理中，微分器是完成微分运算的信号变换器。

信号的积分是指信号在区间 $(-\infty, t)$ 上的积分，可以表示为

$$f^{(-1)}(t) = \int_{-\infty}^{t} f(\tau)\mathrm{d}\tau \tag{2-37}$$

连续时间信号的积分运算表示它在任意时刻 t 的取值是在区间 $(-\infty, t)$ 内 $f(t)$ 的波形图与时间轴所包围的面积。实际信号处理中，积分器是完成积分运算的信号变换器。

2.2.6　卷积

卷积是时域中信号处理与线性系统分析方法之一，它可以用于求线性系统对任意激励信号的零状态响应。卷积的物理概念及运算在信号处理理论中占有重要地位，计算机技术的飞速发展带动了信号与系统理论的深入研究。在现代地震预报，超声诊断，图像处理、辨识及其他诸多信号处理领域中卷积及其反卷积无处不在，其概念已从时域拓展到频域，从连续域扩展到离散域。卷积积分是连续信号与系统时域分析中一个重要的数学工具，在信号处理及其他许多科学领域具有重要的意义。

1. 卷积的定义

函数 $f_1(t)$ 与 $f_2(t)$ 的卷积积分（convolution integral），简称卷积，定义为

$$f(t) = \int_{-\infty}^{\infty} f_1(\tau)f_2(t-\tau)\mathrm{d}\tau \tag{2-38}$$

简记为 $f_1(t) * f_2(t)$。这里 τ 是积分变量，t 是参变量，显然，两个关于时间 t 的函数经过卷积运算后仍然是关于时间 t 的函数。在式（2-38）中，积分的上下限取 $-\infty$ 到 $+\infty$，是指对 $f_1(t)$ 和 $f_2(t)$ 的作用时间范围没有限制。实际由于系统的因果性或激励信号存在时间的限制，其积分限会有变化，这一点借助于卷积的图解说明可以看得很清楚。在卷积运算中积分限的确定非常关键，在计算中应注意。

2. 卷积的几何解释

图解法能直观地了解卷积的计算过程，把抽象的概念形象化，更好地理解卷积运算的物理意义。按照卷积的定义式（2-38），若函数 $f_1(t)$ 与 $f_2(t)$ 卷积积分表示为 $f(t) = f_1(t) * f_2(t) = \int_{-\infty}^{\infty} f_1(\tau)f_2(t-\tau)\mathrm{d}\tau$。图解法实现卷积运算，需要完成以下 6 个过程。

（1）变量置换：将 $f_1(t)$、$f_2(t)$ 中的变量 t 用 τ 置换变为 $f_1(\tau)$、$f_2(\tau)$。

（2）反褶：将 $f_2(\tau)$ 反褶，变为 $f_2(-\tau)$。

（3）平移：给定一个 t 时刻，将 $f_2(-\tau)$ 平移（右移或者左移）$|t|$，变为 $f_2[-(\tau-t)]$ 即 $f_2(t-\tau)$，此时，t 可视为常量。

（4）相乘：将 $f_1(\tau)$ 与 $f_2(t-\tau)$ 相乘。

（5）积分：求 $f_1(\tau)f_2(t-\tau)$ 乘积的重叠部分的积分，即为 t 时刻的卷积结果 $f(t)$ 的值。

（6）改变参变量 t 的值，t 在（$-\infty$，$+\infty$）范围内变化，重复第（3）～（5）的步骤，最终得到卷积信号 $f(t)=f_1(t)*f_2(t)$。

通过图解分析计算两信号的卷积结果，可以直观地理解卷积的物理意义，采用卷积的解析计算，能精确地计算信号的卷积结果。例 2-2 用图解分析来阐述卷积运算。

【例 2-2】已知两信号 $G_a(t)$、$G_b(t)$ 的波形如图 2-22(a)、(b) 所示，其中 $a<b$ 求这两个信号的卷积 $f(t)=G_b(t)*G_a(t)$，并绘出卷积波形。

解： 对 $G_a(t)$、$G_b(t)$ 进行变量替换，令 $t=\tau$，得到 $G_a(\tau)$、$G_b(\tau)$。

将 $G_a(\tau)$ 反褶为 $G_a(-\tau)$ 后做平移，位移量为 t，t 就是一个参变量。在 τ 为横坐标的坐标系中，$t>0$，$G_a(t-\tau)$ 右移，$t<0$，$G_b(t-\tau)$ 左移。

然后将两信号相乘后的重叠部分 $f_1(t)f_2(t-\tau)$ 再积分，相当于重叠部分的面积积分。按上述步骤完成的卷积计算结果及波形如下。

（1）$-\infty<t\leqslant-\dfrac{a+b}{2}$，如图 2-22(c) 所示，$G_a[-(\tau-t)]$ 和 $G_b(\tau)$ 的波形没有重叠部分。

$$G_b(t)*G_a(t)=0$$

（2）$-\dfrac{(a+b)}{2}<t\leqslant-\dfrac{b-a}{2}$，如图 2-22(d) 所示，$G_a[-(\tau-t)]$ 和 $G_b(\tau)$ 的波形有重叠部分，重叠区域为 $\left[-\dfrac{b}{2},\ t+\dfrac{a}{2}\right]$。

$$G_b(t)*G_a(t)=\int_{-\frac{b}{2}}^{t+\frac{a}{2}}1\mathrm{d}\tau=t+\frac{a}{2}+\frac{b}{2} \tag{2-39}$$

（3）$-\dfrac{b-a}{2}<t\leqslant\dfrac{b-a}{2}$，如图 2-22(e) 所示，$G_a[-(\tau-t)]$ 和 $G_b(\tau)$ 的波形有重叠部分，重叠区域为 $\left[t-\dfrac{a}{2},\ t+\dfrac{a}{2}\right]$。

$$G_b(t)*G_a(t)=\int_{t-\frac{a}{2}}^{t+\frac{a}{2}}1\mathrm{d}\tau=a$$

（4）$\dfrac{b-a}{2}<t\leqslant\dfrac{b+a}{2}$，如图 2-22(f) 所示，$G_a[-(\tau-t)]$ 和 $G_b(\tau)$ 的波形有重叠部分，重叠区域为 $\left[t-\dfrac{a}{2},\ \dfrac{b}{2}\right]$。

$$G_b(t)*G_a(t)=\int_{t-\frac{a}{2}}^{\frac{b}{2}}1\mathrm{d}\tau=\frac{a+b}{2}-t$$

（5）$\dfrac{a+b}{2}<t<+\infty$，如图 2-22(g) 所示，$G_a[-(\tau-t)]$ 和 $G_b(\tau)$ 的波形没有重叠部分。

$$G_b(t)*G_a(t)=0$$

综上所述，卷积积分 $G_b(t)*G_a(t)$ 的波形如图 2-22(h) 所示。

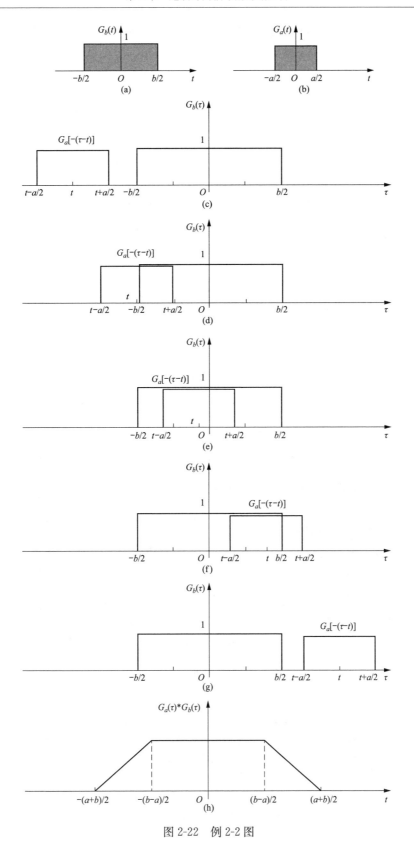

图 2-22　例 2-2 图

从以上图解分析中可以看出，卷积中积分限的确定取决于两个图形重叠部分的范围。卷积积分的结果所占有的时宽等于两个函数各自时宽的总和。

在卷积中也可以把 $G_b(\tau)$ 进行反褶、移位再与 $G_a(\tau)$ 相乘，然后进行积分计算，得到的结果与前述一样。

【例 2-3】 已知两信号 $f_1(t)$、$f_2(t)$ 波形如图 2-23(a) 所示，试求这两个信号的卷积结果并绘出卷积波形。

解： 首先对 $f_1(t)$、$f_2(t)$ 进行变量替换，令 $t=\tau$，得到 $f_1(\tau)$、$f_2(\tau)$ [图 2-23(b)]。再将 $f_2(\tau)$ 反褶为 $f_2(-\tau)$ 后做位移，位移量为 t，t 就是一个参变量。在 τ 为横坐标的坐标系中，$t>0$，$f_2(t-\tau)$ 右移，$t<0$，$f_2(t-\tau)$ 左移，如图 2-23(c) 所示。然后将两信号相乘后的重叠部分 $f_1(\tau)\cdot f_2(t-\tau)$ 再积分，相当于重叠部分的面积积分。按上述步骤完成的卷积计算结果及波形如下。

(1) $-\infty<t\leqslant-0.5$，如图 2-23(d) 所示。

$$f_1(t)*f_2(t)=0$$

(2) $-0.5\leqslant t\leqslant1$，如图 2-23(e) 所示。

$$f_1(t)*f_2(t)=\int_{-\frac{1}{2}}^{t}1\cdot\frac{1}{2}(t-\tau)\mathrm{d}\tau=\frac{t^2}{4}+\frac{t}{4}+\frac{1}{16}$$

(3) $1\leqslant t\leqslant1.5$，如图 2-23(f) 所示。

$$f_1(t)*f_2(t)=\int_{-\frac{1}{2}}^{1}1\cdot\frac{1}{2}(t-\tau)\mathrm{d}\tau=\frac{3}{4}t-\frac{3}{16}$$

(4) $1.5\leqslant t\leqslant3$，如图 2-23(g) 所示。

$$f_1(t)*f_2(t)=\int_{t-2}^{1}1\cdot\frac{1}{2}(t-\tau)\mathrm{d}\tau=-\frac{t^2}{4}+\frac{t}{2}+\frac{3}{4}$$

(5) $3\leqslant t<\infty$，如图 2-23(h) 所示。

$$f_1(t)*f_2(t)=0$$

以上各图中重叠部分的积分值，即为相乘积分的结果，最后以 t 为横坐标，将与 t 对应的积分值描成曲线，就是卷积积分 $f_1(t)*f_2(t)$ 的函数波形，如图 2-23(i) 所示。

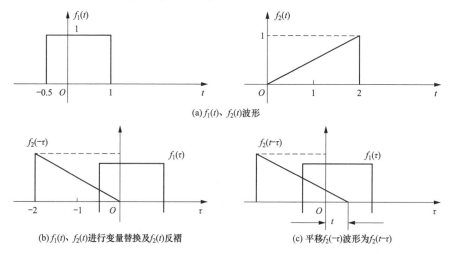

(a) $f_1(t)$、$f_2(t)$ 波形

(b) $f_1(t)$、$f_2(t)$ 进行变量替换及 $f_2(t)$ 反褶

(c) 平移 $f_2(-\tau)$ 波形为 $f_2(t-\tau)$

图 2-23 例 2-3 图

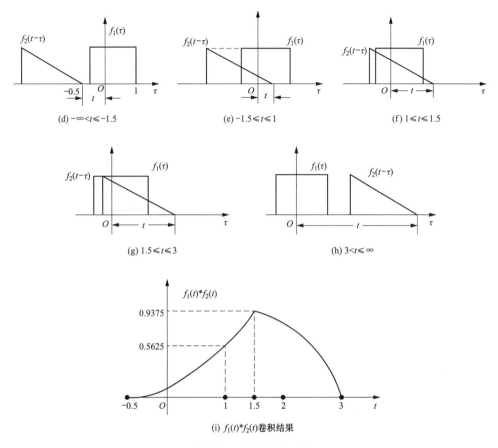

图 2-23　例 2-3 图（续）

3. 卷积的性质

卷积积分是一种数学运算，它有以下一些特殊的性质，在信号处理与系统分析中有重要作用，利用这些性质还可以使卷积运算简化。

（1）卷积代数性质。通常乘法运算中的某些代数定律也适用于卷积运算。

1）交换律（commutative property）。

$$f_1(t) * f_2(t) = f_2(t) * f_1(t) \tag{2-40}$$

证明：将积分变量 τ 改换为 $t - \lambda$ 有

$$f_1(t) * f_2(t) = \int_{-\infty}^{\infty} f_1(\tau) \cdot f_2(t-\tau) \mathrm{d}\tau = \int_{-\infty}^{\infty} f_1(t-\lambda) \cdot f_2(\lambda) \mathrm{d}\lambda = f_2(t) * f_1(t)$$

2）分配律（distributive property）。

$$f_1(t) * [f_2(t) + f_3(t)] = f_1(t) * f_2(t) + f_1(t) * f_3(t) \tag{2-41}$$

利用卷积积分的基本定义及积分的运算关系即可证明。

3）结合律（associative property）。

$$[f_1(t) * f_2(t)] * f_3(t) = f_1(t) * [f_2(t) * f_3(t)] \tag{2-42}$$

这里包含两次卷积运算，是一个二重积分，通过改变积分次序即可证明此定律。

证明:

$$
\begin{aligned}
\left[f_1(t) * f_2(t)\right] * f_3(t) &= \int_{-\infty}^{\infty}\left[\int_{-\infty}^{\infty} f_1(\lambda) \cdot f_2(\tau-\lambda)\mathrm{d}\lambda\right]f_3(t-\tau)\mathrm{d}\tau \\
&= \int_{-\infty}^{\infty} f_1(\lambda)\left[\int_{-\infty}^{\infty} f_2(\tau-\lambda) \cdot f_3(t-\tau)\mathrm{d}\tau\right]\mathrm{d}\lambda \\
&= \int_{-\infty}^{\infty} f_1(\lambda)\left[\int_{-\infty}^{\infty} f_2(\tau') \cdot f_3(t-\lambda-\tau')\mathrm{d}\tau'\right]\mathrm{d}\lambda \\
&= f_1(t) * \left[f_2(t) * f_3(t)\right]
\end{aligned} \tag{2-43}
$$

（2）卷积积分的微分与积分。卷积积分的代数定律与乘法运算性质类似，但是卷积的微分或积分却与两函数相乘的微分或积分性质不同。

1）两个函数卷积后的导数等于其中一个函数的导数与另一函数的卷积，其表示式为

$$
\frac{\mathrm{d}}{\mathrm{d}t}\left[f_1(t) * f_2(t)\right] = f_1(t) * \frac{\mathrm{d}f_2(t)}{\mathrm{d}t} = \frac{\mathrm{d}f_1(t)}{\mathrm{d}t} * f_2(t) \tag{2-44}
$$

证明:

$$
\begin{aligned}
\frac{\mathrm{d}}{\mathrm{d}t}\left[f_1(t) * f_2(t)\right] &= \frac{\mathrm{d}}{\mathrm{d}t}\int_{-\infty}^{\infty} f_1(\tau)f_2(t-\tau)\mathrm{d}\tau = \int_{-\infty}^{\infty} f_1(\tau)\frac{\mathrm{d}f_2(t-\tau)}{\mathrm{d}t}\mathrm{d}\tau \\
&= f_1(t) * \frac{\mathrm{d}f_2(t)}{\mathrm{d}t}
\end{aligned}
$$

同理可证:

$$
\frac{\mathrm{d}}{\mathrm{d}t}\left[f_1(t) * f_2(t)\right] = f_2(t) * \frac{\mathrm{d}f_1(t)}{\mathrm{d}t}
$$

2）两函数卷积后的积分等于其中一个函数的积分与另一函数的卷积，其表达式为

$$
\int_{-\infty}^{t}\left[f_1(\lambda) * f_2(\lambda)\right]\mathrm{d}\lambda = f_1(t) * \int_{-\infty}^{t} f_2(\lambda)\mathrm{d}\lambda = f_2(t) * \int_{-\infty}^{t} f_1(\lambda)\mathrm{d}\lambda \tag{2-45}
$$

由式（2-44）和式（2-45）不难得出以下关系:

$$
\frac{\mathrm{d}f_1(t)}{\mathrm{d}t} * \int_{-\infty}^{t} f_2(\lambda)\mathrm{d}\lambda = f_1(t) * f_2(t) \tag{2-46}
$$

利用类似的推演还可导出卷积的高阶微分和多重积分的运算规律，此处不再赘述。

（3）奇异函数的卷积特性

1）函数 $f(t)$ 与单位冲激函数 $\delta(t)$ 卷积，其结果仍然是函数 $f(t)$ 本身，即

$$
f(t) * \delta(t) = f(t) \tag{2-47}
$$

证明：根据卷积定义及 $\delta(t)$ 的抽样性质可知

$$
f(t) * \delta(t) = \int_{-\infty}^{\infty} f(\tau)\delta(t-\tau)\mathrm{d}\tau = \int_{-\infty}^{\infty} f(t-\tau)\delta(\tau)\mathrm{d}\tau = f(t)
$$

类似地还有

$$
f(t) * \delta(t-t_0) = f(t-t_0) \tag{2-48}
$$

式（2-48）表明，函数与 $\delta(t-t_0)$ 的卷积结果，相当于把函数本身延迟 t_0。

2）函数 $f(t)$ 与冲激偶函数 $\delta'(t)$ 的卷积，其结果为函数 $f(t)$ 的微分，即

$$
f(t) * \delta'(t) = f'(t) \tag{2-49}
$$

式（2-49）可利用卷积的微分性质直接证明。

3) 函数 $f(t)$ 与单位阶跃函数 $\varepsilon(t)$ 的卷积为

$$f(t) * \varepsilon(t) = \int_{-\infty}^{t} f(\lambda)\mathrm{d}\lambda \tag{2-50}$$

式 (2-50) 可利用阶跃函数与冲激函数的关系及卷积的积分性质证明。

为了便于应用, 把一些常用的函数卷积积分的结果编成卷积表放在附录一中, 以备查用。利用卷积性质可以简化卷积运算, 下面举例说明。

【例 2-4】 将图 2-24 中两函数的卷积运算, 利用式 (2-46) 的性质重新计算。

解: 由式 (2-46) 可知

$$f(t) = f_1(t) * f_2(t) = \frac{\mathrm{d}f_1(t)}{\mathrm{d}t} * \int_{-\infty}^{t} f_2(\lambda)\mathrm{d}\lambda$$

其中:

$$\frac{\mathrm{d}}{\mathrm{d}t} f_1(t) = \delta\left(t + \frac{1}{2}\right) - \delta(t - 1)$$

其图形如图 2-24(a) 所示。

$$\begin{aligned}
\int_{-\infty}^{t} f_2(\lambda)\mathrm{d}\lambda &= \int_{-\infty}^{t} \frac{\lambda}{2}[\varepsilon(\lambda) - \varepsilon(\lambda - 2)]\mathrm{d}\lambda \\
&= \left[\int_0^t \frac{\lambda}{2}\mathrm{d}\lambda\right]\varepsilon(t) - \left[\int_2^t \frac{\lambda}{2}\mathrm{d}\lambda\right]\varepsilon(t - 2) \\
&= \frac{1}{4}t^2\varepsilon(t) - \frac{1}{4}(t^2 - 4)\varepsilon(t - 2) \\
&= \frac{t^2}{4}[\varepsilon(t) - \varepsilon(t - 2)] + \varepsilon(t - 2)
\end{aligned}$$

其波形如图 2-24(b) 所示。

$$\begin{aligned}
\frac{\mathrm{d}f_1(t)}{\mathrm{d}t} * \int_{-\infty}^{t} f_2(\lambda)\mathrm{d}\lambda &= \left[\delta\left(t + \frac{1}{2}\right) - \delta(t - 1)\right] * \left\{\frac{t^2}{4}[\varepsilon(t) - \varepsilon(t - 2)] + \varepsilon(t - 2)\right\} \\
&= \frac{1}{4}\left(t + \frac{1}{2}\right)^2\left[\varepsilon\left(t + \frac{1}{2}\right) - \varepsilon\left(t - \frac{3}{2}\right)\right] + \varepsilon\left(t - \frac{3}{2}\right) \\
&\quad - \left\{\frac{1}{4}(t - 1)^2[\varepsilon(t - 1) - \varepsilon(t - 3)] + \varepsilon(t - 3)\right\} \\
&= \begin{cases}
\frac{1}{4}\left(t + \frac{1}{2}\right)^2 & -\frac{1}{2} \leqslant t < 1 \\
\frac{1}{4}\left(t + \frac{1}{2}\right)^2 - \frac{1}{4}(t - 1)^2 = \frac{3}{4}\left(t - \frac{1}{4}\right) & 1 \leqslant t < \frac{3}{2} \\
1 - \frac{1}{4}(t + 1)^2 = -\frac{t^2}{4} + \frac{t}{2} + \frac{3}{4} & \frac{3}{2} \leqslant t < 3
\end{cases}
\end{aligned}$$

其波形如图 2-24(c) 和图 2-24(d) 所示。可以看出如果对某一信号微分后出现冲激信号, 则卷积最终结果是另一信号对应积分后平移叠加的结果。利用性质求解的结果与例 2-3 用图解法计算的结果一致。

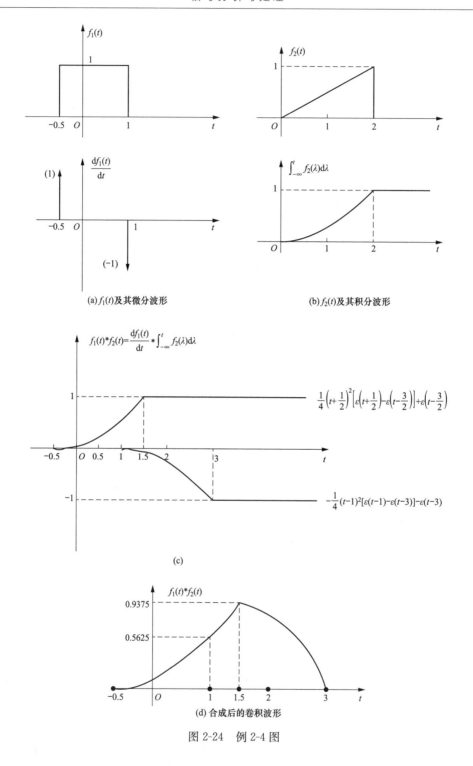

(a) $f_1(t)$及其微分波形　　　　　　　　(b) $f_2(t)$及其积分波形

(c)

(d) 合成后的卷积波形

图 2-24　例 2-4 图

2.3　信号的时域分解

在对信号进行分析和处理时，往往将复杂信号分解成基本信号分量之和。信号分解可以在时域下进行，也可以在频域下进行。这里介绍信号的时域分解。

2.3.1　信号分解为直流分量与交流分量

任一信号 $f(t)$ 可唯一地分解为直流分量（direct component）f_D 与交流分量（alternating component）$f_A(t)$，表示为

$$f(t) = f_D(t) + f_A(t) \tag{2-51}$$

式中

$$f_D = \lim_{T \to \infty} \frac{1}{T} \int_{-\frac{T}{2}}^{\frac{T}{2}} f(t) \mathrm{d}t \tag{2-52}$$

直流分量 f_D 是信号的平均值，从原始信号中减去直流分量就可得到信号的交流分量 $f_A(t)$。

【例 2-5】求单位阶跃信号的直流分量与交流分量。

解：由式（2-52）可求得

$$f_D = \lim_{T \to \infty} \frac{1}{T} \int_{-\frac{T}{2}}^{\frac{T}{2}} \varepsilon(t) \mathrm{d}t = \lim_{T \to \infty} \frac{1}{T} \int_{0}^{\frac{T}{2}} \mathrm{d}t = \frac{1}{2}$$

而

$$f_A(t) = f(t) - f_D(t) = \varepsilon(t) - \frac{1}{2} = \frac{1}{2}\mathrm{Sgn}(t)$$

即单位阶跃信号 $\varepsilon(t)$ 的交流分量是符号函数的二分之一。

2.3.2　信号分解为偶分量与奇分量

任一信号 $f(t)$ 可唯一地分解为偶分量（even component）$f_e(t)$ 和奇分量（odd component）$f_o(t)$，表示为

$$f(t) = f_e(t) + f_o(t) \tag{2-53}$$

式中

$$f_e(t) = f_e(-t)$$

且

$$f_e(t) = \frac{f(t) + f(-t)}{2} \tag{2-54}$$

$$f_o(t) = -f_o(-t) \tag{2-55}$$

且

$$f_o(t) = \frac{f(t) - f(-t)}{2} \tag{2-56}$$

偶信号的偶分量为其自身，奇分量为零；奇信号的奇分量是其自身，偶分量为零。

【例 2-6】画出图 2-25(a) 中信号 $f(t)$ 的奇、偶分量的波形。

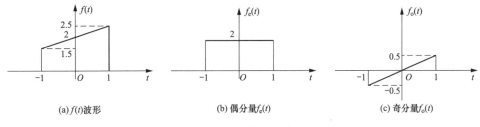

(a) $f(t)$ 波形　　　　　(b) 偶分量 $f_e(t)$　　　　　(c) 奇分量 $f_o(t)$

图 2-25　例 2-6 图

解： 由式（2-54）及式（2-56）可知，$f(-t)$ 为 $f(t)$ 的反褶波形，分别求出 $f(t)$ 的一半 $f(t)/2$ 及 $f(-t)$ 的一半 $f(-t)/2$。将两者相加及相减所得到的偶分量和奇分量的波形，如图 2-25(b)、(c) 所示。

2.3.3　信号分解为实部分量与虚部分量

任意一个复信号 $f(t)$ 含有唯一确定的实部分量（real component）$f_r(t)$ 和唯一确定的虚部分量（imaginary component）$f_i(t)$，即

$$f^*(t) = f_r(t) + jf_i(t) \tag{2-57}$$

其共轭函数为

$$f^*(t) = f_r(t) - jf_i(t) \tag{2-58}$$

将式（2-57）和式（2-58）相加、减可得到信号的实部分量和虚部分量，表达式为

$$f_r(t) = \frac{f(t) + f^*(t)}{2} \tag{2-59}$$

$$f_i(t) = \frac{f(t) - f^*(t)}{2j} \tag{2-60}$$

实信号的虚部分量为零，纯虚信号的实部分量为零。

由式（2-59）和式（2-58）可以证明：

$$|f(t)|^2 = f(t) \cdot f^*(t) = f_r^2(t) + f_i^2(t) \tag{2-61}$$

一个信号模的平方，等于该信号与其自身共轭的乘积，也等于实部分量与虚部分量的平方和。

2.3.4　信号分解成冲激函数的线性组合

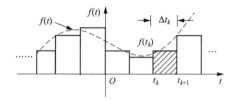

图 2-26　信号的脉冲分解

任意信号 $f(t)$ 可以近似地表示为一组等宽度的矩形脉冲之和的形式，如图 2-26 所示。设 t_k 时刻分解的矩形脉冲高度为 $f(t_k)$，宽度为 Δt_k，则 t_k 处窄脉冲可表示为

$$f_{t_k}(t) = f(t_k)\big[\varepsilon(t - t_k) - \varepsilon(t - t_k - \Delta t_k)\big] \tag{2-62}$$

t_k 从 $-\infty$ 到 $+\infty$ 将许多这样的矩形脉冲单元迭加，即可得 $f(t)$ 的近似表达式为

$$f(t) \approx \sum_{t_k = -\infty}^{\infty} f_{t_k}(t) = \sum_{t_k = -\infty}^{\infty} f(t_k)\big[\varepsilon(t - t_k) - \varepsilon(t - t_k - \Delta t_k)\big]$$

$$= \sum_{t_k = -\infty}^{\infty} f(t_k)\left[\frac{\varepsilon(t - t_k) - \varepsilon(t - t_k - \Delta t_k)}{\Delta t_k}\right] \cdot \Delta t_k$$

取 $\Delta t_k \to 0$ 的极限，可得

$$f(t) = \lim_{\Delta t_k \to 0} \sum_{t_k = -\infty}^{\infty} f(t_k)\delta(t - t_k) \cdot \Delta t_k = \int_{-\infty}^{\infty} f(t_k)\delta(t - t_k) \cdot dt_k \tag{2-63}$$

将式（2-63）的积分变量 t_k 改为 τ，则式（2-63）改写为

$$f(t) = \int_{-\infty}^{\infty} f(\tau)\delta(t - \tau)d\tau \tag{2-64}$$

式（2-64）表明，任意信号 $f(t)$ 可以用经平移的无穷多个单位冲激函数加权后的连续和（积分）表示。也就是说，任意信号 $f(t)$ 可以分解为一系列具有不同强度的冲激函数之

和。式（2-64）是冲激函数的抽样特性，也是信号 $f(t)$ 和 $\delta(t)$ 的卷积积分。

2.4　MATLAB 在连续时间信号的时域分析中的应用

MATLAB 不仅有强大的计算功能，而且有很强的绘图功能，适用于信号的产生及各种运算。下面的例子应用 MATLAB 实现连续时间信号的时域运算、变换及其结果的可视化。

【例 2-7】已知信号 $f(t) = \mathrm{e}^{-0.3t}\sin2\pi t$，试用 MATLAB 绘出信号 $f(t)$ 的波形。

MATLAB 程序如下：

```
t=0:0.01:5;                      % 定义自变量 t 的取值数组
f=exp(-0.3*t).*sin(2*pi*t);      % 计算与自变量相应的 y 数组
plot(t,f)                        % 绘制曲线
axis([0  5  -1  1]);             % 控制图形显示范围
xlabel('t/s','FontSize',18);     % 标注横坐标
ylabel('f(t)','FontSize',18);    % 标注纵坐标
title('f(t)','FontSize',18);     % 标注图形
```

MATLAB 程序执行结果如图 2-27 所示。

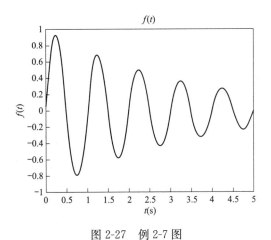

图 2-27　例 2-7 图

【例 2-8】已知信号 $f(t)=(1+t/4)[\varepsilon(t+4)-\varepsilon(t-4)]$，试用 MATLAB 求解 $f(t+4)$、$f(t-4)$、$f(-t)$、$f(2t)$、$-f(t)$，并绘出相应的时域波形。

MATLAB 程序如下。

首先创建函数文件 Wee.m，利用下列语句：

```
    function f= Wee(t)            % 定义函数
    f=(t>=0);
```

然后再建立下列主程序：

```
syms t
    f=sym('(1+t/4)*(Wee(t+4)-Wee(t-4))')  % sym 的输入量是字符串小数,生成 32 位默认精度
                                              下的近似符号数
    subplot(2,3,1),ezplot(f,[-9,9]);
    xlabel('t/s','FontSize',18);              % 标注横坐标
```

```
title('f(t)','FontSize',18);                    % 标注图形名称,设置字号
    f1=subs(f,t ,t+4)                           % 将符号变量 t 替换为 t+4
        subplot(2,3,2),ezplot(f1,[-9,9]);       % 创建和控制图形位置,绘制图形
xlabel('t/s','FontSize',18);
title('f(t+4)','FontSize',18);                  % 标注图形名称,设置字号
    f2=subs(f,t,t-4)                            % 将符号变量 t 替换为 t-4
        subplot(2,3,3),ezplot(f2,[-9,9]);       % 创建和控制图形位置,绘制图形
xlabel('t/s','FontSize',18);
title('f(t-4)','FontSize',18');                 % 标注图形名称,设置字号
    f3=subs(f,t,-t)                             % 将符号变量 t 替换为-t
        subplot(2,3,4),ezplot(f3,[-9,9]);       % 创建和控制图形位置,绘制图形
xlabel('t/s','FontSize',18);
title('f(-t)','FontSize',18);                   % 标注图形名称,设置字号
    f4=subs(f,t,2*t)                            % 将符号变量 t 替换为 2*t
        subplot(2,3,5),ezplot(f4,[-9,9]);       % 创建和控制图形位置,绘制图形
xlabel('t/s','FontSize',18);
title('f(2t)','FontSize',18);                   % 创建和控制图形位置,绘制图形
    f5=-f                                       % 将-f 赋值给 f5
        subplot(2,3,6),ezplot(f5,[-9,9]);       % 创建和控制图形位置,绘制图形
xlabel('t/s','FontSize',18);
title('-f(t)','FontSize',18);                   % 标注图形名称,设置字号
```

MATLAB 程序执行结果如图 2-28 所示。

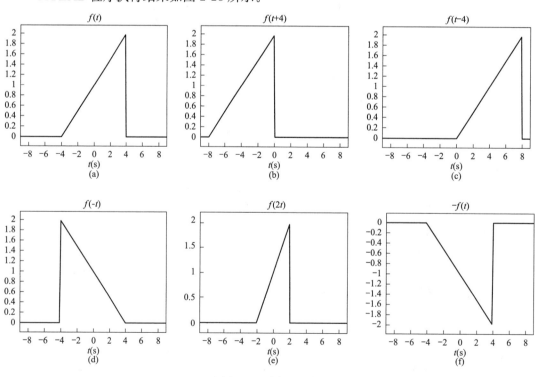

图 2-28   例 2-8 图

【例 2-9】 已知两信号 $f_1(t)$、$f_2(t)$ 波形如图 2-29(a) 所示，试用 MATLAB 求解两个信号的卷积，并绘出卷积波形。

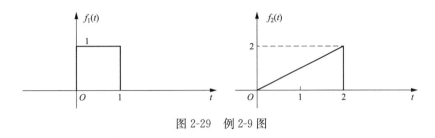

图 2-29 例 2-9 图

在 MATLAB 中，计算两个信号的卷积可以直接采用卷积函数 conv()。conv() 函数的主要调用格式如下：

```
w=conv(u,v)
```

其中，u 和 v 是多项式系数的向量。w 为返回的向量 u 和 v 的卷积。

MATLAB 程序如下。

首先创建函数文件 sconv.m，利用下列语句：

```
function[f,k]=sconv(f1,f2,k1,k2,p)        % 创建函数
f=conv(f1,f2);                            % 设置 conv() 函数
f=f*p;
k0=k1(1)+k2(1);
k3=length(f1)+length(f2)-2;               % length() 求得数组长度
k=k0:p:k3*p;
figure
hold on
plot(k1,f1);                              % 绘制 f1 图形
axis([0 2 0 1.5]);                        % 控制坐标范围
title('f1(t)');                           % 命名图形
xlabel('t/s');                            % 标注横坐标
ylabel('f1(t)');                          % 标注纵坐标
hold off
figure
plot(k2,f2);
axis([0 3 0 2]);
title('f2(t)');
xlabel('t/s');
ylabel('f2(t)');
hold off
figure
hold on
plot(k,f);
axis([0 4 0 2]);
h=get(gca,'position');
```

```
h(3)=2.5*h(3);
title('f1(t)*f2(t)');
xlabel('t/s');
ylabel('f1(t)*f2(t)');
hold off
end
```

主程序如下：

```
p=0.01;
k1=0:p:2;
f1=heaviside(k1+0.5)-heaviside(k1-1);          % 定义 f1 函数
f2=sawtooth(pi*k1,1)+1;                        % 定义 f2 锯齿波函数
k2=k1;                                         % 赋值
[f,k]=sconv(f1,f2,k1,k2,p);                    % 运行子程序
```

MATLAB 程序执行结果如图 2-30 所示。

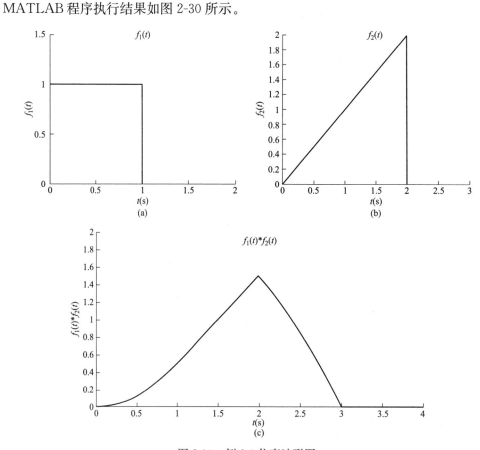

图 2-30 例 2-9 仿真波形图

 本章小结

1. 连续信号的时域描述

连续信号包含了典型信号和奇异信号。典型信号包含了直流信号、正弦信号、复指数信

号、抽样信号等。奇异信号包含了阶跃信号、冲激信号、冲激偶信号等。

2. 连续信号的基本运算

连续信号的基本运算包含了包括反褶、尺度变换、时移的信号波形变换；以及相加、相乘、微分、积分、卷积等信号的数学运算。

3. 信号的分解

在对信号进行分析和处理时，往往将复杂信号分解成基本信号分量之和。信号可以分解为直流分量与交流分量，偶分量和奇分量，实部分量和虚部分量。信号可以用一系列具有不同强度的冲激函数之和来表示。

信号的相关分析在电力系统中的应用

在电力系统信号分析中，经常要对两个以上信号的相关性进行研究，信号的相关性的分析和计算是描述信号特征的一种重要方法，通过相关分析可实现信号的检测、识别和提取等。在实际应用中，相关分析被广泛应用于电力系统的各个环节，如中压配网故障选线、高压线路故障选相和变压器差动保护等。

中压配网故障选线是为了快速准确地找到故障点，实现快速抢修。常用的方法是通过相关分析来确定故障点的位置。具体地，将故障点附近的信号与正常情况下的信号进行相关分析，找出相似度最高的部分，即可确定故障点的位置。这种方法能够快速准确地找到故障点，从而提高抢修效率，缩短停电时间，降低用户的损失。

高压线路故障选相是指在高压输电线路发生故障时，通过电力系统保护装置对故障进行相位选择，以确定故障点所在的导线或相位。对保护设备接收到异常的电流或电压信号进行相关分析，确定故障信号的特征，包括幅值、频率、波形等，识别出不同类型的故障，如短路、接地故障等，确定故障选相策略。信号的相关分析方法能够快速准确地确定高压输电线路的故障位置，保护电网的稳定运行。

变压器差动保护是指通过对变压器两侧电流进行比较，来保护变压器不受内部故障的影响。在实际操作中，由于变压器内部存在励磁涌流，会对保护的准确性产生影响，因此需要通过相关分析来鉴别励磁涌流和内部故障信号，从而提高保护的准确性。具体地，将励磁涌流信号与内部故障信号进行相关分析，找出相似度最低的部分，即可鉴别励磁涌流和内部故障信号。这种方法能够提高变压器差动保护的准确性，保障变压器安全运行。

总之，相关分析作为一种有效的信号分析处理工具，在电力系统中有着广泛的应用，能够帮助工程师们更好地保障电力系统的运行安全。

习　题

2.1　大致绘出下列各时间信号的波形图，并应用 MATLAB 绘制波形。

(1) $f(t)=\mathrm{e}^{-2t}\cos3\pi t\left[\varepsilon(t-2)-\varepsilon(t-4)\right]$　　(2) $f(t)=\mathrm{Sa}(t-3)\varepsilon(t-1)$

(3) $f(t)=\varepsilon(t^2-1)$　　(4) $f(t)=(5\mathrm{e}^{-t}-5\mathrm{e}^{-3t})\varepsilon(t)$

(5) $f(t)=\left[\mathrm{e}^{-t}\cos t\cdot\varepsilon(t)\right]'$　　(6) $f(t)=\mathrm{Sgn}\left[\mathrm{Sa}(t)\right]$

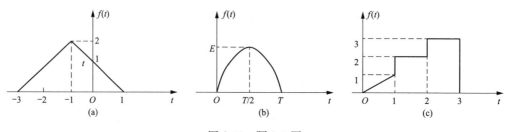

图 2-31 题 2.1 图

2.2 写出图 2-31(a)、(b)、(c) 所示各波形的函数表达式。

2.3 求解或化简下列各式：

(1) $\int_{-\infty}^{\infty} \delta(t-t_0)\varepsilon(t-2t_0)\mathrm{d}t$ (2) $\int_{-1}^{1} \delta(t^2-2)\mathrm{d}t$

(3) $\int_{-\infty}^{\infty} \mathrm{e}^{-t}[\delta(t)-\delta'(t)]\mathrm{d}t$ (4) $\sum_{n=0}^{3} \cos t\delta\left(t-\frac{n\pi}{2}\right)$

2.4 分别求下列信号的直流分量：

(1) $f(t)=|\sin\omega t|$ (2) $f(t)=\sin^2\omega t$ (3) $f(t)=\cos\omega t+\sin\omega t$

2.5 大致绘出图 2-32(a)、(b)、(c) 所示波形的偶、奇分量，并应用 MATLAB 绘制波形。

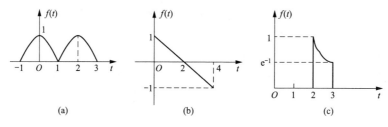

图 2-32 题 2.5 图

2.6 已知 $f(t)$ 波形如图 2-33 所示，试画出下列函数波形，并应用 MATLAB 绘制波形。

(1) $f_1(t)=f(2-t)$ (2) $f_2(t)=-f(2t-3)$

(3) $f_3(t)=f(-2t-3)$

2.7 已知 $f(t)$ 波形如图 2-34 所示，试画出下列函数波形，并应用 MATLAB 绘制波形。

(1) $f(4t)$ (2) $f(t/4)\varepsilon(4-t)$

(3) $\dfrac{\mathrm{d}}{\mathrm{d}t}f(t)$ (4) $\int_{-\infty}^{t} f(\lambda)\mathrm{d}\lambda$

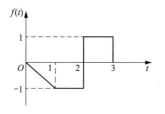

图 2-33 题 2.6 图

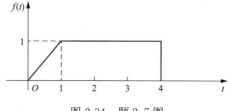

图 2-34 题 2.7 图

2.8 求下列两函数的卷积 $f_1(t)*f_2(t)$：

（1）$f_1(t)=\varepsilon(t)$，$f_2(t)=\mathrm{e}^{-at}\varepsilon(t)$

（2）$f_1(t)=\cos(\omega t+45°)$，$f_2(t)=\delta(t-1)$

（3）$f_1(t)=\cos\omega t$，$f_2(t)=\delta(t+1)-\delta(t-1)$

（4）$f_1(t)=\varepsilon(t+1)-\varepsilon(t-1)$，$f_2(t)=\delta(t+1/2)+\delta(t-1/2)$

2.9　用图解方法画出图 2-35(a)、(b)、(c) 所示各组 $f_1(t)$ 和 $f_2(t)$ 的卷积波形，并应用 MATLAB 绘制波形。

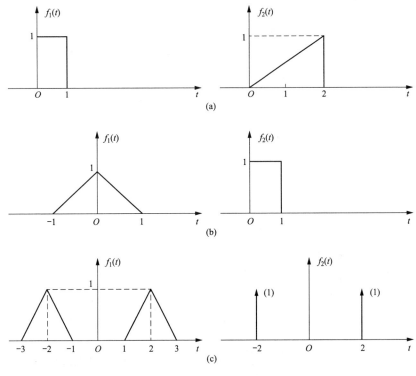

图 2-35　题 2.9 图

2.10　下面等式或结论是否正确？为什么？

（1）$x(t)*[y(t)\cdot z(t)]=[x(t)*y(t)]\cdot z(t)$

（2）$[a^t x(t)]*[a^t y(t)]=a^t[x(t)*y(t)]$

（3）若 $y(t)=x(t)*h(t)$，则 $y(2t)=2x(2t)*h(2t)$

（4）若 $x(t)$，$h(t)$ 是奇函数，则 $y(t)=x(t)*h(t)$ 是偶函数

第 3 章　连续时间信号的频域分析

　本章重点要求

(1) 掌握傅里叶级数的定义、性质和计算方法。
(2) 掌握傅里叶变换的定义、性质和计算方法，掌握连续时间信号的正反傅里叶变换。
(3) 理解周期信号和非周期信号的频谱特点。
(4) 理解周期信号傅里叶变换和非周期信号的傅里叶变换之间的关系。
(5) 理解抽样信号的频谱和求解方法，理解和掌握抽样定理。
(6) 理解连续时间信号频域分析。
(7) 应用 MATLAB 进行连续时间信号频域分析。

　　思　考

连续时间信号频域分析的优点有哪些？

　　第 2 章从时域的角度对连续信号进行了分析，在时域下对信号进行描述、运算和分解，虽然直观，但实际工程应用中会面临很多困难，而从频域的角度对信号进行分析，会对信号认识得更加清楚。本章讨论信号的频域分析。将信号表示为不同频率的正余弦分量或复指数分量的线性组合，分析信号的频率特性，这种分析方法称为频域分析法。

3.1　连续周期信号的频谱分析——傅里叶级数

　　任意信号都可以用完备的正交函数集来表示，如果选用三角函数集或复指数函数集作为完备正交函数集，则周期信号所展成的级数形式就是傅里叶级数（Fourier series）。本节以傅里叶级数的概念研究周期信号的频谱特性（spectrum property）。

　　由数学级数理论可知，对于任意周期信号

$$f(t) = f(t + kT_1) \tag{3-1}$$

其中：$k = \pm 1$，± 2，± 3，……；T_1 为周期。

　　在满足狄里赫利（Dirichlet）条件下，$f(t)$ 可展成傅里叶级数。

　　狄里赫利条件描述如下。

(1) 在任意周期内，如果有间断点存在，则间断点的数目是有限个。
(2) 在任意周期内，极大值和极小值的数目是有限个。
(3) 在任意周期内，信号是绝对可积的，即 $\int_{t_0}^{t_0+T} |f(t)| \, dt < \infty$，为有限值。

　　对于实际工程信号，通常能满足狄里赫利条件。任何周期信号若满足狄里赫利条件，均可展成正交函数线性组合的无穷级数。正交函数集可以是三角函数集 $\{1, \cos\omega_1 t, \cos 2\omega_1 t, \cdots\cdots,$

$\cos n\omega_1 t$，…，$\sin\omega_1 t$，$\sin 2\omega_1 t$，…，$\sin n\omega_1 t$，…}，或复指数函数集 $e^{jn\omega_1 t}$，$n=0$，± 1，± 2，……，此处 $\omega_1=2\pi f_1=2\pi/T_1$ 为角频率。

3.1.1　三角函数形式的傅里叶级数

周期为 T_1、角频率为 $\omega_1=2\pi f_1=2\pi/T_1$ 且满足狄里赫利条件的周期函数 $f(t)$，可以展开成三角函数形式的傅里叶级数，即

$$f(t)=a_0+\sum_{n=1}^{\infty}\left[a_n\cos(n\omega_1 t)+b_n\sin(n\omega_1 t)\right] \tag{3-2}$$

根据三角函数的正交性，即对于 $\cos(n\omega_1 t)$ 和 $\sin(n\omega_1 t)$ 满足如下关系：

$$\int_{t_0}^{t_0+T_1}\cos(n\omega_1 t)\cdot\sin(m\omega_1 t)\mathrm{d}t=0(m,n\text{ 为任意整数})$$

$$\int_{t_0}^{t_0+T_1}\cos(n\omega_1 t)\cdot\cos(m\omega_1 t)\mathrm{d}t=\begin{cases}\dfrac{T_1}{2} & (m=n)\\[2mm] 0 & (m\neq n)\end{cases}$$

$$\int_{t_0}^{t_0+T_1}\sin(n\omega_1 t)\cdot\sin(m\omega_1 t)\mathrm{d}t=\begin{cases}\dfrac{T_1}{2} & (m=n)\\[2mm] 0 & (m\neq n)\end{cases}$$

可以直接得到式（3-2）式中各正弦、余弦项的系数。

直流分量
$$a_0=\frac{1}{T_1}\int_{t_0}^{t_0+T_1}f(t)\mathrm{d}t \tag{3-3}$$

余弦分量幅值
$$a_n=\frac{2}{T_1}\int_{t_0}^{t_0+T_1}f(t)\cos(n\omega_1 t)\mathrm{d}t \tag{3-4}$$

正弦分量幅值
$$b_n=\frac{2}{T_1}\int_{t_0}^{t_0+T_1}f(t)\sin(n\omega_1 t)\mathrm{d}t \tag{3-5}$$

为方便起见，通常积分区间（$t_0\sim t_0+T_1$）可取（$0\sim T_1$）或（$-T_1/2\sim T_1/2$）。将式（3-2）中同频率项合并，可写成另一种形式

$$f(t)=c_0+\sum_{n=1}^{\infty}c_n\cos(n\omega_1 t+\phi_n) \tag{3-6}$$

或
$$f(t)=d_0+\sum_{n=1}^{\infty}d_n\sin(n\omega_1 t+\theta_n) \tag{3-7}$$

比较式（3-2）和式（3-6）、式（3-7）可以得到各系数之间的关系如下：

$$\begin{cases}a_0=c_0=d_0\\[1mm] c_n=d_n=\sqrt{a_n^2+b_n^2}\\[1mm] a_n=c_n\cos\phi_n=d_n\sin\theta_n\\[1mm] b_n=-c_n\sin\phi_n=d_n\cos\theta_n\\[1mm] \phi_n=\arctan\left(-\dfrac{b_n}{a_n}\right)\\[1mm] \theta_n=\arctan\left(\dfrac{a_n}{b_n}\right)\\[1mm] \theta_n=\phi_n+\dfrac{\pi}{2}\end{cases} \tag{3-8}$$

由式（3-6）及式（3-7）可知，任意周期信号只要满足狄里赫利条件就可以分解为直流分量与各次不同频率的谐波分量之和，各次谐波分量的频率都是基频 ω_1 的整数倍。而直流分量 a_0 以及各次谐波分量的幅度 c_n、d_n 与相位 φ_n、θ_n 都是 $n\omega_1$ 的函数，如果将 c_n（或 d_n）对 $n\omega_1$ 的关系绘成如图 3-1 所示的频谱图（spectrogram），便可清楚而直观地看出各频率分量的大小。图 3-1(a) 称为信号的幅度频谱（magnitude spectrum），简称为幅度谱。图中每条线代表某一频率分量的幅度，称为谱线。连接各谱线顶点的曲线称为包络线，如图 3-1 中虚线所示，它反映了各分量的幅度变化情况。同理，还可以画出各分量的相位 φ_n（或 θ_n）对 $n\omega_1$ 的谱线图，这种图称为相位频谱（phage spectrum），简称为相位谱，如图 3-1(b) 所示。周期信号的频谱只出现在 0，ω_1，$2\omega_1$，$\cdots$，$n\omega_1$，$\cdots$等离散频率点上，这种频谱称为离散谱（discrete spectrum），它是周期信号频谱的主要特点。

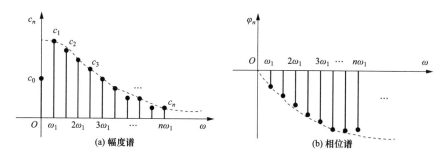

图 3-1　周期信号频谱图

3.1.2　复指数函数形式的傅里叶级数

周期信号的傅里叶级数展开也可以表示为复指数函数形式。由三角函数形式可知

$$f(t)=a_0+\sum_{n=1}^{\infty}\left[a_n\cos(n\omega_1 t)+b_n\sin(n\omega_1 t)\right]$$

根据欧拉公式（Euler's formula）可得

$$\cos(n\omega_1 t)=\frac{1}{2}(e^{jn\omega_1 t}+e^{-jn\omega_1 t})$$

$$\sin(n\omega_1 t)=\frac{1}{2j}(e^{jn\omega_1 t}-e^{-jn\omega_1 t})$$

代入上式得

$$f(t)=a_0+\sum_{n=1}^{\infty}\left[\frac{a_n-jb_n}{2}e^{jn\omega_1 t}+\frac{a_n+jb_n}{2}e^{-jn\omega_1 t}\right]\tag{3-9}$$

令

$$F(n\omega_1)=\frac{a_n-jb_n}{2}\qquad(n=1,2,3\cdots)\tag{3-10}$$

考虑到 a_n 是 n 的偶函数，即 $a_n=a_{-n}$，b_n 是 n 的奇函数，即 $b_n=-b_{-n}$，可知

$$F(-n\omega_1)=\frac{a_n+jb_n}{2}\qquad(n=1,2,3\cdots)\tag{3-11}$$

将式（3-10）、式（3-11）代入式（3-9）得

$$f(t)=a_0+\sum_{n=1}^{\infty}\left[F(n\omega_1)e^{jn\omega_1 t}+F(-n\omega_1)e^{-jn\omega_1 t}\right]$$

令 $F(0)=a_0$，考虑到

$$\sum_{n=1}^{\infty} F(-n\omega_1)\,\mathrm{e}^{-\mathrm{j}n\omega_1 t} = \sum_{n=-\infty}^{-1} F(n\omega_1)\,\mathrm{e}^{\mathrm{j}n\omega_1 t}$$

便可得到复指数函数形式的傅里叶级数为

$$f(t) = \sum_{n=-\infty}^{\infty} F(n\omega_1)\,\mathrm{e}^{\mathrm{j}n\omega_1 t} \tag{3-12}$$

一般将 $F(n\omega_1)$ 简写为 F_n，再将式（3-4）、式（3-5）代入式（3-10）中，可求得 $F_n = F(n\omega_1)$ 为

$$F_n = \frac{1}{T_1} \int_{t_0}^{t_0+T_1} f(t)\,\mathrm{e}^{-\mathrm{j}n\omega_1 t}\,\mathrm{d}t \tag{3-13}$$

式（3-13）中 n 为从 $-\infty$ 到 $+\infty$ 的整数。

从式（3-8）～式（3-10）可以看出 F_n 与三角函数形式的系数有如下关系：

$$\begin{cases}
F_0 = a_0 = c_0 = d_0 \\[4pt]
F_n = |F_n|\,\mathrm{e}^{\mathrm{j}\phi_n} = \dfrac{1}{2}(a_n - \mathrm{j}b_n) \\[4pt]
F_{-n} = |F_{-n}|\,\mathrm{e}^{\mathrm{j}\phi_{-n}} = \dfrac{1}{2}(a_n + \mathrm{j}b_n) \\[4pt]
|F_n| + |F_{-n}| = c_n \\[4pt]
F_n + F_{-n} = a_n \\[4pt]
F_n - F_{-n} = -\mathrm{j}b_n \\[4pt]
\phi_n = \arctan\left(-\dfrac{b_n}{a_n}\right) \\[4pt]
\phi_{-n} = \arctan\left(\dfrac{b_n}{a_n}\right) = -\phi_n \\[4pt]
(n = 1, 2, 3, \cdots)
\end{cases} \tag{3-14}$$

根据式（3-13）可画出信号的频谱，因 F_n 一般为复数，故称为复数频谱。因 $F_n = |F_n|\,\mathrm{e}^{\mathrm{j}\phi_n}$，故将 $|F_n|$～$n\omega_1$ 绘出的谱线图称为复数幅度谱，φ_n～$n\omega_1$ 绘出的谱线图称为复数相位谱，如图 3-2(a)、(b) 所示。复指数函数形式的傅里叶级数说明一个任意周期函数也可以分解为直流分量和一系列不同频率的复指数分量之和。将图 3-1 与图 3-2 进行比较，对同一信号的复数频谱有如下特点：

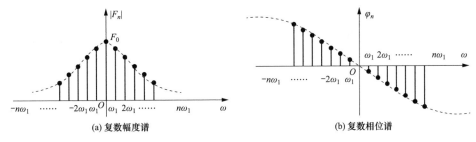

(a) 复数幅度谱　　　　　　　　　　　　　(b) 复数相位谱

图 3-2　周期信号的复数频谱示例

（1）复数幅度谱的谱线高度为三角形式幅度谱的高度的 1/2 且偶对称于纵坐标轴，即

$$|F_n| = |F_{-n}| = \frac{1}{2}C_n$$

（2）复数相位谱 φ_n 与三角形式相位谱的 φ_n 相同且奇对称于坐标原点，即 $\varphi_n = -\varphi_{-n}$。

（3）复数频谱在正负频率处均有值存在，但负频率的出现是由于将正余弦函数写成复指数形式得来的，是数学运算的结果，无物理意义。在实际情况中，只有将对应正负频率项成对合并，才能合成一个实际的谐波分量，因此三角形式具有明确的物理意义，而指数形式则在理论分析及运算中更为方便。

3.1.3　信号的对称性与谐波特点

将已知周期信号展开成傅里叶级数时，若 $f(t)$ 为实函数，且它的波形满足某种对称性，那么其傅里叶级数中有些项将不出现，留下的各项系数的表示式也会变得比较简单。波形的对称性有两类，一类是整周期对称（periodic symmetric），例如偶函数和奇函数；另一类是半周期对称，如奇谐函数（odd harmonic function）。前者的傅里叶级数中可能只含余弦项或正弦项，后者的傅里叶级数中可能只含有奇次项或偶次项。

1. 偶函数

若信号波形相对于纵坐标轴对称，即满足：

$$f(t) = f(-t)$$

则 $f(t)$ 为偶函数，如图 3-3 所示。

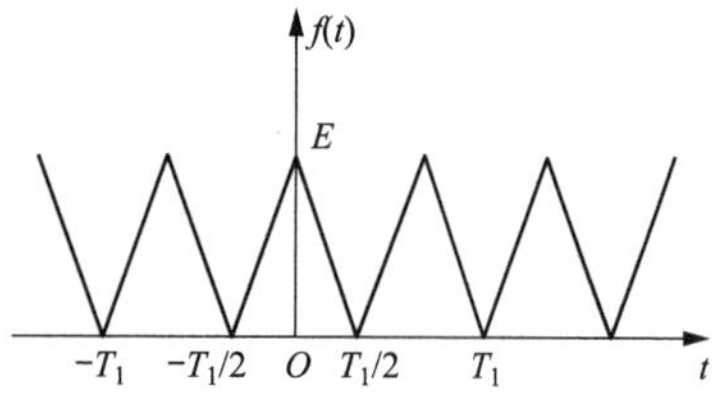

由函数的对称关系得知，两偶函数或两奇函数相乘之积为奇函数，则偶函数的傅里叶级数系数为

图 3-3　偶函数

$$a_n = \frac{2}{T_1} \int_{-\frac{T_1}{2}}^{\frac{T_1}{2}} f(t)\cos(n\omega_1 t)\mathrm{d}t = \frac{4}{T_1}\int_0^{\frac{T_1}{4}} f(t)\cos(n\omega_1 t)\mathrm{d}t \neq 0$$

$$b_n = \frac{2}{T_1} \int_{-\frac{T_1}{2}}^{\frac{T_1}{2}} f(t)\sin(n\omega_1 t)\mathrm{d}t = 0$$

即由于被积函数为偶函数时，在一个对称区间内积分等于在半个区间积分的 2 倍，而被积函数为奇函数时，在一个对称区间积分为零，因此，偶函数的傅里叶级数中不含正弦项，只含直流分量和余弦项。例如，图 3-3 所示的三角波是偶函数，它的三角形式傅里叶级数为

$$f(t) = \frac{E}{2} + \frac{4E}{\pi^2}\left[\cos(\omega_1 t) + \frac{1}{9}\cos(3\omega_1 t) + \frac{1}{25}\cos(5\omega_1 t) + \cdots\right]$$

2. 奇函数

若函数波形相对于纵坐标轴反对称，即

$$f(t) = -f(-t)$$

则 $f(t)$ 是奇函数，如图 3-4 所示，其傅里叶级数系数为

$$a_0 = \frac{1}{T_1} \int_{-\frac{T_1}{2}}^{\frac{T_1}{2}} f(t)\mathrm{d}t = 0$$

$$a_n = \frac{2}{T_1} \int_{-\frac{T_1}{2}}^{\frac{T_1}{2}} f(t)\cos(n\omega_1 t)\mathrm{d}t = 0$$

$$b_n = \frac{2}{T_1} \int_{-\frac{T_1}{2}}^{\frac{T_1}{2}} f(t)\sin(n\omega_1 t)\mathrm{d}t = \frac{4}{T_1}\int_0^{\frac{T_1}{4}} f(t)\sin(n\omega_1 t)\mathrm{d}t \neq 0$$

因此，奇函数的傅里叶级数中不含直流分量和余弦项，只含正弦项。例如，图 3-4 所示

的锯齿波是奇函数，其傅里叶级数展开式为

$$f(t) = \frac{E}{\pi} \left[\sin(\omega_1 t) - \frac{1}{2} \sin(2\omega_1 t) + \frac{1}{3} \cos(3\omega_1 t) - \cdots \right]$$

3. 奇谐函数

若周期函数 $f(t)$ 沿时间轴平移半个周期并相对于该轴上下反转，此时波形并不发生变化，即满足关系式：

$$f(t) = -f(t \pm T_1/2)$$

则这种函数称为半波对称函数或奇谐函数，如图 3-5 所示。从图 3-5 中可以看出，奇谐函数半周期为正，半周期为负，是周期函数。奇谐函数的傅里叶级数中不含直流分量和偶次谐波分量，只包含奇次谐波分量。注意不要把奇谐函数和奇函数相混淆。

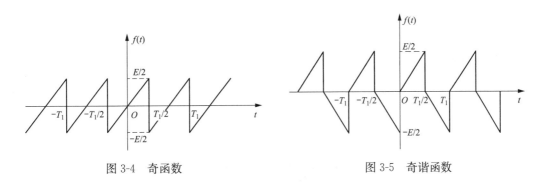

图 3-4　奇函数　　　　　　　　　　　　图 3-5　奇谐函数

3.2　连续周期信号的频谱及特点

设周期矩形脉冲信号的基本时域参数如下：脉宽为 τ、幅值为 E、周期为 T_1 及角频率为 $\omega_1 = 2\pi/T_1$，如图 3-6 所示。其在一个周期内 $(-T_1/2, T_1/2)$ 的数学表达式为

$$f(t) = \begin{cases} E & |t| \leqslant \dfrac{\tau}{2} \\ 0 & \dfrac{\tau}{2} < |t| < \dfrac{T_1}{2} \end{cases} \tag{3-15}$$

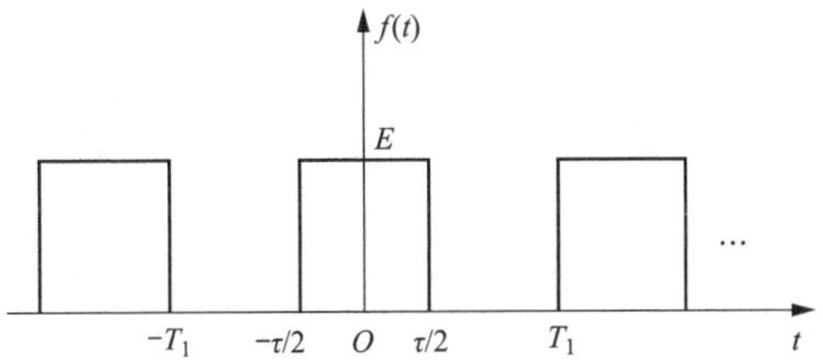

3.2.1　周期矩形脉冲信号的频谱

1. 展开成三角形式的傅里叶级数

利用式 (3-2) 可得

图 3-6　周期矩形脉冲信号

$$f(t) = a_0 + \sum_{n=1}^{\infty} \left[a_n \cos(n\omega_1 t) + b_n \sin(n\omega_1 t) \right]$$

由式 (3-3)～式 (3-5) 可求出如下各分量的系数：

$$a_0 = \frac{1}{T_1} \int_{-\frac{T_1}{2}}^{\frac{T_1}{2}} f(t) \mathrm{d}t = \frac{1}{T_1} \int_{-\frac{T_1}{2}}^{\frac{T_1}{2}} E \mathrm{d}t = \frac{E\tau}{T_1} \tag{3-16}$$

$$a_n = \frac{2}{T_1} \int_{-\frac{T_1}{2}}^{\frac{T_1}{2}} f(t) \cos(n\omega_1 t) \mathrm{d}t = \frac{2}{T_1} \int_{-\frac{\tau}{2}}^{\frac{\tau}{2}} E \cos\left(\frac{2\pi n t}{T_1}\right) \mathrm{d}t$$

$$= \frac{2E\tau}{T_1} \frac{\sin\frac{n\pi\tau}{T_1}}{\frac{n\pi\tau}{T_1}} = \frac{2E\tau}{T_1} \frac{\sin\frac{n\omega_1\tau}{2}}{\frac{n\omega_1\tau}{2}} = \frac{2E\tau}{T_1} Sa\left(\frac{n\omega_1\tau}{2}\right) \tag{3-17}$$

$$b_n = \frac{2}{T_1} \int_{-\frac{T_1}{2}}^{\frac{T_1}{2}} f(t)\sin(n\omega_1 t)\mathrm{d}t = 0 \tag{3-18}$$

因为 $f(t)$ 为偶函数，故无正弦分量。将这些分量系数代入式（3-2），得 $f(t)$ 的傅里叶级数展开式为

$$f(t) = \frac{E\tau}{T_1} + \sum_{n=1}^{\infty} \frac{2E\tau}{T_1} Sa\left(\frac{n\omega_1\tau}{2}\right)\cos(n\omega_1 t) \tag{3-19}$$

根据式（3-6）展开，则

$$f(t) = c_0 + \sum_{n=1}^{\infty} c_n\cos(n\omega_1 t + \phi_n) \tag{3-20}$$

根据式（3-8）的系数关系式可得

$$c_0 = \frac{E\tau}{T_1} \tag{3-21}$$

$$c_n = \sqrt{a_n + b_n} = |a_n| = \left| \frac{2E\tau}{T_1} Sa\left(\frac{n\omega_1\tau}{2}\right) \right| \tag{3-22}$$

$$\phi_n = \arccos\left(\frac{a_n}{c_n}\right) = \arccos\left(\frac{a_n}{|a_n|}\right) \tag{3-23}$$

即

$$\phi_n = \begin{cases} 0 & (a_n > 0) \\ -\pi & (a_n < 0) \end{cases} \tag{3-24}$$

根据式（3-21）~式（3-24）可作出三角形式的周期矩形脉冲的频谱，如图 3-7 所示。

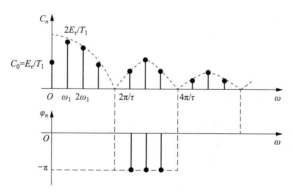

图 3-7　三角形式的周期矩形脉冲的频谱

2. 展开成复指数形式的傅里叶级数

根据式（3-12）及式（3-13）得

$$f(t) = \sum_{n=-\infty}^{\infty} F_n \mathrm{e}^{jn\omega_1 t} \tag{3-25}$$

$$F_n = \frac{1}{T_1} \int_{-\frac{T_1}{2}}^{\frac{T_1}{2}} f(t) \mathrm{e}^{-\mathrm{j}n\omega_1 t} \, \mathrm{d}t = \frac{1}{T_1} \int_{-\frac{\tau}{2}}^{\frac{\tau}{2}} E \mathrm{e}^{-\mathrm{j}n\omega_1 t} \, \mathrm{d}t = \frac{E\tau}{T_1} \frac{\sin\left(\frac{n\pi\tau}{T_1}\right)}{\frac{n\pi\tau}{T_1}} = \frac{E\tau}{T_1} Sa\left(\frac{n\omega_1\tau}{2}\right) \quad (3\text{-}26)$$

将式（3-26）代入到式（3-25）中可得

$$f(t) = \sum_{n=-\infty}^{\infty} \frac{E\tau}{T_1} Sa\left(\frac{n\omega_1\tau}{2}\right) \mathrm{e}^{\mathrm{j}n\omega_1 t} = \sum_{n=-\infty}^{\infty} |F_n| \, \mathrm{e}^{\mathrm{j}\phi_n} \mathrm{e}^{\mathrm{j}n\omega_1 t} \quad (3\text{-}27)$$

$$|F_n| = \left| \frac{E\tau}{T_1} Sa\left(\frac{n\omega_1\tau}{2}\right) \right| \quad (3\text{-}28)$$

$$\phi_n = \begin{cases} 0 & (F_n > 0) \\ \mp\pi & (F_n < 0) \end{cases} \quad (3\text{-}29)$$

根据式（3-28）及式（3-29）可画出复数频谱图（complex spectrum plot）的幅频谱和相频谱，如图 3-8(a) 所示，它与三角形式的频谱很类似，符合前述的一般规律。由于这里 F_n 实际上是实数这一特殊情况，也可以将复数幅频谱与相频谱合并画于一张图上，如图 3-8(b) 所示。

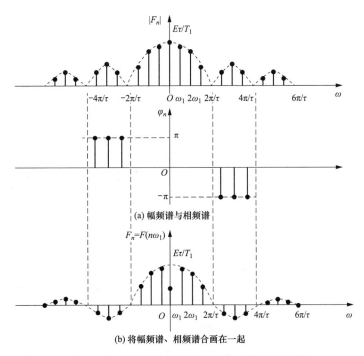

图 3-8　复指数形式的周期矩形脉冲信号的频谱

3.2.2　周期信号频谱的特点

由图 3-7 和图 3-8 可见周期矩形脉冲信号的频谱具有如下特点。

（1）频谱为离散谱，其离散间隔为基频 $\omega_1 = 2\pi/T_1$。

（2）频谱中包含无穷多条频谱线，表示它可以分解为无穷多个频率分量的叠加，其幅度正比于脉冲的宽度 τ 与幅度 E，反比于周期 T_1，并且随着频率点的增大按抽样函数 $Sa(t)$ 的规律衰减，且在以下频率点处频谱出现零点，即

$$n\omega_1 = m2\pi/\tau \quad (m = \pm1, \pm2, \pm3, \cdots) \tag{3-30}$$

时，频谱分量幅度为零。

（3）信号带宽（band width）为实际考虑的最低至最高频分量的范围。由周期矩形脉冲信号的频谱可知，其高频分量是迅速衰减的，信号能量主要集中在第一个零点之内的各个频率分量上，因此把 $\omega = 0 \sim 2\pi/\tau$ 这段频率范围定义为周期矩形脉冲信号的带宽 ω_B 或 f_B，即

$$\omega_B = 2\pi/\tau \tag{3-31}$$

$$f_B = 1/\tau \tag{3-32}$$

（4）时域参数对频谱的影响（图 3-9）有以下两个方面。

① T_1 的影响。周期 T_1 的大小影响频谱的疏密及幅值大小。谱线间隔 $\omega_1 = 2\pi/T_1$ 及谐波分量幅值 $c_n \propto E\tau/T_1$ 均与 T_1 成反比。因此，当 T_1 增大时，频谱会变密且幅值减小，如图 3-9(b) 所示。

② τ 的影响。脉冲宽度 τ 影响信号带宽及谐波幅值，由式（3-31）和式（3-32）可知带宽 ω_B（或 f_B）与脉宽 τ 成反比，而谐波分量幅度 $c_n \propto E\tau/T_1$，是与 τ 成正比的。因此当 τ 减小时，信号带宽增大，说明信号中高频成分相对增大，而频谱幅值减小，如图 3-9(c) 所示。

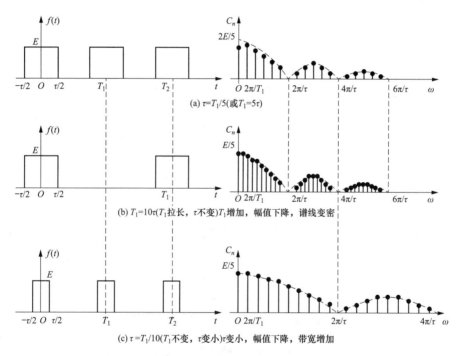

图 3-9　周期矩形脉冲信号时域参数对频谱的影响

对以上规律的分析可以推广到对一般形状的周期脉冲信号的分析，所以具有一定的普遍意义。书后的附录二给出了常用周期信号的傅里叶级数。

3.2.3　吉布斯现象

任意周期信号的傅里叶级数都需要无穷多项才能完全逼近。但实际中常采用有限项级数来近似代替无限多项，若项数取得多，则误差就小，反之则误差大，因此常以均方误差来衡量其大小。设 $f(t)$ 的傅里叶级数为

$$f(t) = a_0 + \sum_{n=1}^{\infty} \left[a_n \cos(n\omega_1 t) + b_n \sin(n\omega_1 t) \right]$$

若取前 $2N+1$ 项作为有限项傅里叶级数。

$$f_N(t) = a_0 + \sum_{n=1}^{N} \left[a_n \cos(n\omega_1 t) + b_n \sin(n\omega_1 t) \right] \tag{3-33}$$

则 $f_N(t)$ 逼近 $f(t)$ 的误差函数为

$$\varepsilon_N(t) = f(t) - f_N(t) \tag{3-34}$$

方均误差为

$$e_N = \frac{1}{T_1} \int_{t_0}^{t_0 + T_1} \varepsilon_N^2(t) \, dt \tag{3-35}$$

将 $f(t)$ 及 $f_N(t)$ 代入式（3-35），并根据三角函数的正交性进行化简，可得

$$e_N = \frac{1}{T_1} \int_{t_0}^{t_0 + T_1} f^2(t) \, dt - \left[a_0^2 + \frac{1}{2} \sum_{n=1}^{N} (a_n^2 + b_n^2) \right] \tag{3-36}$$

傅里叶级数理论还进一步证明：在限定级数项数的条件下，由无限项傅里叶级数截断后的有限项级数，是对原信号在最小均方误差（minimal MSE）意义下的最优逼近。

以矩形脉冲信号为例，从图 3-10 中可以探讨误差与项数的关系。

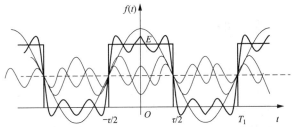

(a) 取直流分量、基波、三次、五次谐波合成的方波波形如粗线所示

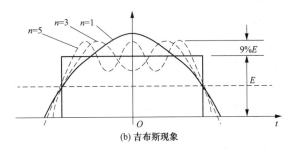

(b) 吉布斯现象

图 3-10　有限项傅里叶级数逼近及吉布斯现象图解

（1）傅里叶级数的所取项数越多，则合成波形越接近原信号 $f(t)$，误差越小。

（2）当 $f(t)$ 为脉冲信号时，低频分量组成方波的主体，高频谐波幅度较小，主要影响脉冲前沿，说明波形变化越激烈，高频分量越丰富。

（3）随着级数项数取得越多，合成波形将越逼近原信号，但在间断点附近，随着所含谐波次数 n 的增加，合成波形的突峰将移向间断点，但幅度并不明显减小，可以证明，即使 $n \to \infty$ 时，在间断点处仍有约 9% 的超量，这种现象称为吉布斯（Gibbs）现象，如图 3-10（b）所示。

3.2.4　周期信号的功率谱

周期信号 $f(t)$ 是功率有限信号，如果将信号 $f(t)$ 看成是加在 1Ω 电阻两端的电压或流过的电流，则 1Ω 电阻上消耗的平均功率为

$$P = \frac{1}{T_1}\int_{-\frac{T_1}{2}}^{\frac{T_1}{2}} f^2(t)\mathrm{d}t \tag{3-37}$$

将 $f(t) = c_0 + \sum\limits_{n=1}^{\infty} c_n\cos(n\omega_1 t + \phi_n)$ 代入式（3-37），并考虑正弦函数的正交性，有

$$P = \frac{1}{T_1}\int_{-\frac{T_1}{2}}^{\frac{T_1}{2}}\left\{C_0 + \sum\limits_{n=1}^{\infty}C_n\cos(n\omega_1 t + \phi_n)\right\}^2\mathrm{d}t = C_0^2 + \sum\limits_{n=1}^{\infty}\frac{1}{2}C_n^2 \tag{3-38}$$

式（3-38）表明，周期信号在时域的平均功率等于信号所包含的直流及各次谐波的平均功率之和。这也反映了周期信号的平均功率对离散频率的分配关系，称之为功率有限信号的帕斯瓦尔公式（Parseval's formula）。如果将直流及各次谐波的平均功率分配关系也表示为离散谱线的形式，则可得到周期信号的功率谱，功率谱只由振幅谱决定，与相位谱无关。

3.3　连续非周期信号的频谱分析——傅里叶变换

3.1 节和 3.2 节对周期信号进行了频谱分析，并得到了一些有用的结论。但在工程实践中经常遇到非周期信号，即不重复的单次信号，例如电子系统中的瞬间脉冲信号、物体碰撞时的冲激力信号、对控制系统进行辨识时要测量的阶跃响应信号等。为了测试这种信号，必须要进行信号的频谱分析，然后才能对测试放大器和传感器的频带提出合理的要求。

傅里叶变换的基本思路是把周期信号的傅里叶分析方法推广至非周期信号。具体来说，就是在时域上将非周期信号看成周期 $T_1 \to \infty$ 时的周期信号的极限，那么在频域上非周期信号的频谱也将是周期信号的频谱在 $T_1 \to \infty$ 时的极限。

3.3.1　傅里叶变换的定义

1. 傅里叶变换的物理意义——频谱密度函数

在讨论周期矩形脉冲信号的周期 T_1 对频谱的影响时已指出，T_1 的增加将导致频谱的谱线变密，幅值变小，如图 3-11(a)、(b) 所示。当 T_1 逐渐增大并趋于无穷大时，周期信号变成了非周期信号，在频域上，谱线间隔 $\omega_1 = 2\pi/T_1$ 却逐渐减小并趋于零，这意味着原来离散频谱转变为连续谱。另一方面，谱线幅值 $F(n\omega_1) \propto E\tau/T_1$ 将逐渐变小并趋于零。由于频谱幅度趋于零，因此无法采用原来的幅度频谱的概念。又因为频谱已变成连续谱，所以要说明频谱上某一点频率上的幅值是多少已不可行了。为此引入了一个新的物理量频谱密度函数，它反映的是单位频带上频率幅值的大小，用 $F(n\omega_1)/\omega_1$ 表示，显然它也是 ω_1 的函数，并且与原来的幅度谱具有相似的图形。因此不妨在图 3-11(b) 的频谱图中把纵坐标 $F(n\omega_1)$ 用 $F(n\omega_1)/\omega_1$ 代替，如图 3-11(c) 所示。这样当 $T_1 \to \infty$ 时，$\omega_1 \to 0$，$F(n\omega_1) \to 0$，原有离散幅度谱虽然趋于零了，但 $F(n\omega_1)/\omega_1$ 却是一个有限值，且从离散变为连续函数，如图 3-11(d) 所示。频谱密度函数 $F(n\omega_1)/\omega_1$ 用 $F(\omega)$ 表示为 ω 的函数，即非周期信号的傅里叶变换（Fourier Transform，FT）。

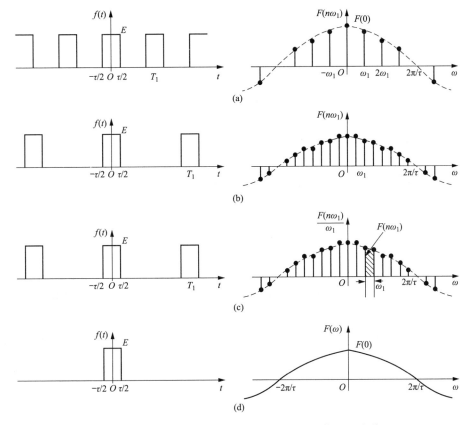

图 3-11　从周期信号的离散谱转变为非周期信号连续谱

2. 傅里叶变换和傅里叶反变换

（1）傅里叶变换（FT）。前面定性介绍了频谱密度函数，导出了傅里叶变换，下面推导出其定量表达式。推导的基本思路是，非周期信号的频谱（即傅里叶变换）是周期信号的频谱（傅里叶级数）在 $T_1 \to \infty$ 时的极限。

设周期信号 $f(t)$ 展成复指数形式的傅里叶级数为

$$f(t) = \sum_{n=-\infty}^{\infty} F(n\omega_1) e^{jn\omega_1 t}$$

$$F(n\omega_1) = \frac{1}{T_1} \int_{t_0}^{t_0+T_1} f(t) e^{-jn\omega_1 t} \, dt$$

两边同乘 T_1，可得

$$F(n\omega_1) T_1 = 2\pi \frac{F(n\omega_1)}{\omega_1} = \int_{t_0}^{t_0+T_1} f(t) e^{-jn\omega_1 t} \, dt \tag{3-39}$$

当 $T_1 \to \infty$ 时，对式（3-39）两边求极限得

$$\lim_{T_1 \to \infty} 2\pi \frac{F(n\omega_1)}{\omega_1} = \lim_{T_1 \to \infty} \int_{t_0}^{t_0+T_1} f(t) e^{-jn\omega_1 t} \, dt \tag{3-40}$$

式（3-40）左边，当 $T_1 \to \infty$ 时，如前所述，$F(n\omega_1)/\omega_1 \to$ 有限值，并且成为一个连续的频率函数，即频谱密度函数，用 $F(\omega)$ 表示为

$$F(\omega) = \lim_{T_1 \to \infty} 2\pi \frac{F(n\omega_1)}{\omega_1} \tag{3-41}$$

式（3-40）右边，当 $T_1 \to \infty$ 时，$\omega_1 \to 0$，$n\omega_1 \to \omega$，即原来离散频率 $n\omega_1$ 趋于连续频率 ω，故式（3-41）右边也为 ω 的连续函数，故得

$$F(\omega) = \int_{-\infty}^{\infty} f(t) e^{-j\omega t} dt \tag{3-42}$$

式（3-42）即为信号 $f(t)$ 的傅里叶正变换的定义，它的物理意义是单位频带上的频谱值，即频谱密度（spectrum density）的概念，简称为非周期信号的频谱。

$F(\omega)$ 一般为复数，故又可写成复指数形式：

$$F(\omega) = |F(\omega)| e^{j\phi(\omega)} \tag{3-43}$$

式中，$|F(\omega)|$ 为幅度频谱，代表信号中各频率分量的相对大小；$\phi(\omega)$ 为相位频谱，代表信号各频率分量之间的相位关系。

（2）傅里叶反变换（Inverse Fourier Transform，IFT）。由已知非周期信号的傅里叶正变换 $F(\omega)$ 求原信号 $f(t)$ 的运算，称为傅里叶反变换。同样也可由对傅里叶级数取极限方法来求得。

将任一周期信号 $f(t)$ 展成傅里叶级数，即

$$f(t) = \sum_{n=-\infty}^{\infty} F(n\omega_1) e^{jn\omega_1 t}$$

将上式改写成频谱密度形式，即

$$f(t) = \sum_{n=-\infty}^{\infty} \frac{F(n\omega_1)}{\omega_1} e^{jn\omega_1 t} \cdot \omega_1$$

在 $T_1 \to \infty$ 极限情况下，上式中各量将变为

$$\omega_1 \to d\omega, n\omega_1 \to \omega, F(n\omega_1)/\omega_1 \to F(\omega)/2\pi, \sum_{n=-\infty}^{\infty} \to \int_{-\infty}^{\infty}$$

于是傅里叶级数变为以下积分形式：

$$f(t) = \frac{1}{2\pi} \int_{-\infty}^{\infty} F(\omega) e^{j\omega t} d\omega \tag{3-44}$$

上式称为傅里叶反变换，其物理意义是非周期信号可以展成一系列不同频率的复指数分量的叠加积分。与周期信号的区别为，复指数分量的频率是连续变化的，它的系数即为频谱密度函数 $F(\omega)$。

式（3-42）与式（3-44）构成傅里叶变换对（FT pair），通常可简写成下面的变换对形式：

$$\begin{cases} F(\omega) = F[f(t)] = \int_{-\infty}^{\infty} f(t) e^{-j\omega t} dt \\ f(t) = F^{-1}[F(\omega)] = \frac{1}{2\pi} \int_{-\infty}^{\infty} F(\omega) e^{j\omega t} d\omega \end{cases} \tag{3-45}$$

式（3-45）的傅里叶变换对在时域信号 $f(t)$ 与频谱密度函数 $F(\omega)$ 之间建立一一对应关系，也可简化为

$$f(t) \Leftrightarrow F(\omega)$$

需注意 $f(t)$ 与 $F(\omega)$ 不可用等式相连，因为它们是两种不同函数域之间的变换关系。

其中 $e^{-j\omega t}$、$e^{j\omega t}$ 也被称为傅里叶变换对的变换核函数（kernel function of transform），在后面讨论傅里叶级数性质时还会进一步说明。

（3）傅里叶变换的三角形式。由式（3-44）

$$f(t) = \frac{1}{2\pi}\int_{-\infty}^{\infty} F(\omega)e^{j\omega t}\,d\omega$$

设

$$F(\omega) = |F(\omega)|e^{j\phi(\omega)}$$

故

$$f(t) = \frac{1}{2\pi}\int_{-\infty}^{\infty} |F(\omega)|e^{j[\omega t+\phi(\omega)]}\,d\omega$$

$$= \frac{1}{2\pi}\int_{-\infty}^{\infty} |F(\omega)|\cos[\omega t+\phi(\omega)]\,d\omega + j\frac{1}{2\pi}\int_{-\infty}^{\infty} |F(\omega)|\sin[\omega t+\phi(\omega)]\,d\omega \quad (3\text{-}46)$$

若 $f(t)$ 为实函数，则 $|F(\omega)|$ 和 $\phi(\omega)$ 分别为 ω 的偶函数和奇函数，有

$$\int_{-\infty}^{\infty} |F(\omega)|\cos[\omega t+\phi(\omega)]\,d\omega$$

$$= 2\int_{0}^{\infty} |F(\omega)|\cos[\omega t+\phi(\omega)]\,d\omega \int_{-\infty}^{\infty} |F(\omega)|\sin[\omega t+\phi(\omega)]\,d\omega = 0$$

所以式（3-46）表示为

$$f(t) = \frac{1}{\pi}\int_{0}^{\infty} |F(\omega)|\cos[\omega t+\phi(\omega)]\,d\omega \quad (3\text{-}47)$$

式（3-47）的物理意义是：非周期信号和周期信号一样，也可以分解为许多不同频率的正、余弦分量的叠加。不同的是其频率不是离散的而是连续的，这些分量的幅度 $\dfrac{|F(\omega)|}{\pi}\,d\omega$ 不是有限值而是趋于零的无穷小量。归纳起来，得出如下结论：非周期信号频谱的特点是连续谱、密度谱。

（4）傅里叶变换存在的条件。严格的数学证明傅里叶变换存在的充分条件是 $f(t)$ 在无限区间内绝对可积（absolutely integrable），即

$$\int_{-\infty}^{\infty} |f(t)|\,dt < \infty \quad (3\text{-}48)$$

将冲激函数的概念引入傅里叶变换中后，原来许多不满足绝对可积条件的信号（如阶跃信号、周期信号等）也能进行傅里叶变换了。

3. 傅里叶级数与傅里叶变换的比较

通过前面对周期信号和非周期信号进行频谱分析可以看出两者之间的异同，如表 3-1 所示。

表 3-1　　　　　　　　　　　　傅里叶级数与傅里叶变换分析的异同

目标	傅里叶级数分析	傅里叶变换分析
分析对象	周期信号	非周期信号
频率定义域	离散频率，谐波频率处	连续频率，整个频率轴
函数值意义	频率分量的数值	频率分量的密度值

3.3.2 常用函数的傅里叶变换

为了掌握傅里叶变换的方法，本节介绍常用信号的频谱。

1. 矩形脉冲信号

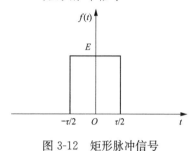

图 3-12 矩形脉冲信号

矩形脉冲信号如图 3-12 所示，其表达式为

$$f(t)=\begin{cases} E & |t| \leqslant \dfrac{\tau}{2} \\[2mm] 0 & |t| > \dfrac{\tau}{2} \end{cases}$$

由傅里叶正变换可得其频谱函数为

$$F(\omega)=\int_{-\infty}^{\infty} f(t)\mathrm{e}^{-\mathrm{j}\omega t}\,\mathrm{d}t=\int_{-\frac{\tau}{2}}^{\frac{\tau}{2}} E\mathrm{e}^{-\mathrm{j}\omega t}\,\mathrm{d}t=\frac{E}{\mathrm{j}\omega}(\mathrm{e}^{\mathrm{j}\frac{\omega\tau}{2}}-\mathrm{e}^{-\mathrm{j}\frac{\omega\tau}{2}})$$

$$=\frac{2E}{\omega}\sin\frac{\omega\tau}{2}=E\tau\frac{\sin\dfrac{\omega\tau}{2}}{\dfrac{\omega\tau}{2}}=E\tau Sa\left(\frac{\omega\tau}{2}\right) \tag{3-49}$$

矩形脉冲的幅度频谱和相位频谱分别为

$$|F(\omega)|=E\tau\left|Sa\left(\frac{\omega\tau}{2}\right)\right|$$

$$\phi(\omega)=\begin{cases} 0 & \dfrac{4n\pi}{\tau}<|\omega|<\dfrac{2(2n+1)\pi}{\tau} \\[4mm] \mp\pi & \dfrac{2(2n+1)\pi}{\tau}<|\omega|<\dfrac{4(n+1)\pi}{\tau} \end{cases} \quad (n=0,1,2,\cdots)$$

图 3-13(a) 表示幅度频谱 $|F(\omega)|$，图形对称于纵轴，为 ω 的偶函数。图 3-13(b) 表示相位频谱 $\varphi(\omega)$，其对称于坐标原点，为 ω 的奇函数。图 3-13(c) 则是同时将幅度谱和相位谱表示在一起，显示出矩形脉冲信号的频谱具有抽样函数的形状。

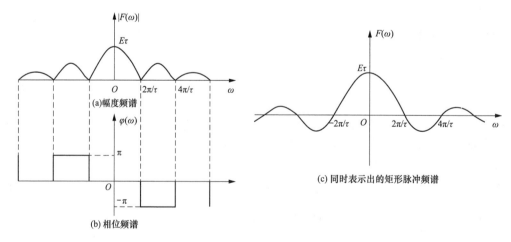

(a)幅度频谱

(b)相位频谱

(c)同时表示出的矩形脉冲频谱

图 3-13 矩形脉冲的频谱

由以上分析可知，虽然矩形脉冲信号在时域集中于有限区间内，但它的频谱却以 $Sa(\omega\tau/2)$ 的规律分布在无限宽的频率范围上。不过其主要的信号能量仍处于 $f=0\sim1/\tau$ 的范

围内，通常认为这种信号占有的频率范围（频带宽度）f_B（或 ω_B）近似为

$$f_B = 1/\tau \tag{3-50}$$

或

$$\omega_B = 2\pi/\tau \tag{3-51}$$

2. 单边指数信号

单边指数信号如图 3-14 所示，其表达式为

$$f(t) = e^{-at}\varepsilon(t) \qquad (\alpha > 0)$$

由傅里叶正变换可得单边指数信号的频谱函数为

$$F(\omega) = \int_{-\infty}^{\infty} f(t)e^{-j\omega t}dt = \int_{0}^{\infty} e^{-at}e^{-j\omega t}dt = \frac{1}{\alpha + j\omega} \tag{3-52}$$

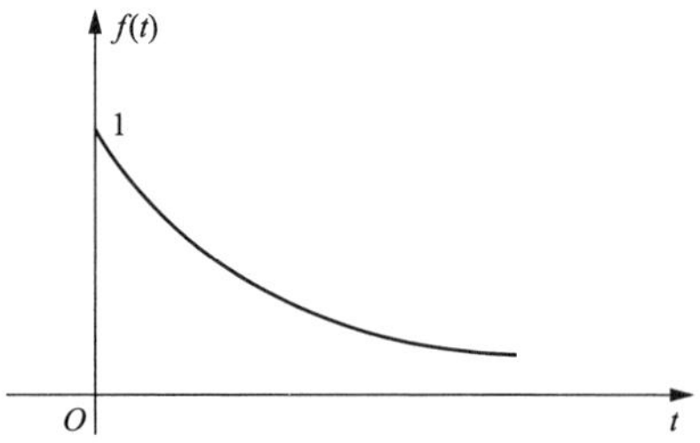

图 3-14　单边指数信号

其幅度谱和相位谱分别为

$$\begin{cases} |F(\omega)| = \dfrac{1}{\sqrt{\alpha^2 + \omega^2}} \\[2mm] \phi(\omega) = -\arctan\left(\dfrac{\omega}{\alpha}\right) \end{cases}$$

单边指数信号的频谱如图 3-15 所示。

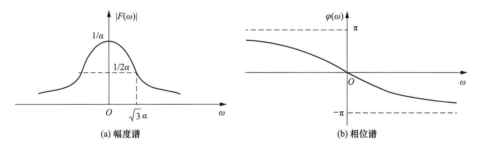

(a) 幅度谱　　　　　　　　　　　(b) 相位谱

图 3-15　单边指数信号的频谱

3. 双边指数信号

双边指数信号如图 3-16 所示，其表达式为

$$f(t) = e^{-\alpha|t|} \qquad (\alpha > 0)$$

其傅里叶变换为

$$F(\omega) = \int_{-\infty}^{\infty} f(t)e^{-j\omega t}dt = \int_{-\infty}^{\infty} e^{-\alpha|t|}e^{-j\omega t}dt$$

$$= \int_{-\infty}^{0} e^{at}e^{-j\omega t}dt + \int_{0}^{\infty} e^{-at}e^{-j\omega t}dt = \frac{1}{\alpha - j\omega} + \frac{1}{\alpha + j\omega} = \frac{2\alpha}{\alpha^2 + \omega^2} \tag{3-53}$$

幅度谱和相位谱分别为

$$\begin{cases} |F(\omega)| = \dfrac{2\alpha}{\alpha^2 + \omega^2} \\[2mm] \phi(\omega) = 0 \end{cases}$$

幅频特性曲线如图 3-17 所示。

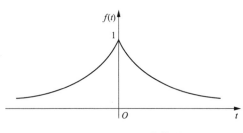

图 3-16　双边指数信号

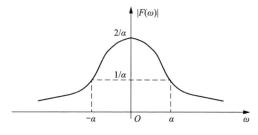

图 3-17　幅频特性曲线

4. 符号函数

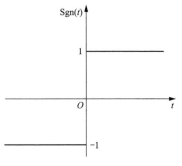

图 3-18　符号函数

符号函数用 $\mathrm{Sgn}(t)$ 表示，又称为正负号函数，如图 3-18 所示，其表达式为

$$f(t)=\mathrm{Sgn}(t)=\begin{cases}1 & (t>0)\\ -1 & (t<0)\end{cases}$$

显然，该信号不满足绝对可积条件，但它却存在傅里叶变换。可以借助于符号函数与双边指数衰减函数相乘，先求得此乘积信号 $f_1(t)$ 的频谱，然后取极限，从而求出符号函数 $f(t)$ 的频谱。

$$f_1(t)=\mathrm{Sgn}(t)\cdot \mathrm{e}^{-\alpha|t|}=\begin{cases}\mathrm{e}^{-\alpha t} & (t>0)\\ -\mathrm{e}^{\alpha t} & (t<0)\end{cases}\qquad(\alpha>0)$$

$\alpha\to 0$ 时的极限为

$$\mathrm{Sgn}(t)=\lim_{\alpha\to 0}f_1(t)=\lim_{\alpha\to 0}\mathrm{Sgn}(t)\cdot \mathrm{e}^{-\alpha|t|}\tag{3-54}$$

可以求得 $f_1(t)$ 的傅里叶变换为

$$F_1(\omega)=\int_{-\infty}^{0}(-\mathrm{e}^{\alpha t})\mathrm{e}^{-\mathrm{j}\omega t}\mathrm{d}t+\int_{0}^{\infty}\mathrm{e}^{-\alpha t}\mathrm{e}^{-\mathrm{j}\omega t}\mathrm{d}t=\frac{-2\mathrm{j}\omega}{\alpha^2+\omega^2}\tag{3-55}$$

$$\begin{cases}|F_1(\omega)|=\dfrac{2|\omega|}{\alpha^2+\omega^2}\\[2mm] \phi_1(\omega)=\begin{cases}\dfrac{\pi}{2} & (\omega<0)\\[2mm] -\dfrac{\pi}{2} & (\omega>0)\end{cases}\end{cases}\tag{3-56}$$

信号 $f_1(t)$ 的波形和频谱如图 3-19 所示。

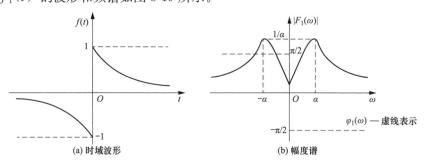

(a) 时域波形　　　　　　　　　(b) 幅度谱

图 3-19　信号 $f_1(t)$ 的波形和频谱

符号函数 $\mathrm{Sgn}(t)$ 的频谱为

$$F(\omega)=\lim_{\alpha\to 0}F_1(\omega)=\lim_{\alpha\to 0}\left(\frac{-2\mathrm{j}\omega}{\alpha^2+\omega^2}\right)=\frac{2}{\mathrm{j}\omega} \tag{3-57}$$

其幅频谱和相频谱分别为

$$\begin{cases} F(\omega)=\dfrac{2}{|\omega|} \\ \phi_1(\omega)=\begin{cases} \dfrac{\pi}{2} & (\omega<0) \\ -\dfrac{\pi}{2} & (\omega>0) \end{cases} \end{cases} \tag{3-58}$$

$\mathrm{Sgn}(t)$ 的频谱如图 3-20 所示。

5. 单位冲激信号

单位冲激信号，如图 3-21(a) 所示，其傅里叶变换为

$$F(\omega)=\int_{-\infty}^{\infty}\delta(t)\mathrm{e}^{-\mathrm{j}\omega t}\mathrm{d}t=\mathrm{e}^0=1 \quad (3\text{-}59)$$

上述结果也可由矩形脉冲取极限得到，当脉宽 τ 逐渐变窄时，其频谱必然展宽。可以想象，若 $\tau\to 0$，而 $E\tau=1$，这时矩形脉冲就变成了 $\delta(t)$，其相应频谱 $F(\omega)$ 必等于常数 1。

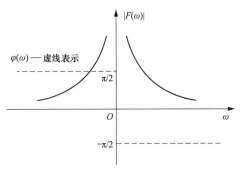

图 3-20　$\mathrm{Sgn}(t)$ 的频谱

可见，单位冲激函数的频谱等于常数，也就是说，在整个频率范围内频谱是均匀分布的。显然，在时域中变化异常剧烈的冲激信号包含幅度相等的所有频率分量。因此，这种频谱常称为均匀谱或白噪声（flat noise），如图 3-21(b) 所示，同时图 3-21 也表明了信号的时宽与频宽成反比关系的一种极端情况。$\delta(t)$ 是时域中变化最激烈的函数之一，而其在频域中对应的频谱却是最均匀的。

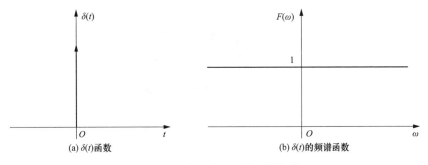

图 3-21　单位冲激函数及其频谱

同样，由傅里叶反变换定义也可以求得 $\delta(\omega)$ 的时域函数 $f(t)$ 为

$$f(t)=F^{-1}\left[\delta(\omega)\right]$$
$$=\frac{1}{2\pi}\int_{-\infty}^{\infty}\delta(\omega)\mathrm{e}^{\mathrm{j}\omega t}\mathrm{d}\omega=\frac{1}{2\pi} \tag{3-60}$$

由式（3-59）得出，单位冲激信号 $\delta(t)$ 的傅里叶变换为直流信号 1，根据傅里叶变换的可逆性，可得出直流信号 1 的傅里叶反变换为单位冲激信号 $\delta(t)$；由式（3-60）得出，单位

冲激信号 $\delta(\omega)$ 的傅里叶反变换为直流信号 $\dfrac{1}{2\pi}$，根据傅里叶变换的可逆性，可得出直流信号 1 的傅里叶变换为单位冲激信号 $2\pi\delta(\omega)$。单位冲激信号和直流信号的傅里叶变换与反变换的关系，如表 3-2 所示。

表 3-2　　　　　　　单位冲激信号和直流信号的傅里叶变换与反变换的关系

傅里叶变换	傅里叶反变换
$F[\delta(t)]=1$	$F^{-1}[1]=\delta(t)$
$F[1]=2\pi\delta(\omega)$	$F^{-1}[\delta(\omega)]=\dfrac{1}{2\pi}$

6. 单位直流信号

由表 2-2 可得出单位直流信号的傅里叶变换为：

$$F[1]=2\pi\delta(\omega) \tag{3-61}$$

其频谱图如图 3-22 所示。单位直流信号是时域中最均匀的函数，其频谱却是一个只在 $\omega=0$ 处存在的冲激函数。通过对冲激信号和直流信号的频谱分析，可以看出：信号在时域中变化越尖锐，其频域对应的高频分量就越丰富；在时域中信号变化越缓慢，其频域对应的低频分量就越多。

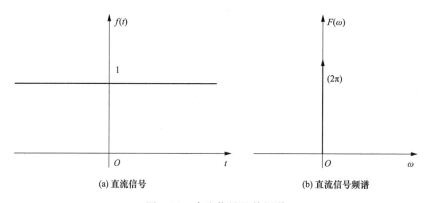

(a) 直流信号　　　　　　　　　　　(b) 直流信号频谱

图 3-22　直流信号及其频谱

7. 单位阶跃信号

如图 3-23(a) 所示的单位阶跃函数 $\varepsilon(t)$ 不满足绝对可积条件，但是它仍存在傅里叶变换。

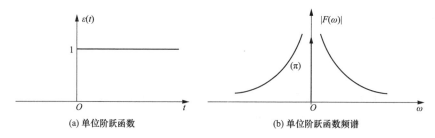

(a) 单位阶跃函数　　　　　　　　　(b) 单位阶跃函数频谱

图 3-23　单位阶跃函数及其频谱

由式（2-20）可知，阶跃函数可以用符号函数表示为

$$\varepsilon(t) = \frac{1}{2} + \frac{1}{2}\text{Sgn}(t) \tag{3-62}$$

对式（3-62）两边进行傅里叶变换得

$$F[\varepsilon(t)] = F\left[\frac{1}{2}\right] + \frac{1}{2}F[\text{Sgn}(t)]$$

由式（3-61）及式（3-57）可得单位阶跃函数的傅里叶变换为

$$F[\varepsilon(t)] = \pi\delta(\omega) + \frac{1}{j\omega} \tag{3-63}$$

可见 $\varepsilon(t)$ 的傅里叶变换在 $\omega = 0$ 处有一个冲激，由表 2-2 可知该冲激来自 $\varepsilon(t)$ 的直流分量。此外，由于 $\varepsilon(t)$ 不是纯直流信号，它在 $t = 0$ 点有跳变，因此在频谱中还出现其他频率分量，如图 3-23(b) 所示。

3.4 傅里叶变换的性质

在式（3-45）中表示的傅里叶变换对建立了时间信号 $f(t)$ 与频谱函数 $F(\omega)$ 之间的一一对应关系。这一变换对表明，信号的特性既可以用时间函数表示，也可以用其频谱函数 $F(\omega)$ 表示。两者之间有密切联系，其中只要一个确定，另一个也就随之唯一地确定了。这种时域和频域的转换规律集中反映在傅里叶变换的性质上，本节讨论傅里叶变换的性质，掌握傅里叶变换的性质，有助于简化时域和频域之间的转化过程，有利于加深对傅里叶变换的理解。

3.4.1 傅里叶变换的基本性质

1. 线性性质

设有两个函数 $f_1(t)$ 和 $f_2(t)$，其频谱函数分别为 $F_1(\omega)$ 和 $F_2(\omega)$，若 a_1 和 a_2 是两个任意常数，则有下述关系成立。

若

$$F_1(\omega) = F[f_1(t)], F_2(\omega) = F[f_2(t)]$$

有

$$F[a_1 f_1(t) + a_2 f_2(t)] = a_1 F_1(\omega) + a_2 F_2(\omega) \tag{3-64}$$

上述关系称为傅里叶变换的线性性质（linear property），并可推广到多个函数的情况。

由傅里叶变换的定义式可证明上述结论，显然，傅里叶变换是一种线性运算，它满足齐次性（homogeneity）和可加性（additivity）。故叠加信号的频谱等于各单独信号的频谱的叠加。

线性性质虽然简单，却十分重要，是频域分析的基础。3.3 节求阶跃信号 $\varepsilon(t)$ 的频谱时曾用到此性质。

2. 对偶性质

把频谱的波形形状放到时域中变成 $F(t)$，求其傅里叶变换，所求频谱与原信号时域波形形状 $f(t)$ 有一定的内在关系，这种关系就称为对偶性质（duality property），具体可表示如下。

若

$$F(\omega) = F[f(t)]$$

则

$$F[F(t)] = 2\pi f(-\omega) \qquad (3\text{-}65)$$

证明：因为

$$f(t) = \frac{1}{2\pi}\int_{-\infty}^{\infty} F(\omega)\mathrm{e}^{\mathrm{j}\omega t}\,\mathrm{d}\omega$$

显然

$$f(-t) = \frac{1}{2\pi}\int_{-\infty}^{\infty} F(\omega)\mathrm{e}^{-\mathrm{j}\omega t}\,\mathrm{d}\omega$$

交换自变量 ω 和 t，可以得到

$$f(-\omega) = \frac{1}{2\pi}\int_{-\infty}^{\infty} F(t)\mathrm{e}^{-\mathrm{j}\omega t}\,\mathrm{d}t$$

所以

$$2\pi f(-\omega) = \int_{-\infty}^{\infty} F(t)\mathrm{e}^{-\mathrm{j}\omega t}\,\mathrm{d}t = F[F(t)]$$

特别地，若 $f(t)$ 为偶函数，即 $f(t) = f(-t)$，则 $F[F(t)] = 2\pi f(\omega)$；而若 $f(t)$ 为奇函数，即 $f(t) = -f(-t)$，则 $F[F(t)] = -2\pi f(\omega)$。

利用对偶性，可以比较方便地求一些信号的傅里叶变换。

【例 3-1】已知冲激信号 $\delta(t)$ 的傅里叶变换为 $F(\omega) = 1$，求直流信号的傅里叶变换 $F[1] = ?$

解：利用对偶性，可以直接写出 $F[1]$ 的表达式，且直流信号又是偶函数，故有

$$F[1] = 2\pi\delta(\omega)$$

时间函数与频谱函数对称性如图 3-24 所示。

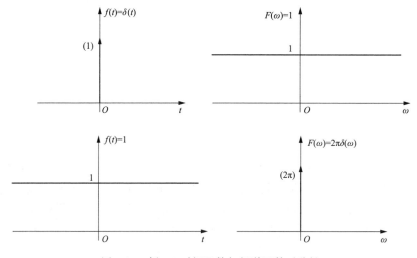

图 3-24　例 3-1 时间函数与频谱函数对称性

【例 3-2】已知矩形脉冲信号的傅里叶变换为 $F(\omega) = E\tau Sa(\omega\tau/2)$，求抽样函数 $Sa(t)$ 的傅里叶变换。

解：由式（3-49）得出了矩形脉冲信号 $f(t)$ 的傅里叶变换为

$$F(\omega) = E\tau Sa(\omega\tau/2)$$

如图 3-25(a) 所示，则由傅里叶变换的对偶性质，因 $Sa(t)$ 为偶函数，可以求得

$$F[E\tau Sa(\omega\tau/2)] = \begin{cases} 2\pi E & (|\omega| < \omega_c/2) \\ 0 & (|\omega| > \omega_c/2) \end{cases}$$

对上式取 $\tau = 2$，$E = 1$，则有 $\omega_c = 2$，即

$$F[Sa(t)] = \begin{cases} \pi & (|\omega| < 1) \\ 0 & (|\omega| > 1) \end{cases}$$

波形如图 3-25(b) 所示，$Sa(t)$ 的傅里叶变换是脉宽为 2，幅值为 π 的矩形脉冲。

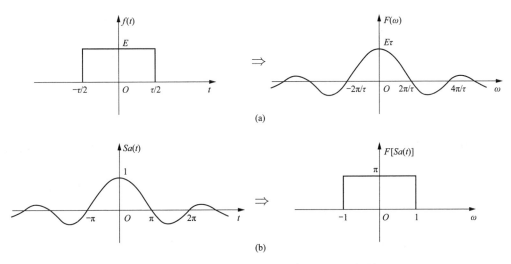

图 3-25　例 3-2 根据偶对称性求 $Sa(t)$ 的频谱

【例 3-3】利用对偶性质求 $F[1/t] = ?$

解： 由式（3-57）可知符号函数 $Sgn(t)$ 的傅里叶变换为

$$F[Sgn(t)] = \frac{2}{j\omega}$$

由线性性质可知

$$F\left[j\frac{1}{2}Sgn(t)\right] = \frac{1}{\omega}$$

考虑到 $Sgn(t)$ 为奇函数，由对偶性可知

$$F\left[\frac{1}{t}\right] = 2\pi\left[j\frac{1}{2}Sgn(-\omega)\right] = -j\pi Sgn(\omega)$$

3. 尺度变换性质

在 2.2 节中介绍了信号的时间展缩的概念，本节研究傅里叶变换中信号的时宽与频宽之间的关系，即尺度变换性质（scaling property）。

若

$$F[f(t)] = F(\omega)$$

则

$$F[f(at)] = \frac{1}{|a|}F\left(\frac{\omega}{a}\right) (a \neq 0) \tag{3-66}$$

证明：因为

$$F[f(at)] = \int_{-\infty}^{\infty} f(at) e^{-j\omega t} dt$$

令 $x = at$，当 $a > 0$ 时，有

$$F[f(at)] = \frac{1}{a} \int_{-\infty}^{\infty} f(x) e^{-j\frac{\omega}{a}x} dx = \frac{1}{a} F\left(\frac{\omega}{a}\right)$$

当 $a < 0$ 时，有

$$F[f(at)] = \frac{1}{a} \int_{-\infty}^{\infty} f(x) e^{-j\frac{\omega}{a}x} dx = -\frac{1}{a} \int_{-\infty}^{\infty} f(x) e^{-j\frac{\omega}{a}x} dx = -\frac{1}{a} F\left(\frac{\omega}{a}\right)$$

综合上面两种情况，便得到

$$F[f(at)] = \frac{1}{|a|} F\left(\frac{\omega}{a}\right)$$

当 $a = -1$ 时，式（3-66）为

$$F[f(-t)] = F(-\omega) \tag{3-67}$$

为了说明尺度变换性质，在图 3-26 中画出了矩形脉冲的几种尺度变换情况。得出如下结论：时域压缩对应频域扩展，时域扩展对应频域压缩。

在通信系统中，要加快通信速度就要压缩信号的持续时间，但为此要以展宽频带作为代价，所以通信速度和占用频带宽度是一对矛盾。

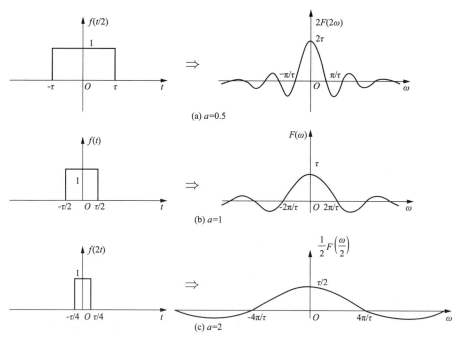

(a) $a = 0.5$

(b) $a = 1$

(c) $a = 2$

图 3-26　尺度变换性质举例说明

4. 时域平移性质

若 $F[f(t)] = F(\omega)$，则

$$\begin{cases} F[f(t - t_0)] = F(\omega) e^{-j\omega t_0} \\ F[f(t + t_0)] = F(\omega) e^{j\omega t_0} \end{cases} \tag{3-68}$$

利用傅里叶变换定义即可证明时域平移（time domain shift）性质，此处证明从略，读者可自行证明。

由式（3-68）表示的时移性说明，信号在时间轴上右（左）移 t_0，则在频域上其频谱将乘以因子 $e^{\mp j\omega t_0}$。这意味着信号在时域中延时，不会改变信号的幅度频谱，仅使相位频谱产生一个与频率呈线性关系的相移。信号在时域中的延时与频域中的移相相对应。

如果将尺度变换性与时移性综合，不难证明：

$$\begin{cases} F[f(at-t_0)] = \dfrac{1}{|a|}F\left(\dfrac{\omega}{a}\right)e^{-j\frac{\omega}{a}t_0} \\ F[f(-at+t_0)] = \dfrac{1}{|a|}F\left(-\dfrac{\omega}{a}\right)e^{-j\frac{\omega}{a}t_0} \end{cases} \tag{3-69}$$

显然，尺度变换性和时移性是式（3-69）的特例，即 $t_0=0$ 和 $a=\pm1$ 的情况。

【例 3-4】已知矩形脉冲信号 $f(t)$ 的频谱为 $F(\omega)=E\tau Sa(\omega\tau/2)$，其相位谱如图 3-27(a) 所示，将此脉冲右移 $\tau/2$ 得 $f(t-\tau/2)$，试画出其相位谱。

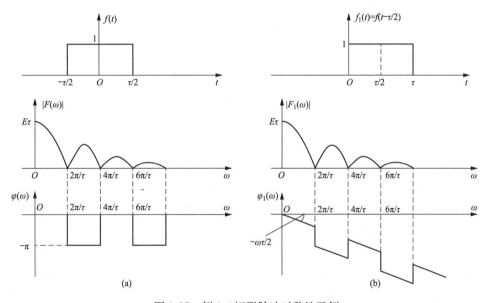

图 3-27 例 3-4 矩形脉冲时移性示例

解： 由题意知，当 $f(t)$ 平移（右移）$\tau/2$ 后，得其频谱函数可由时移性求出为

$$F[f(t-\tau/2)] = E\tau Sa(\tau/2)e^{-j\omega\tau/2}$$

显然，幅度谱没有变化，其相位谱在图 3-27(a) 基础上叠加了 $\omega\tau/2$ 的相移，如图 3-27(b) 所示。

【例 3-5】求如图 3-28 所示三脉冲信号的频谱。

解： 设 $f_0(t)$ 为单脉冲信号，则其频谱函数 $F_0(\omega)$ 为

$$F_0(\omega) = E\tau Sa(\omega\tau/2)$$

图 3-28 所示的三脉冲信号为单脉冲信号经

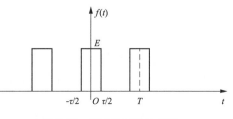

图 3-28 例 3-5 三脉冲信号

时移±T 后得到的合成信号，即

$$f(t) = f_0(t) + f_0(t+T) + f_0(t-T)$$

根据时移性，得

$$F(\omega) = F_0(\omega) + F_0(\omega)e^{j\omega T} + F_0(\omega)e^{-j\omega T}$$
$$= E\tau Sa(\omega\tau/2)(1 + e^{j\omega T} + e^{-j\omega T})$$
$$= E\tau Sa(\omega\tau/2)[1 + 2\cos(\omega T)]$$

三脉冲信号的频谱如图 3-29 所示。

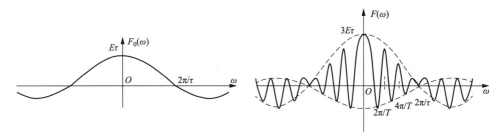

图 3-29　例 3-5 三脉冲信号的频谱

5. 频域平移（频移）性质

若

$$F[f(t)] = F(\omega)$$

则

$$F[f(t)e^{j\omega_0 t}] = F(\omega - \omega_0) \tag{3-70}$$

$$F[f(t)e^{-j\omega_0 t}] = F(\omega + \omega_0) \tag{3-71}$$

利用傅里叶变换定义可以很容易证明该性质，此处证明从略。

频移（frequency shift）性质表明时域信号乘以一个复指数信号，相当于把其频谱搬移到复指数信号的频率位置处，这就是在通信系统中广泛应用的频谱搬移（spectrum shift）技术。诸如调幅（AM）、同步解调（synchronous detection）、变频（frequency change）及频分复用（frequency division multiplexing）等过程都是在频谱搬移的基础上实现的。复指数信号在现实世界中不存在，可以利用欧拉公式，通过乘以正弦或余弦信号达到频谱搬移的目的。例如，使一个信号 $f(t)$ 与一个余弦信号 $\cos(\omega_0 t)$ 相乘，再进行傅里变换，得

$$F[f(t)\cos(\omega_0 t)] = F\left[f(t)\frac{e^{j\omega_0 t} + e^{-j\omega_0 t}}{2}\right]$$

$$= \frac{1}{2}\{F[f(t)e^{j\omega_0 t}] + F[f(t)e^{-j\omega_0 t}]\}$$

$$= \frac{1}{2}[F(\omega - \omega_0) + F(\omega + \omega_0)] \tag{3-72}$$

从式（3-72）可以看出，当用余弦信号去乘以信号 $f(t)$，相当于把信号 $f(t)$ 的频谱一分为二，分别放置于相互对称的正负两个频率处，该频率就是余弦信号的频率。用以进行频谱搬移的信号 $\cos(\omega_0 t)$ 称为载频（carrier frequency）信号，ω_0 称为载频频率，该原理如图 3-30 所示。

同理用正弦信号 $\sin(\omega_0 t)$ 也可进行频谱搬移，读者可自行分析。

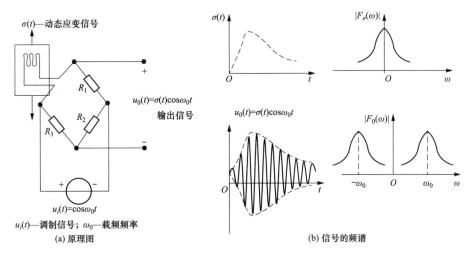

图 3-30 载波电桥输出调幅信号的频谱

【例 3-6】 分析图 3-30(a) 测量的动态应变信号的频谱特性。

解: 图 3-30(a) 是测量动态应变信号的载波电桥原理图，电桥的输出电压信号为 $u_0(t)$，它是受动态应变量 $\sigma(t)$ 调制的调幅信号，载频频率为电桥电源频率 ω_0，因此电桥输出电压信号的频谱为动态应变频谱在频率轴上各搬移 $\pm\omega_0$，动态应变信号的频谱如图 3-30(b) 所示。

6. 微分性质

微分性质（differential property）包括时域微分性质和频域微分性质。

(1) 时域微分性质。

若

$$F[f(t)] = F(\omega)$$

则

$$F\left[\frac{\mathrm{d}f(t)}{\mathrm{d}t}\right] = \mathrm{j}\omega F(\omega) \tag{3-73}$$

$$F\left[\frac{\mathrm{d}^n f(t)}{\mathrm{d}t^n}\right] = (\mathrm{j}\omega)^n F(\omega) \tag{3-74}$$

时域微分性质（time domain of differential property）说明，在时域中 $f(t)$ 对 t 取 n 阶导数等效于在频域中频谱 $F(\omega)$ 乘以 $(\mathrm{j}\omega)^n$。

(2) 频域微分性质。

若

$$F[f(t)] = F(\omega)$$

则

$$F^{-1}\left[\frac{\mathrm{d}F(\omega)}{\mathrm{d}\omega}\right] = (-\mathrm{j}t)f(t) \tag{3-75}$$

$$F^{-1}\left[\frac{\mathrm{d}^n F(\omega)}{\mathrm{d}\omega^n}\right] = (-\mathrm{j}t)^n f(t) \tag{3-76}$$

频域微分性质（frequency domain of differential property）说明，在频域中 $F(\omega)$ 对 ω 取 n 阶导数等效于在时域中频谱 $f(t)$ 乘以 $(-\mathrm{j}t)^n$。

【例 3-7】 已知三角脉冲信号

$$f(t)=\begin{cases} E\left(1-\dfrac{2}{\tau}\mid t\mid\right) & \left(\mid t\mid\leqslant\dfrac{2}{\tau}\right) \\ \\ 0 & \left(\mid t\mid>\dfrac{2}{\tau}\right) \end{cases}$$

如图 3-31(a) 所示，求其频谱 $F(\omega)$。

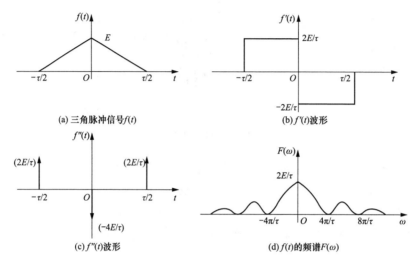

图 3-31　例 3-7 三角脉冲信号及其频谱

解： 对 $f(t)$ 取一阶和二阶导数得到

$$\dfrac{\mathrm{d}f(t)}{\mathrm{d}t}=\begin{cases} \dfrac{2E}{\tau} & \left(-\dfrac{2}{\tau}<t<0\right) \\ \\ -\dfrac{2E}{\tau} & \left(0<t<\dfrac{2}{\tau}\right) \\ \\ 0 & \left(\mid t\mid>\dfrac{2}{\tau}\right) \end{cases}$$

及

$$\dfrac{\mathrm{d}^2 f(t)}{\mathrm{d}t^2}=\dfrac{2E}{\tau}\left[\delta\left(t+\dfrac{\tau}{2}\right)+\delta\left(t-\dfrac{\tau}{2}\right)-2\delta(t)\right]$$

利用时域的微分性质和平移性质，$f''(t)$ 的傅里叶变换为

$$F\left[\dfrac{\mathrm{d}^2 f(t)}{\mathrm{d}t^2}\right]=(\mathrm{j}\omega)^2 F(\omega)=\dfrac{2E}{\tau}\left[\mathrm{e}^{\mathrm{j}\frac{\omega\tau}{2}}+\mathrm{e}^{-\mathrm{j}\frac{\omega\tau}{2}}-2\right]=\dfrac{2E}{\tau}\left[2\cos\left(\dfrac{\omega\tau}{2}\right)-2\right]=-\dfrac{8E}{\tau}\sin^2\left(\dfrac{\omega\tau}{4}\right)$$

$$F(\omega)=\dfrac{1}{(\mathrm{j}\omega)^2}\left[-\dfrac{8E}{\tau}\sin^2\left(\dfrac{\omega\tau}{4}\right)\right]=\dfrac{8E}{\omega^2\tau}\sin^2\left(\dfrac{\omega\tau}{4}\right)=\dfrac{E\tau}{2}\dfrac{\sin^2\left(\dfrac{\omega\tau}{4}\right)}{\left(\dfrac{\omega\tau}{4}\right)^2}=\dfrac{E\tau}{2}Sa^2\left(\dfrac{\omega\tau}{4}\right)$$

信号的频谱如图 3-31(d) 所示。在应用微分性质计算 $f(t)$ 的频谱 $F(\omega)$ 时，要注意应满足以下条件时才能继续计算，否则会出现错误，读者可自行验证。应满足的条件为

$$F\left[f'(t)\right]_{\omega=0}=F_1(\omega)\mid_{\omega=0}=F_1(0)=0$$

$$F[f''(t)]_{\omega=0} = F_2(\omega)\mid_{\omega=0} = F_2(0) = 0$$

7. 积分性质

若

$$F[f(t)] = F(\omega)$$

则

$$F\left[\int_{-\infty}^{t} f(\tau)\mathrm{d}\tau\right] = \frac{F(\omega)}{\mathrm{j}\omega} + \pi F(0)\delta(\omega) \tag{3-77}$$

当 $F(0)=0$ 时，式（3-77）简化为

$$F\left[\int_{-\infty}^{t} f(\tau)\mathrm{d}\tau\right] = \frac{F(\omega)}{\mathrm{j}\omega} \tag{3-78}$$

积分性质（integral property）说明，如果信号的傅里叶变换符合上述条件，且积分的频谱函数存在，则它等于信号的频谱函数除以 jω。或者说，信号在时域中对时间积分等效于在频域中频谱 $F(\omega)$ 除以 jω。

将积分性质推广，即对信号 $f(t)$ 在时域中进行 n 次积分等效于在频域中频谱 $F(\omega)$ 除以 $(\mathrm{j}\omega)^n$，这里也是把 $\omega=0$ 点除外，即有

$$F\left[\iint\cdots\int f(\tau)\mathrm{d}\tau\right] = \frac{F(\omega)}{(\mathrm{j}\omega)^n} \tag{3-79}$$

【例 3-8】 图 3-32(a) 所示为截平信号

$$f(t) = \begin{cases} 0 & (t < 0) \\ t/t_0 & (0 \leqslant t \leqslant t_0) \\ 1 & (t > t_0) \end{cases}$$

求其频谱 $F(\omega)$。

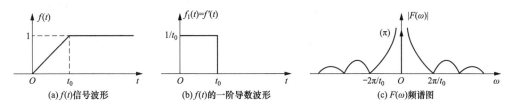

| (a) $f(t)$ 信号波形 | (b) $f(t)$ 的一阶导数波形 | (c) $F(\omega)$ 频谱图 |

图 3-32　例 3-8 $f(t)$ 及其频谱波形

解： 对 $f(t)$ 求导得

$$f_1(t) = \frac{\mathrm{d}f(t)}{\mathrm{d}t} = \begin{cases} 0 & (t < 0) \\ 1/t_0 & (0 \leqslant t \leqslant t_0) \\ 1 & (t > t_0) \end{cases}$$

则对 $f_1(t)$ 的积分即为 $f(t)$，有

$$f(t) = \int_{-\infty}^{t} f_1(\tau)\mathrm{d}\tau$$

根据矩形脉冲的频谱及时移性质可得 $f_1(t)$ 的频谱 $F_1(\omega)$ 为

$$F_1(\omega) = Sa\left(\frac{\omega t_0}{2}\right)\mathrm{e}^{-\mathrm{j}\omega\frac{t_0}{2}}$$

由于 $F(0)=1\neq0$ 故不能用微分性质求 $F(\omega)$，只能用积分性质求 $F(\omega)$，利用式（3-77）得

$$F(\omega) = F[f(t)] = F\left[\int_{-\infty}^{t} f_1(\tau)\mathrm{d}\tau\right] = \frac{F_1(\omega)}{\mathrm{j}\omega} + \pi F_1(0)\delta(\omega)$$

$$= \frac{1}{\mathrm{j}\omega}Sa\left(\frac{\omega t_0}{2}\right)\mathrm{e}^{-\mathrm{j}\omega\frac{t_0}{2}} + \pi\delta(\omega)$$

其频谱如图 3-32(c) 所示。

8. 卷积定理

在通信系统和信号处理等许多领域中，卷积运算都有广泛的应用，第 2 章介绍了信号的卷积运算，本节从频域角度讨论卷积的傅里叶变换的形式。

(1) 时域卷积定理。若给定两个时间函数 $f_1(t)$、$f_2(t)$，已知 $F[f_1(t)] = F_1(\omega)$，$F[f_2(t)] = F_2(\omega)$，则

$$F[f_1(t) * f_2(t)] = F_1(\omega) \cdot F_2(\omega) \tag{3-80}$$

证明：根据第 2 章卷积的定义，已知

$$f_1(t) * f_2(t) = \int_{-\infty}^{\infty} f_1(\tau)f_2(t-\tau)\mathrm{d}\tau$$

因此

$$F[f_1(t) * f_2(t)] = \int_{-\infty}^{\infty}\left[\int_{-\infty}^{\infty} f_1(\tau)f_2(t-\tau)\mathrm{d}\tau\right]\mathrm{e}^{-\mathrm{j}\omega t}\mathrm{d}t$$

$$= \int_{-\infty}^{\infty} f_1(\tau)\left[\int_{-\infty}^{\infty} f_2(t-\tau)\mathrm{e}^{-\mathrm{j}\omega t}\mathrm{d}t\right]\mathrm{d}\tau = \int_{-\infty}^{\infty} f_1(\tau)F_2(\omega)\mathrm{e}^{-\mathrm{j}\omega\tau}\mathrm{d}\tau$$

$$= F_2(\omega)\int_{-\infty}^{\infty} f_1(\tau)\mathrm{e}^{-\mathrm{j}\omega\tau}\mathrm{d}\tau = F_1(\omega) \cdot F_2(\omega)$$

式（3-80）称为时域卷积定理（time domain convolution theorem），它说明两个时间函数卷积的频谱等于两个时间函数频谱的乘积，即在时域中两信号的卷积等于在频域中两个频谱的乘积。通过这种关系，在进行信号处理时，可以将一个域的运算关系转换成另一个域中对应的运算。

【例 3-9】利用卷积定理求图 3-33(a) 所示的三角脉冲的频谱，其数学表达式如下：

$$f(t) = \begin{cases} E\left(1 - \dfrac{2|t|}{\tau}\right) & \left(|t| \leqslant \dfrac{2}{\tau}\right) \\ 0 & \left(|t| > \dfrac{2}{\tau}\right) \end{cases}$$

解：可以将该三角脉冲看成是两个同样的矩形脉冲的卷积，而矩形脉冲的幅值、宽度可以由卷积定义直接看出为 $\sqrt{\dfrac{2E}{\tau}}$ 及 $\tau/2$，如图 3-33(b) 所示。根据时域卷积定理，可以方便地求出三角脉冲的频谱 $F(\omega)$，过程如下。

因为

$$f(t) = G(t) * G(t)$$

而

$$G(\omega) = \sqrt{\frac{2E}{\tau}} \cdot \frac{\tau}{2}Sa\left(\frac{\omega\tau}{4}\right)$$

所以

$$F(\omega) = F[f(t)] = F[G(t) * G(t)] = G(\omega) \cdot G(\omega)$$

$$=\left[\sqrt{\frac{2E}{\tau}}\cdot\frac{\tau}{2}Sa\left(\frac{\omega\tau}{4}\right)\right]^2=\frac{E\tau}{2}Sa^2\left(\frac{\omega\tau}{4}\right)$$

与例 3-7 得出的结论一致。频谱如图 3-33(d) 所示。

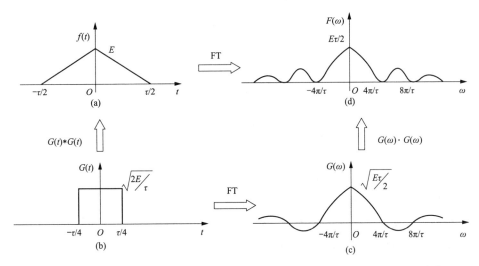

图 3-33　例 3-9 利用卷积定理从矩形脉冲的傅里叶变换求三角脉冲的傅里叶变换

（2）频域卷积定理。与时域卷积类似，若 $F[f_1(t)]=F_1(\omega)$，$F[f_2(t)]=F_2(\omega)$，则

$$F[f_1(t)\cdot f_2(t)]=\frac{1}{2\pi}F_1(\omega)*F_2(\omega)\tag{3-81}$$

其中

$$F_1(\omega)*F_2(\omega)=\int_{-\infty}^{\infty}F_1(u)F_2(\omega-u)\mathrm{d}u$$

式（3-81）称为频域卷积定理（frequency domain convolution theorem），证明方法与时域卷积定理类似，读者可自行证明。

频域卷积定理说明两时间函数在时域上相乘，其频谱为两时间函数频谱的卷积，并乘以 $\frac{1}{2\pi}$。显然时域卷积与频域卷积定理是对偶的，这仍然满足傅里叶变换的对称（对偶）性质。频域卷积定理在通信系统中的调制与解调中有具体的应用，有兴趣的读者可阅读有关的专业书籍，本书不做具体论述。

关于本章中所介绍的傅里叶变换的性质可参考附录三，表中有几个性质将在后面章节中讨论。

9. 奇偶虚实性质

通常遇到的实际信号都是实信号，下面研究时间函数 $f(t)$ 与其频谱函数 $F(\omega)$ 的奇偶虚实性质。

$f(t)$ 是实函数，为了便于讨论，将 $f(t)$ 的傅里叶变换重写如下：

$$F(\omega)=F[f(t)]=\int_{-\infty}^{\infty}f(t)\mathrm{e}^{-\mathrm{j}\omega t}\mathrm{d}t$$

在一般情况下，$F(\omega)$ 是复函数，可以把它表示成模与相位或者实部与虚部的形式，即

$$F(\omega) =| F(\omega) | \mathrm{e}^{\mathrm{j}\varphi(\omega)} = R(\omega) + \mathrm{j}X(\omega)$$

显然

$$\begin{cases} F(\omega) = \sqrt{R^2(\omega) + X^2(\omega)} \\ \phi(\omega) = \arctan\left[\dfrac{X(\omega)}{R(\omega)}\right] \end{cases} \tag{3-82}$$

因为

$$F(\omega) = \int_{-\infty}^{\infty} f(t)\mathrm{e}^{-\mathrm{j}\omega t}\mathrm{d}t = \int_{-\infty}^{\infty} f(t)\cos(\omega t)\mathrm{d}t - \mathrm{j}\int_{-\infty}^{\infty} f(t)\sin(\omega t)\mathrm{d}t$$

故有

$$\begin{cases} R(\omega) = \int_{-\infty}^{\infty} f(t)\cos(\omega t)\mathrm{d}t \\ X(\omega) = -\int_{-\infty}^{\infty} f(t)\sin(\omega t)\mathrm{d}t \end{cases} \tag{3-83}$$

显然，实部 $R(\omega)$ 为偶函数，虚部 $X(\omega)$ 为奇函数。

由于 $R(\omega)$ 是偶函数，$X(\omega)$ 为奇函数，由式（3-82）可证明幅度谱 $F(\omega)$ 是偶函数，相位谱 $\varphi(\omega)$ 是奇函数，实函数的傅里叶变换的幅度谱和相位谱分别为偶函数和奇函数，这一特点在信号处理中有广泛的应用。这一结论还可以引伸出以下两条结论：若 $f(t)$ 为 t 的实偶函数，幅度谱 $F(\omega)$ 也为 ω 的实偶函数，若 $f(t)$ 为 t 的实奇函数，则幅度谱 $F(\omega)$ 必为 ω 的虚奇函数。

3.5 连续周期信号的傅里叶变换

本节研究周期信号的傅里叶变换的特点以及它与傅里叶级数之间的联系，目的是把周期信号与非周期信号的分析方法统一起来，使傅里叶变换这一工具得到更广泛的应用。

周期信号可以展成傅里叶级数，即展成一系列不同频率的复指数分量或正弦和余弦三角函数分量的叠加，因此首先求正弦和余弦信号的傅里叶变换，在此基础上再求任意周期信号的傅里叶变换。

3.5.1 正弦和余弦信号的傅里叶变换

直流信号的傅里叶变换为

$$F[1] = 2\pi\delta(\omega)$$

根据频移性质可得复指数函数 $\mathrm{e}^{\mathrm{j}\omega_0 t}$ 的傅里叶变换为

$$F[\mathrm{e}^{\mathrm{j}\omega_0 t}] = 2\pi\delta(\omega - \omega_0) \tag{3-84}$$

同理可得

$$F[\mathrm{e}^{-\mathrm{j}\omega_0 t}] = 2\pi\delta(\omega + \omega_0) \tag{3-85}$$

由式（3-84）及式（3-85）及欧拉公式，可求出正、余弦信号的傅里叶变换为

$$F[\cos(\omega_0 t)] = F\left[\frac{1}{2}(\mathrm{e}^{\mathrm{j}\omega_0 t} + \mathrm{e}^{-\mathrm{j}\omega_0 t})\right]$$
$$= \pi[\delta(\omega - \omega_0) + \delta(\omega + \omega_0)] \tag{3-86}$$
$$F[\sin(\omega_0 t)] = F\left[\frac{1}{2\mathrm{j}}(\mathrm{e}^{\mathrm{j}\omega_0 t} - \mathrm{e}^{-\mathrm{j}\omega_0 t})\right]$$

$$= -j\pi[\delta(\omega - \omega_0) - \delta(\omega + \omega_0)] \tag{3-87}$$

可见，复指数函数、正弦和余弦函数的频谱只包含位于 $\pm\omega_0$ 处的冲激函数，如图 3-34 所示。

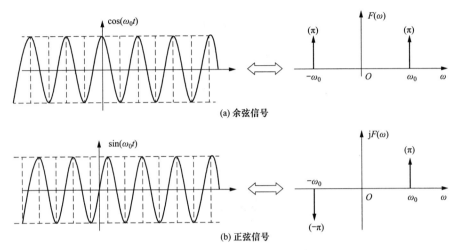

(a) 余弦信号

(b) 正弦信号

图 3-34　正、余弦信号的频谱

3.5.2　周期信号的傅里叶变换

对于一任意周期信号 $f(t)$，设其周期为 T_1，角频率为 $\omega_1 = 2\pi f_1 = \dfrac{2\pi}{T_1}$，可以将 $f(t)$ 展成傅里叶级数

$$f(t) = \sum_{n=-\infty}^{\infty} F_n e^{j\omega_1 t}$$

对上式两边取傅里叶变换为

$$F(\omega) = F[f(t)] = F\left[\sum_{n=-\infty}^{\infty} F_n e^{jn\omega_1 t}\right] = \sum_{n=-\infty}^{\infty} F_n F[e^{jn\omega_1 t}]$$

由式（3-84）可知

$$F[e^{jn\omega_1 t}] = 2\pi\delta(\omega - n\omega_1)$$

所以

$$F(\omega) = F[f(t)] = \sum_{n=-\infty}^{\infty} 2\pi F_n \delta(\omega - n\omega_1) \tag{3-88}$$

式（3-88）中 F_n 为傅里叶级数的复指数形式的系数

$$F_n = \frac{1}{T_1} \int_{-\frac{T_1}{2}}^{\frac{T_1}{2}} f(t) e^{-jn\omega_1 t} \, dt$$

式（3-88）表明：周期信号的傅里叶变换是由一系列冲激函数组成的，这些冲激出现在离散的谐频点 $n\omega_1$ 处，它的冲激强度等于 $f(t)$ 的傅里叶系数 F_n 的 2π 倍，因此它是离散的冲激谱。当周期信号采用傅里叶级数频谱表示时，它是离散的有限幅度谱，所以两者是不同的。这是由于傅里叶变换反映的是频谱密度概念，周期信号在各谐频点上，具有有限幅度，说明在这些谐频点上其频谱密度趋于无限大，所以变成冲激函数。这也说明了傅里叶级数是傅里叶变换的一种特例。

下面讨论周期性信号 $f(t)$ 的傅里叶级数与它的单个非周期信号 $f_0(t)$ 的傅里叶变换之间的关系，这也可以说是周期信号与非周期信号频谱之间的另一种关系。

已知周期信号的傅里叶级数为

$$f(t) = \sum_{n=-\infty}^{\infty} F_n e^{jn\omega_1 t}$$

$$F_n = \frac{1}{T_1} \int_{-\frac{T_1}{2}}^{\frac{T_1}{2}} f(t) e^{-jn\omega_1 t} dt \tag{3-89}$$

从周期信号 $f(t)$ 中截取第一个周期得到所谓的单个非周期信号 $f_0(t)$，它的傅里叶变换 $F_0(\omega)$ 为

$$F_0(\omega) = F[f_0(t)] = \int_{-\infty}^{\infty} f_0(t) e^{-j\omega t} dt = \int_{-\frac{T_1}{2}}^{\frac{T_1}{2}} f(t) e^{-j\omega t} dt \tag{3-90}$$

比较式（3-89）和式（3-90）可知

$$F_n = \frac{1}{T_1} F_0(\omega) \mid_{\omega=n\omega_1} \tag{3-91}$$

或表示为

$$F_n = \frac{1}{T_1} \left[\int_{-\frac{T_1}{2}}^{\frac{T_1}{2}} f(t) e^{-j\omega t} dt \right] \mid_{\omega=n\omega_1} \tag{3-92}$$

式（3-91）及式（3-92）表明：周期信号的傅里叶级数的系数 F_n 等于单个非周期信号的傅里叶变换 $F_0(\omega)$ 在 $n\omega_1$ 频率点的值乘以 $\frac{1}{T_1}$。或者说，周期信号的频谱是单个非周期信号频谱在 $n\omega_1$ 处的抽样值，仅差一个系数 $\frac{1}{T_1}$，这就为求周期信号频谱带来了方便。

【例 3-10】 求周期单位冲激序列的傅里叶级数与傅里叶变换。

解： 设周期单位冲激序列以 $\delta_T(t)$ 表示，T_1 为重复周期，即

$$\delta_T(t) = \sum_{n=-\infty}^{\infty} \delta(t - nT_1)$$

将 $\delta_T(t)$ 展成傅里叶级数，并求其系数 F_n

$$\delta_T(t) = \sum_{n=-\infty}^{\infty} F_n e^{jn\omega_1 t}$$

$$F_n = \frac{1}{T_1} \int_{-\frac{T_1}{2}}^{\frac{T_1}{2}} \delta_T(t) e^{-jn\omega_1 t} dt = \frac{1}{T_1} \int_{-\frac{T_1}{2}}^{\frac{T_1}{2}} \delta(t) e^{-jn\omega_1 t} dt = \frac{1}{T_1}$$

故得

$$\delta_T(t) = \frac{1}{T_1} \sum_{n=-\infty}^{\infty} e^{jn\omega_1 t}$$

可知周期单位冲激序列的各离散谐频分量的大小均相等，且等于 $\frac{1}{T_1}$。

由于单位冲激信号 $\delta(t)$ 的频谱 $F_0(\omega) = 1$，如图 3-35(a) 所示，根据式（3-91），周期单位冲激序列的傅里叶级数的系数应是单个冲激信号的傅里叶变换在 $n\omega_1$ 处的抽样值乘以 $\frac{1}{T_1}$，即

$$F_n = \frac{1}{T_1} F_0(\omega) \mid_{\omega = n\omega_1} = \frac{1}{T_1}$$

则可得 $\delta_{\mathrm{T}}(t)$ 的傅里叶变换为［根据式（3-88）］

$$F(\omega) = F[\delta_{\mathrm{T}}(t)] = \sum_{n=-\infty}^{\infty} 2\pi F_n \delta(\omega - n\omega_1)$$

$$= \sum_{n=-\infty}^{\infty} \frac{2\pi}{T_1} \delta(\omega - n\omega_1) = \omega_1 \sum_{n=-\infty}^{\infty} \delta(\omega - n\omega_1)$$

可见周期单位冲激序列的傅里叶变换仍为周期冲激序列，其周期为 ω_1，冲激强度也为 ω_1，如图 3-35（b）所示。

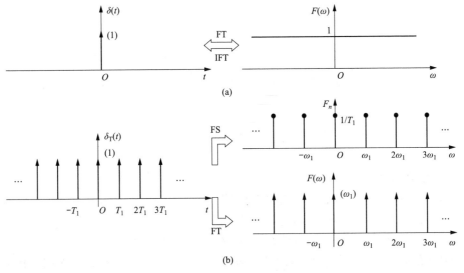

图 3-35　例 3-10 周期单位冲激信号（序列）的傅里叶级数（FS）与傅里叶变换（FT）波形

【例 3-11】 求周期矩形脉冲信号的傅里叶级数和傅里叶变换。

解：图 3-36 所示为周期矩形脉冲信号的第一个周期内的信号 $f_0(t) = EG_\tau(t)$，其傅里叶变换为

$$F_0(\omega) = E\tau Sa(\omega\tau/2)$$

而周期矩形脉冲信号的傅里叶级数的系数为

$$F_n = \frac{1}{T_1} \int_{-\frac{T_1}{2}}^{\frac{T_1}{2}} f_0(t) e^{-jn\omega_1 t} \, \mathrm{d}t = \frac{E\tau}{T_1} Sa\left(\frac{n\omega_1\tau}{2}\right)$$

得 $f(t)$ 的傅里叶级数为

$$f(t) = \sum_{n=-\infty}^{\infty} F_n e^{jn\omega_1 t} = \frac{E\tau}{T_1} \sum_{n=-\infty}^{\infty} Sa\left(\frac{n\omega_1\tau}{2}\right) e^{jn\omega_1 t}$$

可得周期矩形脉冲信号的傅里叶变换为

$$F(\omega) = \sum_{n=-\infty}^{\infty} 2\pi F_n \delta(\omega - n\omega_1) = \sum_{n=-\infty}^{\infty} 2\pi \frac{E\tau}{T_1} Sa\left(\frac{n\omega_1\tau}{2}\right) \delta(\omega - n\omega_1)$$

$$= \omega_1 E\tau \sum_{n=-\infty}^{\infty} Sa\left(\frac{n\omega_1\tau}{2}\right) \delta(\omega - n\omega_1)$$

以上结果如图 3-36 所示，图中还画出了单脉冲频谱以作比较。

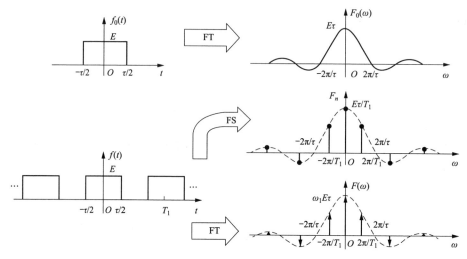

图 3-36　例 3-11　单脉冲信号的傅里叶变换与周期脉冲信号的傅里叶变换的比较

3.6　抽样信号的傅里叶变换

3.6.1　信号的抽样

在许多工程问题中，常常需要将连续时间信号变为离散时间信号，这就需要对连续信号进行抽样。所谓抽样（sampling）就是利用抽样脉冲序列 $p(t)$ 从连续信号 $f(t)$ 中"抽取"一系列离散样值信号 $f_s(t)$，这种信号称为抽样信号，如图 3-37 所示。

连续时间信号需经过抽样，再经过量化和编码才能变成数字信号，进而利用数字系统进行处理、传输和存储等。图 3-37 所示为抽样信号的波形及信号原理框图。

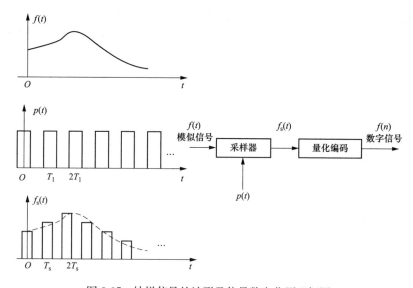

图 3-37　抽样信号的波形及信号数字化原理框图

3.6.2　抽样信号的频谱

抽样过程是抽样脉冲序列 $p(t)$ 被连续信号 $f(t)$ 调幅的过程，因此抽样信号 $f_s(t)$ 可表示为

$$f_s(t) = f(t) \cdot p(t) \tag{3-93}$$

由于 $p(t)$ 是周期序列，所以 $p(t)$ 的傅里叶变换为

$$P(\omega) = F[p(t)] = 2\pi \sum_{n=-\infty}^{\infty} P_n \delta(\omega - n\omega_s) \tag{3-94}$$

其中

$$P_n = \frac{1}{T_s} \int_{-\frac{T_s}{2}}^{\frac{T_s}{2}} p(t) e^{-jn\omega_s t} dt \tag{3-95}$$

式中，T_s 为抽样间隔；ω_s 为抽样频率（$\omega_s = 2\pi/T_s = 2\pi f_s$）。

根据频域卷积定理，抽样信号 $f_s(t)$ 的傅里叶变换为

$$F_s(\omega) = F[f_s(t)] = F[f(t) \cdot p(t)] = \frac{1}{2\pi} F[f(t)] * F[p(t)]$$

$$= \frac{1}{2\pi} F(\omega) * \left[2\pi \sum_{n=-\infty}^{\infty} P_n \delta(\omega - n\omega_s) \right]$$

$$= \sum_{n=-\infty}^{\infty} P_n F(\omega - n\omega_s) \tag{3-96}$$

式（3-96）表明：抽样信号的频谱 $F_s(\omega)$ 是由连续信号频谱 $F(\omega)$ 以抽样频率 ω_s 为间隔周期重复得到的。在此过程中幅度被 P_n 加权，傅里叶系数 P_n 取决于抽样脉冲序列的形状，且 P_n 只是 n（不是 ω）的函数，所以 $F(\omega)$ 在重复过程中形状不会发生变化。

1. 矩形脉冲抽样

连续信号 $f(t)$ 和其频谱 $F(\omega)$ 如图 3-38(a) 所示。在矩形脉冲抽样情况下，抽样函数 $p(t)$ 为周期矩形脉冲，如图 3-38(b) 所示，由式（3-95）可求出其傅里叶系数 P_n 为

$$P_n = \frac{1}{T_s} \int_{-\frac{T_s}{2}}^{\frac{T_s}{2}} p(t) e^{-jn\omega_s t} dt = \frac{1}{T_s} \int_{-\frac{\tau}{2}}^{\frac{\tau}{2}} E e^{-jn\omega_s t} dt = \frac{E\tau}{T_s} Sa\left(\frac{n\omega_s \tau}{2}\right)$$

将 P_n 值代入式（3-96），便可得矩形抽样信号的频谱为

$$F_s(\omega) = \frac{E\tau}{T_s} \sum_{n=-\infty}^{\infty} Sa\left(\frac{n\omega_s \tau}{2}\right) F(\omega - n\omega_s) \tag{3-97}$$

而由例 3-11 可知周期矩形脉冲 $p(t)$ 的频谱为

$$P(\omega) = \omega_s E\tau \sum_{n=-\infty}^{\infty} Sa\left(\frac{n\omega_s \tau}{2}\right) \delta(\omega - n\omega_s) \tag{3-98}$$

显然，在这种情况下，$F(\omega)$ 在以 ω_s 为周期的重复过程中幅度以 $Sa(n\omega_s \tau/2)$ 的规律变化，如图 3-38(c) 示。

2. 理想抽样

若抽样函数 $p(t)$ 为单位冲激序列，则称为理想抽样或冲激抽样。

$$p(t) = \delta_T(t) = \sum_{n=-\infty}^{\infty} \delta(t - nT_s)$$

$$f_s(t) = f(t) \cdot p(t) = f(t) \cdot \delta_T(t)$$

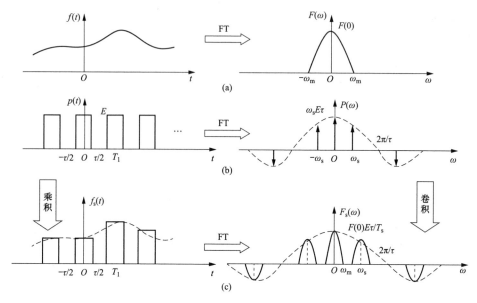

图 3-38　矩形抽样信号的频谱

在这种情况下抽样信号 $f_s(t)$ 是由一系列冲激函数构成的，每个冲激信号的间隔为 T_s，强度等于连续信号的抽样值 $f(nT_s)$，如图 3-39 所示。

由式（3-95）及例 3-10 可求出 $\delta_T(t)$ 的傅里叶系数为

$$P_n = \frac{1}{T_s}\int_{-\frac{T_s}{2}}^{\frac{T_s}{2}}\delta_T(t)\mathrm{e}^{-jn\omega_s t}\,\mathrm{d}t = \frac{1}{T_s}\int_{-\frac{T_s}{2}}^{\frac{T_s}{2}}\delta(t)\mathrm{e}^{-jn\omega_s t}\,\mathrm{d}t = \frac{1}{T_s}$$

将其代入式（3-96）中，得到冲激抽样信号的频谱为

$$F_s(\omega) = \frac{1}{T_s}\sum_{n=-\infty}^{\infty}F(\omega - n\omega_s) \tag{3-99}$$

由式（3-99）可知，由于冲激序列的傅里叶系数 P_n 为常数，所以 $F(\omega)$ 是以 ω_s 为周期等幅地重复，如图 3-39 所示。

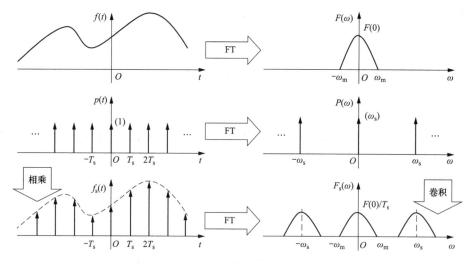

图 3-39　理想抽样信号的频谱

冲激抽样和矩形脉冲抽样是式（3-96）的两种特殊情况，而冲激抽样又可看成是矩形脉冲抽样中当 $\tau\to0$ 时的极限情况。在实际情况中通常采用的是矩形脉冲抽样，在理论上为了便于问题的分析，常将其近似为冲激抽样，即为理想抽样。

以上讨论了用抽样脉冲 $p(t)$ 对连续时间函数进行抽样的过程，称为时域抽样。有时对连续频谱 $F(\omega)$，以冲激序列 $\delta_{\omega s}(\omega)$ 进行抽样，称之为频域抽样，此处不再详述，其研究过程和计算方法与时域抽样类似。

通过上面对时域抽样的讨论，得到傅里叶变换的又一条重要性质，即信号的时域与频域呈抽样（离散）与周期（重复）对应关系，表 3-3 给出了这一结论的要点。

表 3-3　　　　　　　　　　信号的时域与频域的对应关系

时域	频域
周期信号 周期为 T_1	离散频谱 离散间隔 $\omega_1=2\pi/T_1$
抽样信号（离散） 抽样间隔 $T_s=2\pi/\omega_s$	周期频谱 周期为 ω_s

3.6.3　抽样定理

抽样信号只有原信号等间隔的离散值，抽样信号 $f_s(t)$ 是否保留了原信号 $f(t)$ 的全部信息，也就是说，要想从抽样信号 $f_s(t)$ 中无失真地恢复出原来的连续信号 $f(t)$，需要满足什么样的抽样条件。抽样定理回答了在什么条件下可以从抽样信号中无失真地恢复原连续信号这个问题，因此它在通信系统、数字信号处理、信息传输理论等领域都占有十分重要的地位，许多近代通信方式都以此定量作为理论基础，这里主要讨论时域抽样定理的内容及连续信号的恢复问题。

若连续信号 $f(t)$ 为频谱受限信号，即信号频谱的带宽是有限的，$|\omega|\leqslant\omega_m$，$\omega_m$ 为信号频谱的最高角频率，如果此时抽样脉冲角频率 ω_s 太低，如 $\omega_s<2\omega_m$，则抽样信号 $f_s(t)$ 的频谱中的周期延拓将不会像图 3-39 所示的那样是相互分离的，而是如图 3-40 所示产生相互交叠的现象，此即频谱混叠现象。频谱混叠使抽样信号的频谱与原连续信号频谱发生很大差别，以致无法利用滤波器过滤出原连续信号的频谱，达到无失真恢复原信号的目的。

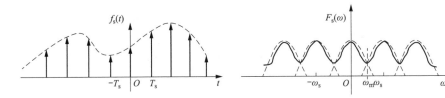

图 3-40　频谱混叠现象

若一个频带受限的信号 $f(t)$ 的最高角频率为 ω_m，当抽样间隔 T 满足

$$T\leqslant\frac{\pi}{\omega_m}=\frac{1}{2f_m} \tag{3-100}$$

时，则信号 $f(t)$ 可以用等间隔的抽样值唯一地表示，称为带限信号的时域抽样定理（sampling heorem)。其中，把满足抽样定理要求的最低抽样频率 $f_s = 2f_m$ 称为奈奎斯特频率（Nyquist frequency），把最大允许的抽样间隔 $T_s = \dfrac{1}{f_s} = \dfrac{1}{2f_m}$ 称为奈奎斯特间隔（Nyquist interval）。

3.6.4 信号的恢复

从图 3-41 可以看出，在满足抽样定理的条件下，为了从频率 $F_s(\omega)$ 中无失真地恢复 $F(\omega)$，可以用一矩形窗函数 $G(\omega)$ 与 $F_s(\omega)$ 相乘，即

$$F(\omega) = F_s(\omega) \cdot G(\omega)$$

其中

$$G(\omega) = \begin{cases} T_s & |\omega| < \omega_m \\ 0 & |\omega| > \omega_m \end{cases}$$

后面将在滤波器的章节介绍，实现 $F_s(\omega)$ 与 $G(\omega)$ 相乘的方法就是将抽样信号 $f_s(t)$ 施加于理想低通滤波器，该滤波器的传输函数为 $G(\omega)$，在滤波器的输出端即可得到频谱为 $F(\omega)$ 的连续信号 $f(t)$。这相当于从图 3-41(b) 中无混叠情况下的 $F_s(\omega)$ 中只取出 $|\omega| < \omega_m$ 的成分，显然，这就恢复了 $F(\omega)$，也就恢复了 $f(t)$。

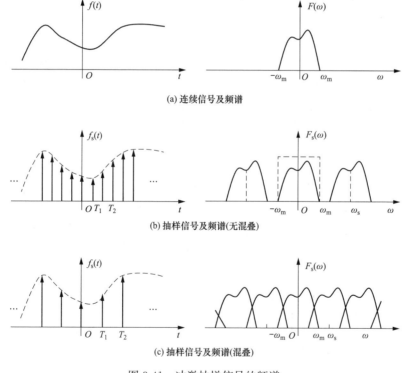

(a) 连续信号及频谱

(b) 抽样信号及频谱(无混叠)

(c) 抽样信号及频谱(混叠)

图 3-41 冲激抽样信号的频谱

以上从频域解释了由抽样信号的频谱恢复连续信号频谱的原理，在后面的第 7 章滤波器中还会介绍由 $f_s(t)$ 经理想低通滤波器产生 $f(t)$ 的原理。

3.7　MATLAB 在连续时间信号的频域分析中的应用

应用 MATLAB 绘制周期信号的离散频谱和非周期信号的连续频谱，通过 MATLAB 实现连续时间信号的频域分析及其结果的可视化。

【例 3-12】设周期矩形脉冲信号 $f(t)$ 的脉冲幅度 E 为 1，宽度 τ 为 0.1，周期 T 为 0.5，如图 3-42 所示，画出其频谱。

MATLAB 程序如下：

```
E=1;tao=0.1;T=0.5;                                    % 设置脉冲信号的参数
t=-2:0.01:2;                                          % 取点
f=0.5+0.5*E*square(2*pi*(t+tao)/T,40);               % 定义周期矩形脉冲信号函数
n0=T/tao;
n=-2*n0:2*n0;
fn=E*tao/T*(sin(n*pi*tao/T+eps*(n==0)))./(n*pi*tao/T+eps*(n==0));
                                                      % 转换到频域的函数
fn_abs=abs(fn);                                       % 取幅度值
fn_ang=angle(fn);                                     % 取相位值
subplot(2,2,1);                                       % 创建和控制图形位置
plot(t,f);                                            % 绘制时域图
axis([-2 2 -1.5 1.5]);                               % 控制坐标范围
title('时域图','Fontsize',18);                         % 标注图形名称,设置字号
xlabel('t/s','Fontsize',18);ylabel('幅度','Fontsize',18)  % 标注横纵坐标,设置字号
grid;                                                 % 添加网格
subplot(2,2,2);
stem((-2*n0:2*n0),fn);                               % 绘制频域图
axis([-10 10 -0.2 0.3]);
title('频域图','Fontsize',18);
xlabel('w','Fontsize',18);ylabel('幅度','Fontsize',18)
grid;
subplot(2,2,3);
stem((-2*n0:2*n0),fn_abs);                           % 绘制幅度谱
axis([-10 10 -0.2 0.3]);
grid;
xlabel('w','Fontsize',18);
ylabel('幅度','Fontsize',18);
title('幅度谱','Fontsize',18);
subplot(2,2,4);
w=-10:10;
stem((-2*n0:2*n0),fn_ang.*(w<0)-fn_ang.*(w>=0));    % 绘制相位谱
xlabel('w ','Fontsize',18);
ylabel('相位','Fontsize',18);
title('相位谱','Fontsize',18);
```

```
grid
```

MATLAB 程序执行结果如图 3-42 所示。

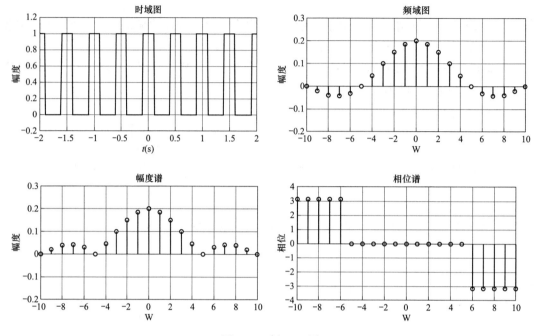

图 3-42 例 3-12 图

【例 3-13】已知矩形脉冲信号 $f(t) = G_2(t) = \begin{cases} 1, & |t| \leqslant 1 \\ 0, & |t| > 1 \end{cases}$，求其傅里叶变换 $F(\omega)$。

MATLAB 程序如下：

```
R=0.02;t=-2:R:2;                                    % 取点
f=0.*(t<-1)+1.*(t>=-1)-1*(t>=1);                    % 定义矩形脉冲信号函数
W1=2*pi*5;
N=500;
k=-N:N;
W=k*W1/N;
F=f*exp(-j*t'*W)*R;                                 % 将时域函数变换到频域
F=real(F);                                          % 取实部
F_abs=abs(F);                                       % 取幅度值
F_ang=angle(F);                                     % 取相位值
subplot(2,2,1);                                     % 创建和控制图形位置,绘制图形
plot(t,f);                                          % 绘制时域图
axis([-2 2 -0.2 1.2]);
grid
xlabel('t','Fontsize',18);ylabel('f(t)','Fontsize',18);% 标注横纵坐标,设置字号
title('ε(t+1)-ε(t-1)的时域图','Fontsize',18);        % 标注图形名称,设置字号
subplot(2,2,2);plot(W,F);                           % 绘制频域图
axis([-30 30 -0.5 2.2]);
```

```
xlabel('w','Fontsize',18);ylabel('F(w)','Fontsize',18);
title('f(t)的傅里叶变换 F(w)的频域图','Fontsize',18);
grid;
subplot(2,2,3);
plot(W,F_abs);                                    % 绘制幅度谱
axis([-30 30 -0.5 2.2]);
xlabel('w','Fontsize',18);
ylabel('幅度','Fontsize',18);
title('幅度谱','Fontsize',18);
grid;
subplot(2,2,4);
plot(W,F_ang.*(W<0)-F_ang.*(W>=0));               % 绘制相位谱
axis([-30 30 -4 4]);
xlabel('w ','Fontsize',18);
ylabel('相位','Fontsize',18);
title('相位谱','Fontsize',18);
grid
```

MATLAB 程序执行结果如图 3-43 所示。

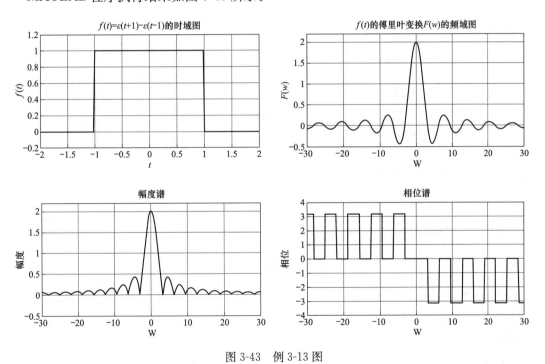

图 3-43　例 3-13 图

【例 3-14】 利用 MATLAB 绘制单边指数信号 $f(t) = e^{-at}\varepsilon(t)$，$a>0$ 的频谱图。

MATLAB 程序如下：

```
display('Please input the value of a');          % 指示输入量
syms a                                            % 定义变量
a=input('a=');                                    % 赋值给 a 输入量
```

```
w=-100:0.2:100;                             % 取点
F=1./(a+1i*w);                              % 将指数信号转换到频域
clf;
subplot(2,1,1),plot(w,abs(F));              % 开辟图形区域,绘制幅度谱
axis([-100 100 0 0.12]);
grid;
xlabel('f/Hz');
ylabel('幅度');
title('幅度谱','Fontsize',18)
subplot(2,1,2),plot(w,angle(F)*180/pi);     % 开辟图形区域,绘制相位谱
xlabel('f/Hz');
ylabel('相位');
title('相位谱','Fontsize',18);
grid;
```

MATLAB 程序执行结果如图 3-44 所示。

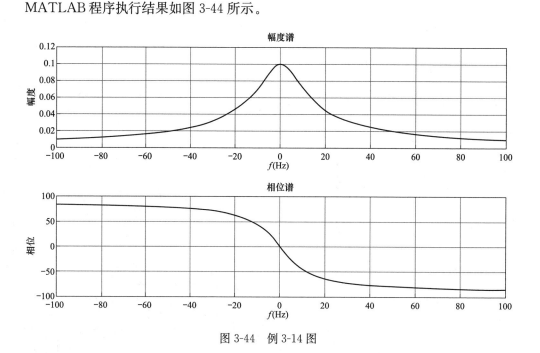

图 3-44　例 3-14 图

【例 3-15】利用 MATLAB 编写一个程序模拟吉布斯效应，计算矩形波的傅里叶级数展开，并绘制出合成项数为 1、6、20、50 展开后的波形图。

MATLAB 程序如下：

```
t=linspace(-3,3,3001);                      % 时间序列
nMaxArray=[1 6 20 50];                      % 合成项数数组
for i=1:length(nMaxArray)
f=zeros(size(t));                           % 初始化信号序列
nMax=nMaxArray(i);
for n=1:nMax
   f=f+(4/pi)*sin((2*n-1)*pi*t)/(2*n-1);    % 计算各个展开系数
```

```
end
subplot(length(nMaxArray),1,i);                    % 绘制波形图
plot(t,f);
xlabel('时间');
ylabel('幅度');
title(['矩形波的傅里叶级数展开,项数:',num2str(nMax)]);
end
```

MATLAB 程序执行结果如图 3-45 所示。

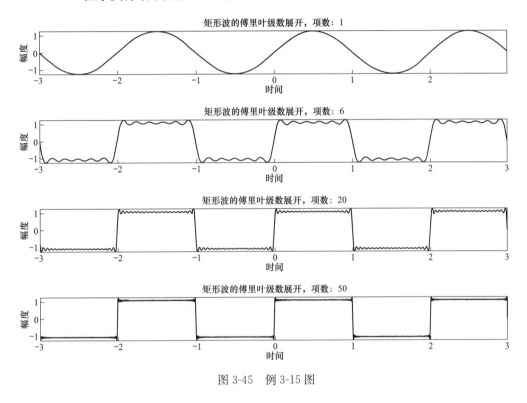

图 3-45　例 3-15 图

本章小结

1. 周期信号的频域分析

周期信号可以展开成三角形式或复指数形式的傅里叶级数，周期信号的频谱是离散谱，周期信号的周期越长，相邻谱线的间隔越小，谱线越密。对于偶对称、奇对称、奇谐波对称的周期信号，利用其对称性可简化计算。

2. 非周期信号的频域分析

对非周期信号进行傅里叶变换，可以获得其频谱密度函数。非周期信号与其频谱密度函数是一一对应的，通过傅里叶变换和反变换，可以相互转换。非周期信号的频谱是连续谱。傅里叶变换的性质包括线性、对偶、尺度变换、时域平移、频域平移、时域微分与积分、时域卷积、频域卷积等。

3. 信号的抽样

抽样信号及其抽样定理的讨论是傅里叶分析的一个具体应用，抽样定理描述了无失真恢复原始信号的基本条件。

傅里叶变换在电力系统中的应用

傅里叶变换在电力系统中有许多具体应用，其中之一是电力负荷曲线的分析。电力负荷曲线描述了一定时间段内电力系统的负荷需求情况，对于电力系统的运行、规划和设计具有重要意义。通过对电力负荷曲线进行傅里叶变换，可以将其分解为一系列基波和谐波，以便进一步分析和处理。

在电力系统中，电力负荷曲线通常表现为周期性的波形。这是因为许多负载（如照明和制冷设备）都是以固定的时间间隔工作，而这些负载的总和构成了电力负荷。根据傅里叶级数展开的原理，任何一个周期函数都可以表示为基波和谐波的叠加，因此可以使用傅里叶变换将电力负荷曲线分解为一组正弦波。

通过傅里叶变换分析电力负荷曲线，可以得到许多重要信息，例如：基波幅值和相位：基波是电力负荷曲线中最低频率的正弦波，其频率通常为 $50\,\mathrm{Hz}$（在欧洲和亚洲）或 $60\,\mathrm{Hz}$（在北美和南美）。通过傅里叶变换可以得到基波的幅值和相位信息，这对于电力系统的调节和稳定具有重要意义。谐波含量：电力负荷曲线中除基波外的所有频率成分都称为谐波。谐波的存在可能导致电力系统出现各种问题（如功率因数下降、设备损坏等），因此对于谐波含量的分析非常重要。通过傅里叶变换可以得到各个谐波的幅值和相位，从而评估其对电力系统的影响。负荷分布：电力负荷曲线分析还可以提供负荷分布的信息，即在一定时间段内负荷需求的分布情况。这对于电力系统的规划和设计非常重要，可以帮助电力公司合理配置资源和设备，提高系统效率和稳定性。

在实际应用中，电力负荷曲线分析通常需要结合其他技术和工具，如功率谐波分析、电力负荷预测等。此外，电力负荷曲线分析也面临一些挑战，如负荷波动性等。

3.1　求图 3-46 所示周期矩形信号的傅里叶级数（三角形式与指数形式）。

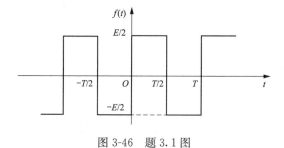

图 3-46　题 3.1 图

3.2　将下列信号在区间（−π，π）中展开为三角形式的傅里叶级数。

（1）$f_1(t)=t$　　　　　　　　　　（2）$f_2(t)=|t|$

3.3　将下列信号在区间（0，1）中展开为指数形式的傅里叶级数。

（1）$f_1(t)=e^t$　　　　　　　　　　（2）$f_2(t)=t^2$

3.4　利用信号 $f(t)$ 的对称性，定性判断图 3-47 中各周期信号的傅里叶级数中所含有的频率分量。

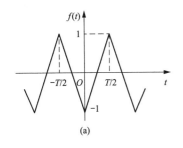 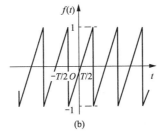 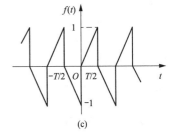

图 3-47　题 3.4 图

3.5　求图 3-48 所示单信号的傅里叶变换。

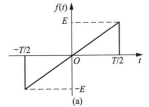 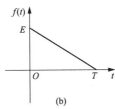 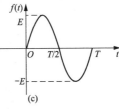 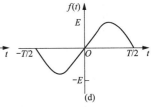

图 3-48　题 3.5 图

3.6　求题图 3-49 所示的 $F(\omega)$ 的傅里叶反变换 $f(t)$。

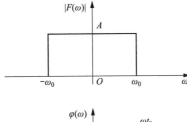 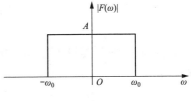

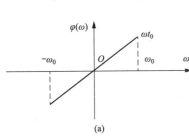 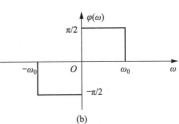

图 3-49　题 3.6 图

3.7　求下列频谱函数的傅里叶反变换。

（1）$F_1(\omega)=\delta(\omega-\omega_0)$

(2) $F_2(\omega)=u(\omega+\omega_0)-u(\omega-\omega_0)$

(3) $F_3(\omega)=\begin{cases}\dfrac{\omega_0}{\pi} & |\omega|\leqslant\omega_0 \\[2mm] 0 & |\omega|>\omega_0\end{cases}$

（提示：利用时域与频域的对称性计算）

3.8　若已知 $F[f(t)]=F(\omega)$，利用傅里叶变换性质求下列信号的傅里叶变换。

(1) $tf(2t)$　　　　　　　　　(2) $f(1-t)$

(3) $(t-2)f(t)$　　　　　　　(4) $f(2t-5)$

(5) $(1-t)f(1-t)$　　　　　　(6) $(t-2)f(-2t)$

(7) $t\,\mathrm{d}f(t)/\mathrm{d}t$　　　　　　(8) $f^2(t)\cos\omega_0 t$

3.9　已知 $F[f(t)]=F(\omega)$，证明：$\dfrac{\mathrm{d}f}{\mathrm{d}t}*\dfrac{1}{\pi t}$ 的傅里叶变换为 $|\omega|F(\omega)$。

3.10　求下列频谱函数的傅里叶反变换。

(1) $F_1(\omega)=\mathrm{j}\pi\mathrm{Sgn}(\omega)$

(2) $F_2(\omega)=(\sin 6\omega)/\omega$

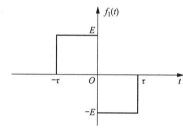

图 3-50　题 3.11 图

3.11　若已知矩形脉冲的频谱 $F(\omega)=E\tau Sa(\omega\tau/2)$，利用时移性质求图 3-50 所示信号的傅里叶变换，并大致画出其频谱。

3.12　证明下列结论

(1) 实信号的奇偶分量满足：

$$F[f_e(t)]=\Re e[F(\omega)],\ F[f_o(t)]=\mathrm{j}Fm[F(\omega)]$$

(2) 复信号的虚实分量满足：

$$F[f_r(t)]=\frac{1}{2}[F(\omega)+F^*(-\omega)],\ F[f_i(t)]=\frac{1}{2\mathrm{j}}[F(\omega)-F^*(-\omega)]$$

3.13　设 $f(t)$ 的频谱如图 3-51 所示，试粗略画出 $f^2(t)$、$f^3(t)$ 的频谱（标出频谱范围说明展宽情况）。

3.14　利用卷积性质和傅里叶变换性质证明：

(1) $f_1(t)*f_2(t-t_0)=f_1(t-t_0)*f_2(t)$

(2) $f_1(t-t_1)*f_2(t-t_2)=f_1(t-t_3)*f_2(t-t_4)$

其中：$t_1+t_2=t_3+t_4$。

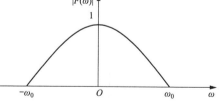

图 3-51　题 3.13 图

3.15　利用偶函数的对称性，求下列函数的傅里叶变换，并粗略画出其频谱图。

(1) $f(t)=\dfrac{\sin 2\pi(t-2)}{\pi(t-2)}$　　　(2) $f(t)=\dfrac{2a}{a^2+t^2}$　　　(3) $f(t)=\left(\dfrac{\sin 2\pi t}{2\pi t}\right)^2$

3.16　若 $f(t)$ 的频谱 $F(\omega)$ 如图 3-52 所示，利用卷积定理粗略画出 $f(t)\cos\omega_0 t$，$f(t)\mathrm{e}^{\mathrm{j}\omega_0 t}$，$f(t)\cos\omega_1 t$ 的频谱（注明频谱的边界频率）。

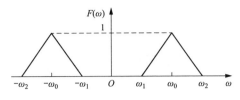

图 3-52　题 3.16 图

3.17　确定下列信号的最低抽样频率与奈奎斯特间隔：

(1) $Sa(100t)$　　　　　　　　　　(2) $Sa^2(100t)$

(3) $Sa(100t)+Sa(50t)$　　　　　(4) $Sa(100t)+Sa^2(60t)$

3.18　如果一个连续信号 $f(t)$ 的频谱仅分布在（ω_1，ω_2）区间内，则要使抽样信号不产生频谱混叠，最低抽样频率 ω_s 需要满足 $\omega_s=2\omega_2/m$ 的条件，其中 $m=\omega_2/(\omega_2-\omega_1)$，即 m 为不超过 $m=\omega_2/(\omega_2-\omega_1)$ 的最大整数。试证明该结论。

3.19　设某一有限频率信号 $f(t)$ 的最高频率为 f_{max}，若对下列信号进行时域抽样，求最小抽样频率 f_s。

(1) $f(3t)$　　　　　　　　　　　(2) $f^2(t)$

(3) $f(t)*f(2t)$　　　　　　　　(4) $f(t)+f^2(t)$

3.20　试求图 3-53 所示周期信号的傅里叶变换 $F(\omega)$。

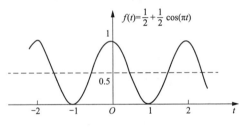

图 3-53　题 3.20 图

第4章 离散时间信号的时域和 z 域分析

本章重点要求

(1) 掌握常见离散时间信号的定义及其时域特性。
(2) 掌握离散信号的基本运算。
(3) 理解并掌握 z 变换的定义和收敛域，典型信号的 z 变换及其性质。
(4) 掌握求 z 反变换的方法。
(5) 应用 MATLAB 进行离散时间信号的时域和 z 域分析。

思 考

离散时间信号时域和 z 域分析的特点是什么？

4.1 离散时间信号的时域分析

4.1.1 离散时间信号——序列

离散时间信号（discrete time signal）是离散时间变量 n 的函数，它只在规定的离散的时间点上才有定义，存在函数值，而在其他点无定义。在离散信号处理过程中，它表现为在时间上按一定先后次序排列的不连续的一组数的集合，故又称之为时间序列（sequence）。

为此序列又可用集合符号 $\{x(n)\}$ 表示，其中 n 取整数（$n=0$，± 1，± 2，……），具体可写为

$$\{x(n)\}=\{x(-\infty),\cdots\cdots,x(-2),x(-1),x(0),x(1),x(2)\cdots\cdots,x(\infty)\}$$

为书写上方便，以后用 $x(n)$ 代替 $\{x(n)\}$，一般 $x(n)$ 可写成闭式的表达式，也可逐个列出 $x(n)$ 的值。通常，把对应某序号 n 的函数 $x(n)$ 称为在第 n 个样点的样值。

序列也可用图形表示，如图 4-1 所示。

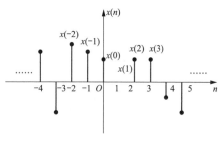

图 4-1 序列的图形表示

因序列可以由连续信号抽样得来，故又称为抽样序列，它是真正的离散时间信号，因此序列不能作用于连续时间系统，而只能作用在离散时间系统上以产生离散输出响应。

常用的基本序列有以下几种。

(1) 单位抽样序列。单位抽样序列（unit sample sequence）也称为单位样值、单位冲激序列等，用 $\delta(n)$ 表示，定义式为

$$\delta(n)=\begin{cases}1 & (n=0)\\ 0 & (n\neq 0)\end{cases} \tag{4-1}$$

单位抽样序列如图 4-2 所示，其作用类似于连续时间信号中的单位冲激函数 $\delta(t)$，但它在数学上不像 $\delta(t)$ 那样难以理解，$\delta(n)$ 只在 $n=0$ 处取值为 1，其余点上的值为零。

（2）单位阶跃序列。单位阶跃序列（unit step sequence）用 $\varepsilon(n)$ 表示，定义式为

$$\varepsilon(n)=\begin{cases}1 & (n\geqslant 0)\\ 0 & (n<0)\end{cases} \tag{4-2}$$

单位阶跃序列如图 4-3 所示，它类似于连续系统中的单位阶跃信号 $\varepsilon(t)$。但应注意 $\varepsilon(t)$ 在 $t=0$ 点有跳变，故在 0 点往往不定义（或定义为 1/2），而 $\varepsilon(n)$ 在 $n=0$ 点明确规定为 $\varepsilon(0)=1$。

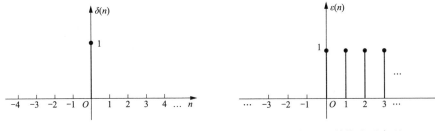

图 4-2　单位抽样序列　　　　　　　　图 4-3　单位阶跃序列

（3）矩形序列。矩形序列（rectangular sequence）用 $G_N(n)$ 表示，定义式为

$$G_N(n)=\begin{cases}1 & (0\leqslant n\leqslant N-1)\\ 0 & (n<0,n\geqslant N)\end{cases} \tag{4-3}$$

从 $n=0$ 开始，到 $n=N-1$，共有 N 个幅度为 1 的序列值，其余各点皆为零，矩形序列如图 4-4 所示，它类似于连续系统中的矩形脉冲信号。显然，矩形序列的取值为 1 的范围也可以从任一点 $n=m$ 开始，到 $n=m+N-1$，这种序列可写作 $G_N(n-m)$。

单位阶跃序列、单位抽样序列和矩形序列的关系如下：

$$\varepsilon(n)=\sum_{K=0}^{\infty}\delta(n-k) \tag{4-4}$$

$$\delta(n)=\varepsilon(n)-\varepsilon(n-1) \tag{4-5}$$

$$G_N(n)=\varepsilon(n)-\varepsilon(n-N) \tag{4-6}$$

（4）单位斜变序列。单位斜变序列（unit ramp sequence）用 $R(n)$ 表示，定义式为

$$R(n)=n\varepsilon(n) \tag{4-7}$$

单位斜变序列如图 4-5 所示，它与连续系统中的斜变信号 $R(t)$ 类似。

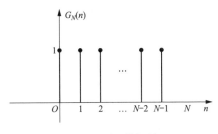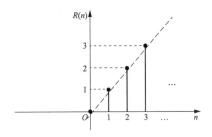

图 4-4　矩形序列　　　　　　　　　图 4-5　单位斜变序列

（5）单边指数序列。单边指数序列（unilateral exponential sequence）的定义式为

$$x(n) = a^n \varepsilon(n) \tag{4-8}$$

当 $|a| > 1$ 时，序列发散；当 $|a| < 1$ 时，序列收敛。并且当 $a > 0$ 时，序列均为正值；当 $a < 0$ 时，序列值正负摆动，单位指数序列如图 4-6 所示。

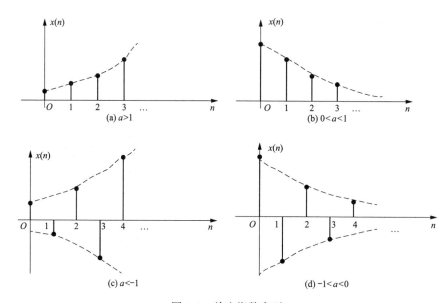

图 4-6　单边指数序列

（6）正弦和余弦序列。正弦序列的定义式为

$$x(n) = \sin(n\omega_0) \tag{4-9}$$

式中，ω_0 为正弦序列的频率，又称数字角频率，它反映序列依次按正弦包络线变化的速率。由于 n 为整数，所以 ω_0 的最大取值为 π，其取值范围为 $0 \sim \pi$。例如：若 $\omega_0 = 0.2\pi$，则序列值每 10 个重复一次，若 $\omega_0 = 0.02\pi$，则序列值每 100 个才重复一次。

余弦序列的定义式为

$$x(n) = \cos(n\omega_0) \tag{4-10}$$

复指数序列的定义式为

$$x(n) = e^{jn\omega_0} = \cos(n\omega_0) + j\sin(n\omega_0) \tag{4-11}$$

余弦序列如图 4-7 所示。

（7）周期序列。若对于所有整数 n，有

$$x(n) = x(n+N) \quad (N \text{ 为整数}) \tag{4-12}$$

则称 $x(n)$ 为周期序列，N 为周期。

根据以上定义，对于余弦序列来说，若应满足下面条件：

$$\cos(n\omega_0) = \cos[(n+N)\omega_0]$$

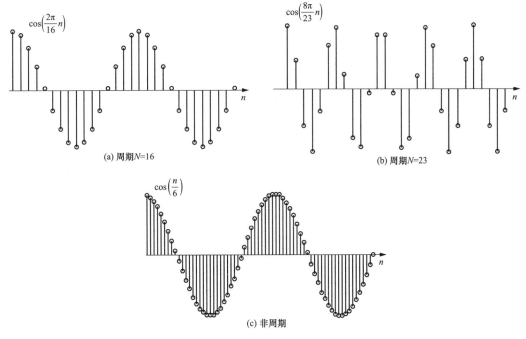

图 4-7　余弦序列

即

$$N\omega_0 = 2\pi m$$

或

$$\frac{2\pi}{\omega_0} = \frac{N}{m} \qquad\qquad (4\text{-}13)$$

式中，N、m 均为整数，即 $\frac{2\pi}{\omega_0}$ 必须为整数或有理数时，余弦序列才是周期序列，否则余弦序列不是周期序列。对于正弦、复指数序列，也需满足上述条件才是周期序列。图 4-7(a)、(b) 是余弦周期序列，而图 4-7(c) 为非周期余弦序列。

对于 $\frac{2\pi}{\omega_0}$ 为有理数的情况，再进一步解释如下。

若 $\frac{2\pi}{\omega_0}$ 为有理数 a，即 $\frac{2\pi}{\omega_0} = a$，则此时余弦序列仍为周期序列，但周期不是 a 而是 a 的整数倍。证明如下。

由周期序列定义，余弦序列可表示为

$$\cos(n\omega_0) = \cos[(n+N)\omega_0]$$

将 $\frac{2\pi}{\omega_0} = a$，即 $\omega_0 = \frac{2\pi}{a}$ 代入上式，得

$$\cos\left(n\,\frac{2\pi}{a}\right) = \cos\left[(n+N)\,\frac{2\pi}{a}\right] = \cos\left[n\,\frac{2\pi}{a} + N\,\frac{2\pi}{a}\right]$$

等式成立的条件为

$$N\,\frac{2\pi}{a} = K \cdot 2\pi$$

得

$$N = Ka \tag{4-14}$$

即余弦序列的周期 N 应为满足式（4-14）的最小整数。

如果 $\dfrac{2\pi}{\omega_0} = a$ 为无理数，则式（4-14）恒不成立，此时余弦序列就不可能是周期序列。无论余弦序列是否呈周期性，都称 ω_0 为它的频率，对复指数序列等亦然。

4.1.2　序列的基本运算

与连续时间系统的研究类似，在离散系统分析中，经常遇到离散时间信号的运算，包括两信号的相加、相乘及序列自身的移位、反褶、尺度变换（时间展缩）以及离散信号分解、离散卷积等。

1. 相加

序列 $x(n)$ 与 $y(n)$ 相加是指两序列同序号的数值逐项对应相加构成一个新序列 $z(n)$。

$$z(n) = x(n) + y(n) \tag{4-15}$$

2. 相乘

序列相乘定义为两序列同序号的序列值对应相乘而构成新序列 $z(n)$。

$$z(n) = x(n) \cdot y(n) \tag{4-16}$$

3. 移位

序列移位（延时）$x(n-m)$ 指原序列 $x(n)$ 逐项依次移 m 位后形成的新序列，m 为正时为右移，m 为负时为左移，如图 4-8 所示。

$$z(n) = x(n - m) \tag{4-17}$$

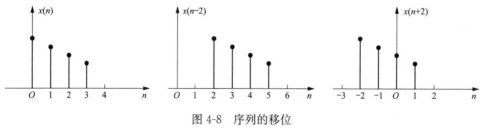

图 4-8　序列的移位

4. 反褶

序列的反褶（reversal）表示将自变量 n 更换为 $-n$，即

$$z(n) = x(-n) \tag{4-18}$$

5. 尺度变换

序列的尺度变换是将 $x(n)$ 波形压缩或扩展，若将自变量 n 乘以正整数 a，构成 $x(an)$ 为压缩，而 n 除以正整数 a 构成 $x(n/a)$ 则为波形扩展。必须注意，这时要按压缩或扩展规律去除某些点或补足相应的零值（或不定义），这是与连续时间函数的尺度变换的不同之处。因此，也称这种运算为序列的重排。

【**例 4-1**】若原信号 $x(n)$ 如图 4-9(a) 所示，求 $x(2n)$ 和 $x(n/2)$ 波形。

解：$x(2n)$ 波形如图 4-9(b) 所示，这时对应 $x(n)$ 中 n 为奇数的各样值已不存在，只留下 n 为偶数的各样值，波形被压缩。而 $x(n/2)$ 波形如图 4-9(c) 所示，对应 $x(n/2)$ 中 n 为奇数的各点补入零值，n 为偶数的各点取得 $x(n)$ 中依次对应的样值，因而波形被扩展。

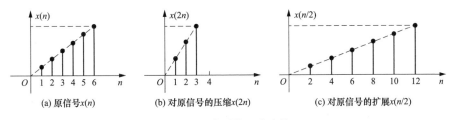

图 4-9　序列的尺度变换

6. 离散卷积

两个序列 $x(n)$、$y(n)$ 的卷积和，简称离散卷积（discrete convolution），也称为线性卷积，其表达式为

$$x(n) * y(n) = \sum_{m=-\infty}^{\infty} x(m) y(n-m) \tag{4-19}$$

与连续系统中应用卷积方法求系统零状态响应类似，在离散系统中，也采用离散卷积法求离散系统的零状态响应，详细过程将在第 5 章离散时间系统中进行阐述。

4.2　z 变换

4.2.1　z 变换的定义

序列 $x(n)$ 的 z 变换定义为

$$X(z) = \mathcal{Z}\big[x(n)\big] = \sum_{n=-\infty}^{\infty} x(n) z^{-n} \tag{4-20}$$

和

$$X(z) = \mathcal{Z}\big[x(n)\big] = \sum_{n=0}^{\infty} x(n) z^{-n} \tag{4-21}$$

式（4-20）为双边 z 变换，式（4-21）为单边 z 变换。如果 $x(n)$ 为单边序列，则双边 z 变换和单边 z 变换的结果相同。

4.2.2　z 变换的收敛域

因为 z 变换是 z^{-1} 的幂级数，只有当此复变函数项级数收敛时，z 变换才有意义。对于任意给定序列 $x(n)$，使 z 变换中的求和级数收敛的所有 z 值的集合称为 z 变换的收敛域（Region Of Convergence，ROC）。

根据复变函数项级数理论可知，其收敛条件是满足绝对可加（absolutely summable）条件，即

$$\sum_{n=-\infty}^{\infty} \big| x(n) z^{-n} \big| < \infty \tag{4-22}$$

式（4-22）左边是一正项级数。

对于正项级数，可用比值法和根值法来判定其收敛性。对于求和式 $\sum\limits_{n=-\infty}^{\infty} \big| a_n \big|$ 有

$$\lim_{n\to\infty} \frac{\big| a_{n+1} \big|}{\big| a_n \big|} = \rho \begin{cases} > 1 & \text{（发散）} \\ < 1 & \text{（收敛）} \\ = 1 & \text{（不定）} \end{cases} \tag{4-23}$$

或

$$\lim_{n \to \infty} \sqrt[n]{|a_n|} = \rho \begin{cases} > 1 & \text{（发散）} \\ < 1 & \text{（收敛）} \\ = 1 & \text{（不定）} \end{cases} \tag{4-24}$$

讨论 z 变换收敛域的重要性在于：只有指明 z 变换的收敛域，才能单值确定其对应的序列。

【例 4-2】对下列两个不同序列求各自的 z 变换。

$$x_1(n) = \begin{cases} a^n & (n \geqslant 0) \\ 0 & (n < 0) \end{cases}, \quad x_2(n) = \begin{cases} 0 & (n \geqslant 0) \\ -a^n & (n < 0) \end{cases}$$

解：

$$X_1(z) = \sum_{n=-\infty}^{\infty} x_1(n) z^{-n} = \sum_{n=0}^{\infty} a^n z^{-n} = \sum_{n=0}^{\infty} (az^{-1})^n$$
$$= 1 + az^{-1} + a^2 z^{-2} + a^3 z^{-3} + \cdots\cdots$$

由式（4-23）可知此级数收敛的条件为 $|az^{-1}| < 1$，即 $|z| > |a|$，由此得

$$X_1(z) = \frac{1}{1 - az^{-1}} = \frac{z}{z-a} (|z| > |a|)$$

同理

$$X_2(z) = \sum_{n=-\infty}^{\infty} x_2(n) z^{-n} = \sum_{n=-\infty}^{-1} (-a^n) z^{-n} = 1 - \sum_{n=0}^{\infty} (a^{-1}z)^n$$

同样，当 $|a^{-1}z| < 1$，即 $|z| < |a|$，得

$$X_2(z) = 1 - \frac{1}{1 - a^{-1}z} = \frac{z}{z-a} (|z| < |a|)$$

从例 4-2 中可看出，两个不同的序列可能会对应相同的 z 变换，但收敛域不同，因此为了单值确定 z 变换所对应的序列，除给出序列的 z 变换式外，还必须同时说明其收敛域。

不同形式的序列其收敛域的形式不同，下面讨论几种序列的收敛域。

1. 有限长序列（finite length sequence）

这类序列只在有限区间内（$n_1 \leqslant n \leqslant n_2$）具有非零值，如图 4-10 所示，其 z 变换为

$$X(z) = \sum_{n=n_1}^{n_2} x(n) z^{-n}$$

其一般都是收敛的，因此收敛域至少是

$$0 < |z| < \infty$$

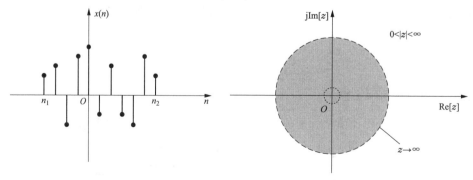

图 4-10 有限长序列及其 z 变换的收敛域

序列的左、右端点只会影响其在 0 和 ∞ 处的收敛情况。

(1) 当 $n_1 < 0$，$n_2 > 0$ 时，收敛域为 $0 < |z| < \infty$（除去 $|z| = 0$，∞ 点外）。

(2) 当 $n_1 < 0$，$n_2 \leqslant 0$ 时，收敛域为 $0 \leqslant |z| < \infty$（除去 $|z| = \infty$ 点外）。

(3) 当 $n_1 \geqslant 0$，$n_2 > 0$ 时，收敛域为 $0 < |z| \leqslant \infty$（除去 $|z| = 0$ 点外）。

总之，有限长序列 z 变换的收敛域至少是 $0 < |z| < \infty$，视序列端点的具体情况还可能包括 0 和 ∞。有限长序列也称为有始有终序列。

2. 右边序列 (right-side sequence)

若序列 $x(n)$ 在 $n < n_1$ 时 $x(n) = 0$，则称之为右边序列或有始无终序列。特别地，如果 $n_1 = 0$，则序列称为因果序列，如图 4-11 所示，其 z 变换为

$$X(z) = \sum_{n=n_1}^{\infty} x(n) z^{-n}$$

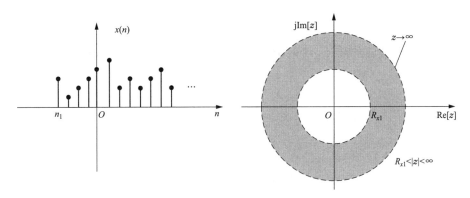

图 4-11　右边序列及其 z 变换的收敛域

根据根值法式（4-24），上述级数收敛条件为

$$\lim_{n \to \infty} \sqrt[n]{|x(n) z^{-n}|} < 1$$

即

$$|z| > \lim_{n \to \infty} \sqrt[n]{|x(n)|} = R_{x1} \tag{4-25}$$

式中 R_{x1} 为收敛半径。考虑在 ∞ 处级数收敛的情况，有：

(1) 当 $n_1 \geqslant 0$ 时，收敛域为 $R_{x1} < |z| \leqslant \infty$。

(2) 当 $n_1 < 0$ 时，收敛域为 $R_{x1} < |z| < \infty$。

总之，右边序列的收敛域是 z 平面上某个圆外区域，序列左端点的具体情况只会影响 ∞ 处的收敛情况。

3. 左边序列 (left-side sequence)

若序列 $x(n)$ 在 $n > n_2$ 时 $x(n) = 0$，则称之为左边序列或无始有终序列。如果 $n_2 = -1$，则序列称为反因果序列，如图 4-12 所示。其 z 变换为

$$X(z) = \sum_{n=-\infty}^{n_2} x(n) z^{-n} = \sum_{n=-n_2}^{\infty} x(-n) z^{n}$$

根据根值法式（4-24）得此级数收敛条件为

$$\lim_{n \to \infty} \sqrt[n]{|x(-n) z^{n}|} < 1$$

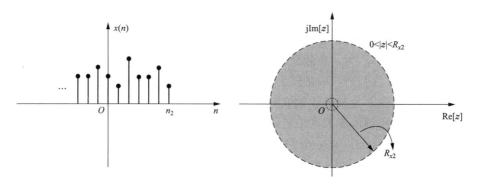

图 4-12 左边序列及其 z 变换收敛域

即

$$|z| < \frac{1}{\lim\limits_{n \to \infty} \sqrt[n]{|x(-n)|}} = R_{x2} \tag{4-26}$$

可见左边序列收敛域是以 R_{x2} 为收敛半径的圆内区域。考虑到在 0 点处的收敛情况，有：

(1) 当 $n_2 > 0$ 时，收敛域为 $0 < |z| < R_{x2}$。

(2) 当 $n_2 \leqslant 0$ 时，收敛域为 $0 \leqslant |z| < R_{x2}$。

总之，左边序列的收敛域是 z 平面上某个圆的圆内区域，右端点的具体情况只会影响 0 点处的收敛情况。

4. 双边序列 (bilateral sequence)

若序列 $x(n)$ 在 $-\infty < n < \infty$ 整个区间都有定义，则称之为双边序列或无始无终序列，其 z 变换为

$$X(z) = \sum_{n=-\infty}^{\infty} x(n)z^{-n} = \sum_{n=-\infty}^{-1} x(n)z^{-n} + \sum_{n=0}^{\infty} x(n)z^{-n}$$

双边序列可以看成是一个左边序列与一右边序列相加而成，因此可以用到上面的结论，左边序列的 z 变换收敛域为圆内区域 $|z| < R_{x2}$，右边序列的 z 变换收敛域为圆外区域 $|z| > R_{x1}$。当 $R_{x2} > R_{x1}$ 时，两序列收敛域的重叠部分即为双边序列的收敛域，因此收敛域是一环形区域 $R_{x1} < |z| < R_{x2}$，如图 4-13 所示。

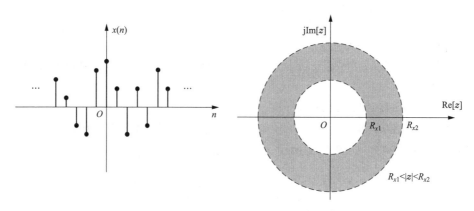

图 4-13 双边序列及其 z 变换收敛域

如果 $R_{x2} < R_{x1}$，则两序列的 z 变换收敛域无重叠部分，此时双边序列的 z 变换不收敛。总之，若双边序列的收敛域存在，其收敛区域是复平面上的圆环形状。

从以上讨论的 z 变换的收敛域可以看出，收敛域与序列的类型有关。任何序列单边 z 变换的收敛域与因果序列的 z 变换收敛域相同，都是圆外区域。

4.2.3　z 变换的收敛域与零点和极点的关系

使 z 变换 $X(z)$ 的值为零的 z 值称为零点（zero），使 z 变换 $X(z)$ 的值为 ∞ 的 z 值称为极点（pole），如果 $X(z)$ 是有理分式，分子、分母多项式经因式分解可改写为

$$X(z) = \frac{X_0 \prod_{r=1}^{M} (z - z_r)}{\prod_{k=1}^{N} (z - p_k)} \tag{4-27}$$

式中，z_r 是 $X(z)$ 的零点；p_k 是 $X(z)$ 的极点。在 z 平面上用 "○" 表示零点位置，用 "×" 表示极点位置。

收敛域与极点的关系有以下结论。

（1）一般情况下，序列的 z 变换在其收敛域内是解析的，因此收敛域内不应包含任何极点，且收敛域是连通的。

（2）序列的 z 变换的收敛域以极点为边界。

（3）右边序列的 z 变换的收敛域是以模值最大的极点为半径的圆外区域（不含圆周），所有极点均在圆内。

（4）左边序列的 z 变换的收敛域是以模值最小的极点为半径的圆内区域（不含圆周），所有极点均在圆外。

（5）双边序列的 z 变换的收敛域是以模值大小相邻近的两个极点为半径的圆环区域（不包含两个圆周）。它由左、右两个序列相加而成，其一部分极点在内圆内部（含内圆上），而另一部分极点在外圆外部（含外圆上）。

收敛域与极点的关系如图 4-14 所示。

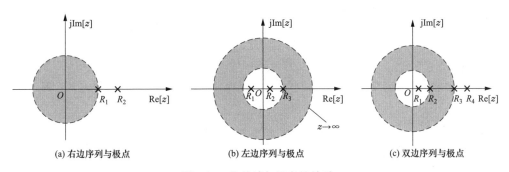

(a) 右边序列与极点　　　(b) 左边序列与极点　　　(c) 双边序列与极点

图 4-14　收敛域与极点的关系

【例 4-3】求双边序列 $x(n) = a^n \varepsilon(n) - b^n \varepsilon(-n-1)$ 的双边 z 变换及其收敛域（设 $a > 0$，$b > 0$，$b > a$）。

解：

$$X(z) = \sum_{n=-\infty}^{\infty} x(n) z^{-n} = \sum_{n=-\infty}^{\infty} [a^n \varepsilon(n) - b^n \varepsilon(-n-1)] z^{-n}$$

$$\ = \sum_{n=0}^{\infty} a^{n} z^{-n} - \sum_{n=-\infty}^{-1} b^{n} z^{-n} = \sum_{n=0}^{\infty} a^{n} z^{-n} + 1 - \sum_{n=0}^{\infty} b^{-n} z^{n}$$

上式右边第一项为右边序列的 z 变换，收敛域为 $|z| > |a|$，第二、三项是左边序列的 z 变换，其收敛域为 $|z| < |b|$，故得

$$X(z) = \frac{z}{z-a} + 1 - \frac{b}{z-b} = \frac{z}{z-a} + \frac{z}{z-b} = \frac{2z^{2}-(a+b)z}{(z-a)(z-b)}$$

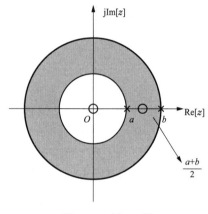

图 4-15　例 4-3 图

故 $X(z)$ 有两个零点，$z=0$、$z=(a+b)/2$，两个极点，$z=a$、$z=b$，其收敛域为 $a<|z|<b$ 的环形区域，且以极点 a、b 为边界，如图 4-15 所示。

4.2.4　典型序列的 z 变换

由于实际工程上用到的序列主要是因果序列，因此着重介绍常用单边序列的 z 变换。由于序列的 z 变换及其收敛域是不可分割的，因此在给出序列的 z 变换表达式的同时，也要给出其收敛域。

1. 单位抽样序列

$$\delta(n) = \begin{cases} 1 & (n=0) \\ 0 & (n \neq 0) \end{cases}$$

单位抽样序列的 z 变换为

$$\mathcal{Z}[x(n)] = \sum_{n=-\infty}^{\infty} \delta(n) z^{-n} \tag{4-28}$$

收敛域为整个 z 平面（$0 \leqslant |z| \leqslant \infty$）。

2. 单位阶跃序列

$$\varepsilon(n) = \begin{cases} 1 & (n \geqslant 0) \\ 0 & (n < 0) \end{cases}$$

单位阶跃序列的 z 变换为

$$\mathcal{Z}[\varepsilon(n)] = \sum_{n=-\infty}^{\infty} \varepsilon(n) z^{-n} = \sum_{n=-\infty}^{\infty} z^{-n} = 1 + z^{-1} + z^{-2} + \cdots\cdots = \frac{1}{1-z^{-1}} = \frac{z}{z-1} \; ; \; |z^{-1}| < 1 \tag{4-29}$$

收敛域为 $|z| > 1$。

3. 矩形序列

$$G_{N}(n) = \begin{cases} 1 & (0 \leqslant n \leqslant N-1) \\ 0 & (其余 n) \end{cases}$$

矩形序列的 z 变换为

$$\mathcal{Z}[G_{N}(n)] = \sum_{n=0}^{\infty} G_{N}(n) z^{-n} = \sum_{n=0}^{N-1} z^{-n} = 1 + z^{-1} + z^{-2} + \cdots + z^{-(N-1)} = \frac{1-z^{-N}}{1-z^{-1}} \tag{4-30}$$

矩形序列为有限长序列，故其收敛域为 $0 < |z| \leqslant \infty$。

4. 单位斜变序列

$$R(n) = n\varepsilon(n)$$

单位斜变序列的 z 变换为

$$\mathscr{Z}[R(n)] = \sum_{n=0}^{\infty} nz^{-n}$$

对式（4-29）两边分别求对 z^{-1} 的导数，可得

$$\frac{\mathrm{d}}{\mathrm{d}z^{-1}}\Big[\sum_{n=0}^{\infty}(z^{-1})^n\Big] = \sum_{n=0}^{\infty} n(z^{-1})^{n-1} = z \cdot \sum_{n=0}^{\infty} nz^{-n}$$

且

$$\frac{\mathrm{d}}{\mathrm{d}z^{-1}}\Big(\frac{1}{1-z^{-1}}\Big) = \frac{1}{(1-z^{-1})^2}$$

所以

$$\sum_{n=0}^{\infty} nz^{-n} = \frac{1}{z(1-z^{-1})^2} = \frac{z}{(z-1)^2}$$

便可得斜变序列的 z 变换为

$$\mathscr{Z}[R(n)] = \sum_{n=0}^{\infty} nz^{-n} = \frac{z}{(z-1)^2} \tag{4-31}$$

收敛域为 $|z| > 1$。

同样，若式（4-31）求对 z^{-1} 的导数，还可得到

$$\mathscr{Z}[n^2\varepsilon(n)] = \frac{z(z+1)}{(z-1)^3} \qquad (|z| > 1) \tag{4-32}$$

$$\mathscr{Z}[n^3\varepsilon(n)] = \frac{z(z^2+4z+1)}{(z-1)^4} \qquad (|z| > 1) \tag{4-33}$$

5. 单边指数序列

$$x(n) = a^n\varepsilon(n)$$

在例 4-1 中已求出单边指数序列的 z 变换为

$$\mathscr{Z}[a^n\varepsilon(n)] = \sum_{n=0}^{\infty} a^n z^{-n} = \frac{z}{z-a} \qquad (|z| > |a|) \tag{4-34}$$

若令 $a = \mathrm{e}^b$，则有

$$\mathscr{Z}[\mathrm{e}^{bn}\varepsilon(n)] = \frac{z}{z-\mathrm{e}^b} \qquad (|z| > |\mathrm{e}^b|) \tag{4-35}$$

若令 $a = \mathrm{e}^{\pm\mathrm{j}\omega_0}$，则有

$$\mathscr{Z}[\mathrm{e}^{\pm\mathrm{j}n\omega_0}\varepsilon(n)] = \frac{z}{z-\mathrm{e}^{\pm\mathrm{j}\omega_0}} \qquad (|z| > |\mathrm{e}^{\pm\mathrm{j}\omega_0}| = 1) \tag{4-36}$$

同理，对式（4-34）两边求对 z^{-1} 的导数，可得

$$\mathscr{Z}[na^n\varepsilon(n)] = \sum_{n=0}^{\infty} na^n z^{-n} = \frac{az^{-1}}{(1-az^{-1})^2} = \frac{az}{(z-a)^2} \qquad (|z| > |a|) \tag{4-37}$$

$$\mathscr{Z}[n^2 a^n\varepsilon(n)] = \sum_{n=0}^{\infty} n^2 a^n z^{-n} = \frac{az(z+a)}{(z-a)^3} \qquad (|z| > |a|) \tag{4-38}$$

6. 单边正弦和余弦序列

单边正弦和余弦序列可以利用欧拉公式分解为两个复指数序列相加和相减的形式，即

$$\cos(\omega_0 n) \cdot \varepsilon(n) = \frac{1}{2}(\mathrm{e}^{\mathrm{j}\omega_0 n} + \mathrm{e}^{-\mathrm{j}\omega_0 n})\varepsilon(n)$$

$$\sin(\omega_0 n) \cdot \varepsilon(n) = \frac{1}{2j}(e^{j\omega_0 n} - e^{-j\omega_0 n})\varepsilon(n)$$

它们的 z 变换也为复指数序列的 z 变换相减的形式，即

$$\mathscr{Z}[\cos(\omega_0 n) \cdot \varepsilon(n)] = \frac{1}{2}\left(\frac{z}{z - e^{j\omega_0}} + \frac{z}{z - e^{-j\omega_0}}\right) = \frac{z(z - \cos\omega_0)}{z^2 - 2z\cos\omega_0 + 1} \qquad (|z| > 1)$$

$$(4\text{-}39)$$

$$\mathscr{Z}[\sin(\omega_0 n) \cdot \varepsilon(n)] = \frac{1}{2j}\left(\frac{z}{z - e^{j\omega_0}} - \frac{z}{z - e^{-j\omega_0}}\right) = \frac{z\sin\omega_0}{z^2 - 2z\cos\omega_0 + 1} \qquad (|z| > 1)$$

$$(4\text{-}40)$$

若令式 (4-34) 中 $a = \beta e^{\pm j\omega_0}$，则可得

$$\mathscr{Z}[\beta^n e^{\pm jn\omega_0} u(n)] = \frac{1}{1 - \beta e^{\pm j\omega_0} z^{-1}} \qquad (|z| > |\beta|) \qquad (4\text{-}41)$$

也可推得按指数衰减（$\beta < 1$）或指数递增（$\beta > 1$）的单边正弦和余弦序列的 z 变换为

$$\mathscr{Z}[\beta^n \cos(\omega_0 n) \cdot \varepsilon(n)] = \frac{z(z - \beta\cos\omega_0)}{z^2 - 2\beta z\cos\omega_0 + \beta^2} \qquad (|z| > |\beta|) \qquad (4\text{-}42)$$

$$\mathscr{Z}[\beta^n \sin(\omega_0 n) \cdot \varepsilon(n)] = \frac{\beta z\sin\omega_0}{z^2 - 2\beta z\cos\omega_0 + \beta^2} \qquad (|z| > |\beta|) \qquad (4\text{-}43)$$

表 4-1 中列出了一些常用单边序列的 z 变换。

表 4-1   一些常用单边序列的 z 变换

序号	序列 $x(n)$ $n \geq 0$	z 变换 $X(z)$	收敛域
1	$\delta(n)$	1	$|z| \geq 0$
2	$\varepsilon(n)$	$\dfrac{z}{z-1}$	$|z| > 1$
3	$a^n \varepsilon(n)$	$\dfrac{z}{z-a}$	$|z| > |a|$
4	$a^{n-1} \varepsilon(n-1)$	$\dfrac{z}{z-a}$	$|z| > |a|$
5	$n \varepsilon(n)$	$\dfrac{z}{(z-1)^2}$	$|z| > 1$
6	$n^2 \varepsilon(n)$	$\dfrac{z(z+1)}{(z-1)^3}$	$|z| > 1$
7	$n^3 \varepsilon(n)$	$\dfrac{z(z^2+4z+1)}{(z-1)^4}$	$|z| > 1$
8	$na^{n-1} \varepsilon(n)$	$\dfrac{z}{(z-a)^2}$	$|z| > |a|$
9	$na^n \varepsilon(n)$	$\dfrac{az}{(z-a)^2}$	$|z| > |a|$
10	$e^{an} \varepsilon(n)$	$\dfrac{z}{z-e^a}$	$|z| > e^a$
11	$\cos(n\omega_0) \varepsilon(n)$	$\dfrac{z(z-\cos\omega_0)}{z^2 - 2z\cos\omega_0 + 1}$	$|z| > 1$
12	$\sin(n\omega_0) \varepsilon(n)$	$\dfrac{z\sin\omega_0}{z^2 - 2z\cos\omega_0 + 1}$	$|z| > 1$

续表

序号	序列 $x(n)$　$n \geqslant 0$	z 变换 $X(z)$	收敛域
13	$e^{an} \cos(n\omega_0) \, \varepsilon(n)$	$\dfrac{z(z - e^{-a} \cos\omega_0)}{z^2 - 2z e^{-a} \cos\omega_0 + e^{-2a}}$	$\lvert z \rvert > e^{-a}$
14	$e^{an} \sin(n\omega_0) \, \varepsilon(n)$	$\dfrac{z e^{-a} \sin\omega_0}{z^2 - 2z e^{-a} \cos\omega_0 + e^{-2a}}$	$\lvert z \rvert > e^{-a}$
15	$\dfrac{(n+1)\,(n+2)\,\cdots\,(n+m)}{m!} a^n \varepsilon(n)$	$\dfrac{z^{m+1}}{(z-a)^{m+1}}$	$\lvert z \rvert > \lvert a \rvert$
16	$\dfrac{n!\,a^{n-j+1}}{(n-j+1)!\,(j-1)!} \varepsilon(n)$	$\dfrac{z}{(z-a)^j}$	$\lvert z \rvert > \lvert a \rvert$

4.3　z 变换的性质

根据 z 变换的定义可以推导出 z 变换的一些基本性质和定理，这些性质反映了离散时间信号在时域和 z 域的转换规律。在实际应用中，结合一些基本性质，有助于简化时域和 z 域之间的转化过程，也有助于正确分析离散时间信号与系统。

4.3.1　线性性质

z 变换的线性性质说明 z 变换具有叠加性和齐次性，z 变换是一种线性变换。

若

$$\mathscr{Z}[x(n)] = X(z) \qquad (R_{x1} < \lvert z \rvert < R_{x2})$$

$$\mathscr{Z}[y(n)] = Y(z) \qquad (R_{y1} < \lvert z \rvert < R_{y2})$$

则

$$\mathscr{Z}[ax(n) + by(n)] = aX(z) + bY(z) \qquad R_1 < \lvert z \rvert < R_2 \tag{4-44}$$

式中，a、b 为任意常数。

相加后序列的 z 变换的收敛域一般为两个收敛域的重叠部分，即 R_1 取 R_{x1} 和 R_{y1} 中的较大者，R_2 取 R_{x2} 和 R_{y2} 中的较小者，记作

$$\max(R_{x1}, R_{y1}) < \lvert z \rvert < \min(R_{x2}, R_{y2})$$

如果线性组合后出现某些零、极点相抵消的情况，则收敛域可能扩大。

【例 4-4】 求序列 $a^n \varepsilon(n) - a^n \varepsilon(n-1)$ 的 z 变换。

解：设 $x(n) = a^n \varepsilon(n)$，$y(n) = a^n \varepsilon(n-1)$，则它们各自的 z 变换为

$$X(z) = \mathscr{Z}[x(n)] = \mathscr{Z}[a^n \varepsilon(n)] = \frac{z}{z-a} \qquad (\lvert z \rvert > \lvert a \rvert)$$

$$Y(z) = \mathscr{Z}[y(n)] = \mathscr{Z}[a^n \varepsilon(n-1)] = \frac{a}{z-a} \qquad (\lvert z \rvert > \lvert a \rvert)$$

由线性性质可得

$$\mathscr{Z}[a^n \varepsilon(n) - a^n \varepsilon(n-1)] = \mathscr{Z}[x(n)] - \mathscr{Z}[y(n)] = \frac{z}{z-a} - \frac{a}{z-a} = 1$$

可见线性叠加后序列的 z 变换的收敛域由 $\lvert z \rvert > \lvert a \rvert$ 扩展至整个平面，这是由于两序列的 z 变换相加后零点与极点正好相消，从而导致收敛域扩大。从时域看，$x(n)$ 与 $y(n)$ 相加后，由原来两个无限长序列变为有限长序列，使收敛域扩大至整个平面。

4.3.2　位移性质

位移性质（shifting property）表示序列位移后的 z 变换与原序列的 z 变换之间的关系。序列位移有左移（超前）和右移（延迟）两种情况，所取的变换形式有单边 z 变换与双边 z 变换两种形式，它们的位移性质基本相同，但又各具不同特点。下面分别进行讨论。

（1）双边 z 变换。若序列 $x(n)$ 的双边 z 变换为

$$\mathcal{Z}[x(n)]=X(z)$$

则序列右移后，它的双边 z 变换等于

$$\mathcal{Z}[x(n-m)]=z^{-m}X(z) \tag{4-45}$$

证明：根据双边 z 变换的定义，可得

$$\mathcal{Z}[x(n-m)]=\sum_{n=-\infty}^{\infty}x(n-m)z^{-n}=z^{-m}\sum_{k=-\infty}^{\infty}x(k)z^{-k}=z^{-m}X(z)$$

同理，可得出左移序列的双边 z 变换为

$$\mathcal{Z}[x(n+m)]=z^{m}X(z) \tag{4-46}$$

从上述结果可以看出，序列位移可能会使 z 变换在 $z=0$ 或 $z=\infty$ 处的零、极点情况发生变化。如果 $x(n)$ 是双边序列，$X(z)$ 的收敛域为环形区域，即 $R_{x1}<|z|<R_{x2}$，则序列位移不会使收敛域发生变化。

（2）单边 z 变换。若 $x(n)$ 是双边序列，其单边 z 变换为

$$\mathcal{Z}[x(n)\varepsilon(n)]=X(z)$$

则序列左移后，其单边 z 变换为

$$\mathcal{Z}[x(n+m)\varepsilon(n)]=z^{m}\Big[X(z)-\sum_{k=0}^{m-1}x(k)z^{-k}\Big] \tag{4-47}$$

证明：根据单边 z 变换定义，可得

$$\mathcal{Z}[x(n+m)\varepsilon(n)]=\sum_{n=0}^{\infty}x(n+m)z^{-n}=z^{m}\sum_{k=0}^{\infty}x(n+m)z^{-(n+m)}$$

$$=z^{m}\sum_{k=m}^{\infty}x(k)z^{-k}=z^{m}\Big[\sum_{k=0}^{\infty}x(k)z^{-k}-\sum_{k=0}^{m-1}x(k)z^{-k}\Big]$$

$$=z^{m}\Big[X(z)-\sum_{k=0}^{m-1}x(k)z^{-k}\Big]$$

同理，可得右移序列的单边 z 变换

$$\mathcal{Z}[x(n-m)\varepsilon(n)]=z^{-m}\Big[X(z)+\sum_{k=-m}^{-1}x(k)z^{-k}\Big] \tag{4-48}$$

式中，m 取正整数。当 m 取 1，2 时，式（4-47）及式（4-48）可以写作

$$\mathcal{Z}[x(n+1)\varepsilon(n)]=zX(z)-zx(0)$$

$$\mathcal{Z}[x(n+2)\varepsilon(n)]=z^{2}X(z)-z^{2}x(0)-zx(1)$$

$$\mathcal{Z}[x(n-1)\varepsilon(n)]=z^{-1}X(z)+x(-1)$$

$$\mathcal{Z}[x(n-2)\varepsilon(n)]=z^{-2}X(z)+z^{-1}x(-1)+x(-2)$$

当 $x(n)$ 为因果序列时，则式（4-48）右边的 $\sum_{k=-m}^{-1}x(k)z^{-k}$ 项都等于零，于是右移序列的单边 z 变换为

$$\mathscr{Z}\big[x(n-m)\varepsilon(n)\big]=z^{-m}X(z) \tag{4-49}$$

而左移序列的单边 z 变换不变，仍为式（4-47）。

【例 4-5】 求周期序列 $x(n)$ 的单边 z 变换。

解： 若设周期序列 $x(n)$ 的周期为 N，即

$$x(n)=x(n\pm N) \qquad (n\geqslant 0)$$

令 $x_1(n)$ 为 $x(n)$ 的第一个周期，其 z 变换为

$$X_1(z)=\sum_{n=0}^{N-1}x_1(n)z^{-n} \quad (\,|\,z\,|>0)$$

周期序列 $x(n)$ 可用 $x_1(n)$ 表示为

$$x(n)=x_1(n)+x_1(n-N)+x_1(n-2N)+x_1(n-3N)+\cdots$$

其 z 变换为

$$\begin{aligned}
X(z)=\mathscr{Z}\big[x(n)\big]&=\mathscr{Z}\big[x_1(n)\big]+\mathscr{Z}\big[x_1(n-N)\big]+\mathscr{Z}\big[x_1(n-2N)\big]+\cdots\\
&=X_1(z)+z^{-N}X_1(z)+z^{-2N}X_1(z)+\cdots\\
&=X_1(z)(1+z^{-N}+z^{-2N}+\cdots)\\
&=X_1(z)\sum_{m=0}^{\infty}z^{-mN}
\end{aligned}$$

上式收敛域为 $|\,z\,|>1$，故可求得

$$\sum_{m=0}^{\infty}z^{-mN}=\sum_{m=0}^{\infty}(z^{-N})^m=\frac{1}{1-z^{-N}}=\frac{z^N}{z^N-1}$$

所以周期序列 $x(n)$ 的单边 z 变换为

$$X(z)=\frac{z^N}{z^N-1}X_1(z)$$

4.3.3　z 域微分性（序列线性加权）

若 $x(n)$ 的 z 变换为

$$X(z)=\mathscr{Z}\big[x(n)\big]$$

则

$$\mathscr{Z}\big[nx(n)\big]=-z\,\frac{\mathrm{d}}{\mathrm{d}z}X(z) \tag{4-50}$$

证明：因为

$$X(z)=\sum_{n=0}^{\infty}x(n)z^{-n}$$

将上式两边对 z 求微分，得

$$\frac{\mathrm{d}}{\mathrm{d}z}X(z)=\frac{\mathrm{d}}{\mathrm{d}z}\sum_{n=0}^{\infty}x(n)z^{-n}$$

交换求导与求和次序，上式变为

$$\frac{\mathrm{d}}{\mathrm{d}z}X(z)=\sum_{n=0}^{\infty}x(n)\,\frac{\mathrm{d}}{\mathrm{d}z}(z^{-n})=-\sum_{n=0}^{\infty}nx(n)z^{-(n+1)}=-z^{-1}\sum_{n=0}^{\infty}nx(n)z^{-n}$$

所以

$$\mathscr{Z}\big[nx(n)\big]=\sum_{n=0}^{\infty}nx(n)z^{-n}=-z\,\frac{\mathrm{d}}{\mathrm{d}z}X(z)$$

可见，序列线性加权（乘 n）等效于其 z 变换取导数并乘以（$-z$）。同理可得

$$\mathscr{Z}\big[n^m x(n)\big]=\Big[-z\,\frac{\mathrm{d}}{\mathrm{d}z}\Big]^m X(z) \tag{4-51}$$

式中，符号 $\Big[-z\,\dfrac{\mathrm{d}}{\mathrm{d}z}\Big]^m$ 中的 m 表示求导 m 次，即

$$\Big[-z\,\frac{\mathrm{d}}{\mathrm{d}z}\Big]^m X(z)=-z\,\frac{\mathrm{d}}{\mathrm{d}z}\Big\{\underbrace{-z\,\frac{\mathrm{d}}{\mathrm{d}z}\Big[-z\,\frac{\mathrm{d}}{\mathrm{d}z}\cdots\Big(-z\,\frac{\mathrm{d}}{\mathrm{d}z}X(z)\Big)\Big]}_{m}\Big\}$$

【例 4-6】 若已知 $\mathscr{Z}\big[\varepsilon(n)\big]=\dfrac{z}{z-1}$，求斜变序列 $n\varepsilon(n)$ 的 z 变换。

解： 由式（4-50）可知

$$\mathscr{Z}\big[n\varepsilon(n)\big]=-z\,\frac{\mathrm{d}}{\mathrm{d}z}\big\{\mathscr{Z}\big[\varepsilon(n)\big]\big\}=-z\,\frac{\mathrm{d}}{\mathrm{d}z}\Big[\frac{z}{z-1}\Big]=\frac{z}{(z-1)^2}\qquad(\,|\,z\,|>1)$$

与式（4-31）结果相同。

4.3.4　z 域尺度变换（序列指数加权）

若已知 $x(n)$ 的 z 变换为

$$X(z)=\mathscr{Z}\big[x(n)\big]\qquad(R_{x1}<|\,z\,|<R_{x2})$$

则

$$\mathscr{Z}\big[a^n x(n)\big]=X\Big(\frac{z}{a}\Big)\qquad\Big(R_{x1}<|\,z/a\,|<R_{x2}\Big) \tag{4-52}$$

式中，a 为非零常数，称为尺度变换因子。

证明：因为

$$\mathscr{Z}\big[a^n x(n)\big]=\sum_{n=0}^{\infty}a^n x(n)z^{-n}=\sum_{n=0}^{\infty}x(n)\Big(\frac{z}{a}\Big)^{-n}$$

所以

$$\mathscr{Z}\big[a^n x(n)\big]=X\Big(\frac{z}{a}\Big)$$

可见，$x(n)$ 乘以指数序列等效于 z 平面尺度展缩。同样，可以得到下列关系：

$$\mathscr{Z}\big[a^{-n} x(n)\big]=X(az)\qquad(R_{x1}<|\,az\,|<R_{x2}) \tag{4-53}$$

$$\mathscr{Z}\big[(-1)^n x(n)\big]=X(-z)\qquad(R_{x1}<|\,z\,|<R_{x2}) \tag{4-54}$$

特别地，若 $a=\mathrm{e}^{j\omega_0}$，那么有

$$\mathscr{Z}\big[\mathrm{e}^{jn\omega_0} x(n)\big]=X(\mathrm{e}^{-j\omega_0}z)\qquad(R_{x1}<|\,z\,|<R_{x2}) \tag{4-55}$$

在式（4-55）中，如果将 z 用极坐标形式表示为 $z=|\,z\,|\mathrm{e}^{j\arg(z)}$，那么 $\mathrm{e}^{j\omega_0}z=|\,z\,|\mathrm{e}^{j[\arg(z)+\omega_0]}$，即 z 平面旋转了一个 ω_0 角度，那么其 z 变换的零、极点位置也都相应发生了旋转。也就是说，用复指数序列 $\mathrm{e}^{jn\omega_0}$ 去调制一个信号序列时，只调制其相位特性。

【例 4-7】 若已知 $\mathscr{Z}\big[\cos(n\omega_0)\cdot\varepsilon(n)\big]=\dfrac{z(z-\cos\omega_0)}{z^2-2z\cos\omega_0+1}$，利用尺度变换求 $\mathscr{Z}\big[\beta^n\cos(n\omega_0)\cdot\varepsilon(n)\big]$。

解： 由式（4-56）可以得到

$$\mathcal{Z}\big[\beta^n\cos(n\omega_0)\cdot\varepsilon(n)\big]=\frac{\left(\dfrac{z}{\beta}\right)\left(\left(\dfrac{z}{\beta}\right)-\cos\omega_0\right)}{\left(\dfrac{z}{\beta}\right)^2-2\left(\dfrac{z}{\beta}\right)\cos\omega_0+1}=\frac{1-\beta z^{-1}\cos\omega_0}{1-2\beta z^{-1}\cos\omega_0+\beta^2 z^{-2}}$$

收敛域为 $|z/\beta|>1$，即 $|z|>|\beta|$，显然该结果与式（4-42）完全一致。

4.3.5 时域卷积定理

已知两序列 $x(n)$、$y(n)$，其 z 变换分别为

$$X(z)=\mathcal{Z}[x(n)]\quad(R_{x1}<|z|<R_{x2})$$

$$Y(z)=\mathcal{Z}[y(n)]\quad(R_{y1}<|z|<R_{y2})$$

则

$$\mathcal{Z}[x(n)*y(n)]=X(z)\cdot Y(z)\tag{4-56}$$

在一般情况下，其收敛域是 $X(z)$ 与 $Y(z)$ 收敛域的重叠部分，即

$$\max(R_{x1},R_{y1})<|z|<\min(R_{x2},R_{y2})$$

若位于某一 z 变换收敛域边缘上的极点被另一 z 变换的零点抵消，则收敛域将会扩大。

证明：序列 $x(n)$ 与 $y(n)$ 的卷积表达式为

$$x(n)*x(n)=\sum_{m=-\infty}^{\infty}x(m)y(n-m)$$

则

$$\mathcal{Z}[x(n)*x(n)]=\sum_{n=-\infty}^{\infty}[x(n)*y(n)]z^{-n}=\sum_{n=-\infty}^{\infty}\left[\sum_{m=-\infty}^{\infty}x(m)y(n-m)\right]z^{-n}$$

在上式中交换求和顺序，则

$$\mathcal{Z}[x(n)*x(n)]=\sum_{m=-\infty}^{\infty}x(m)\sum_{n=-\infty}^{\infty}y(n-m)z^{-n}$$

$$\xrightarrow{\ \text{令}\ k=n-m\ }\sum_{m=-\infty}^{\infty}x(m)\left[\sum_{k=-\infty}^{\infty}y(k)z^{-k}\right]z^{-m}$$

$$=\left[\sum_{m=-\infty}^{\infty}x(m)z^{-m}\right]\cdot Y(z)$$

$$=X(z)\cdot Y(z)$$

可见两序列在时域中的卷积等效于在 z 域中两序列 z 变换的乘积。

【例 4-8】 求下列两序列的卷积：$y(n)=x_1(n)*x_2(n)$，$x_1(n)=\varepsilon(n)$，$x_2(n)=a^n\varepsilon(n)-a^{n-1}\varepsilon(n-1)(|a|<1)$。

解： 已知

$$X_1(z)=\mathcal{Z}[\varepsilon(n)]=\frac{z}{z-1}\quad(|z|>|a|)$$

$$X_2(z)=\mathcal{Z}[a^n\varepsilon(n)]-\mathcal{Z}[a^{n-1}\varepsilon(n-1)]\quad（线性性）$$

$$=\frac{z}{z-a}-\frac{z}{z-a}z^{-1}\quad（位移性）$$

$$=\frac{z-1}{z-a}\quad(|z|>|a|)$$

则

$$Y(z)=\mathcal{Z}[x_1(n)*x_2(n)]=X_1(z)\cdot X_2(z)$$

$$= \frac{z}{z-1}\frac{z-1}{z-a} = \frac{z}{z-a} \qquad (|z|>|a|)$$

其 z 反变换为

$$y(n)=x_1(n)*x_2(n)=\mathcal{Z}^{-1}[X_1(z)\cdot X_2(z)]=a^n\varepsilon(n)$$

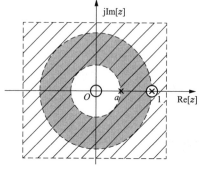

图 4-16　$Y(z)=Z[x_1(n)*x_2(n)]$ 的收敛域

显然，$X(z)$ 的极点（$z=1$）被 $Y(z)$ 的零点（$z=1$）所抵消，在 $|a|<1$ 的条件下，$Y(z)$ 的收敛域比 $X_1(z)$ 和 $X_2(z)$ 收敛域的重叠部分要大，如图 4-16 所示。

4.3.6　z 域卷积定理

已知两序列 $x(n)$、$y(n)$ 的 z 变换分别为

$$X(z)=\mathcal{Z}[x(n)] \qquad (R_{x1}<|z|<R_{x2})$$
$$Y(z)=\mathcal{Z}[y(n)] \qquad (R_{y1}<|z|<R_{y2})$$

则有

$$\mathcal{Z}[x(n)y(n)]=\frac{1}{2\pi j}\oint_{c_1}X\left(\frac{z}{v}\right)\cdot Y(v)v^{-1}\mathrm{d}v \tag{4-57}$$

或

$$\mathcal{Z}[x(n)y(n)]=\frac{1}{2\pi j}\oint_{c_2}X(v)\cdot Y\left(\frac{z}{v}\right)v^{-1}\mathrm{d}v \tag{4-58}$$

式（4-57）及式（4-58）中，c_1 为 $X(z/v)$ 与 $Y(v)$ 收敛域重叠部分内逆时针旋转的围线；c_2 为 $X(v)$ 与 $Y(z/v)$ 收敛域重叠部分内逆时针旋转的围线。$\mathcal{Z}[x(n)y(n)]$ 的收敛域一般为 $X(z/v)$ 与 $Y(v)$［或 $X(v)$ 与 $Y(z/v)$］的重叠部分，即 $R_{x1}\cdot R_{y1}<|z|<R_{x2}\cdot R_{y2}$。

z 变换的主要性质和定理列于表 4-2 中。

表 4-2　　　　　　　　　　z 变换的主要性质和定理

序号	序列	z 变换	收敛域
1	$x(n)$ $y(n)$	$X(z)$ $Y(z)$	$R_{x1}<|z|<R_{x2}$ $R_{y1}<|z|<R_{y2}$
2	$ax(n)+by(n)$	$aX(z)+bY(z)$	$\max[R_{x1},R_{y1}]<|z|<\min[R_{x2},R_{y2}]$
3	$x(n\pm m)$	$z^{\pm m}X(z)$	$R_{x1}<|z|<R_{x2}$
4	$a^nx(n)$	$X(z/a)$	$|a|R_{x1}<|z|<|a|R_{x2}$
5	$x*(n)$	$X*(z*)$	$R_{x1}<|z|<R_{x2}$
6	$x(-n)$	$X(z^{-1})$	$R_{x1}<|z^{-1}|<R_{x2}$
7	$(-1)^nx(n)$	$X(-z)$	$R_{x1}<|z|<R_{x2}$
8	$nx(n)$	$-z\dfrac{\mathrm{d}}{\mathrm{d}z}X(z)$	$R_{x1}<|z|<R_{x2}$
9	$x(n)*y(n)$	$X(z)Y(z)$	$\max[R_{x1},R_{y1}]<|z|<\min[R_{x2},R_{y2}]$
10	$x(n)\cdot y(n)$	$\dfrac{1}{2\pi j}\oint_c X(v)\cdot Y\left(\dfrac{z}{v}\right)\dfrac{\mathrm{d}v}{v}$	$R_{x1}\cdot R_{y1}<|z|<R_{x2}\cdot R_{y2}$

序号	序列	z 变换	收敛域
11	$\displaystyle\sum_{k=0}^{n} x(k)$	$\dfrac{z}{z-1}X(z)$	
12	$\dfrac{1}{n+a}x(n)$	$-z^{a}\displaystyle\int_z^{\infty}\dfrac{X(v)}{v^{a+1}}\mathrm{d}v$	
13	$\dfrac{1}{n}x(n)$	$-\displaystyle\int_0^{z}\dfrac{X(v)}{v}\mathrm{d}v$	
14	$x(0)=\lim\limits_{z\to\infty}X(z),\ x(n)$ 为因果序列		$R_{x2}<\mid z\mid$
15	$x(\infty)=\lim\limits_{z\to1}(z-1)X(z),\ x(n)$ 为因果序列		$\mid z\mid\geqslant1$ 时，$(z-1)X(z)$ 收敛
16	$x(n)\cdot y*(n)$	$\dfrac{1}{2\pi\mathrm{j}}\displaystyle\oint_c X(v)\cdot Y^*\left(\dfrac{z^*}{v^*}\right)\dfrac{\mathrm{d}v}{v}$	$R_{x1}\cdot R_{y1}<\mid z\mid<R_{x2}\cdot R_{y2}$

4.4　z 反变换

若已知序列 $x(n)$ 的 z 变换为

$$X(z)=\mathcal{Z}[x(n)]$$

则 $X(z)$ 的反变换（inverse z transform）记作 $\mathcal{Z}^{-1}[X(z)]$，并由以下围线积分给出：

$$x(n)=\mathcal{Z}^{-1}[X(z)]=\frac{1}{2\pi\mathrm{j}}\oint_c X(z)\cdot z^{n-1}\mathrm{d}z \tag{4-59}$$

式中，c 是包围 $X(z)\ z^{n-1}$ 所有极点的逆时针闭合积分路线，通常选择在 z 平面收敛域内以原点为中心的圆，如图 4-17 所示。

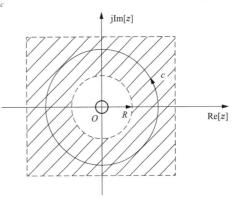

　　求 z 反变换的方法有三种：第一种就是对式 (4-59) 作围线积分（contour integral），也称留数法（method of residue）。第二种是将 $X(z)$ 的表达式用部分分式展开，经查表求出各项的 z 反变换再取和。第三种是借助长除法（又称幂级数法）将 $X(z)$ 展开成幂级数求得 $x(n)$。一般来说，部分分式展开法比较简便，因此应用较多，会详细介绍，另外两种方法仅做简要介绍。

图 4-17　z 反变换积分围线的选择

4.4.1　部分分式展开法

　　通常情况下序列 $x(n)$ 的 z 变换 $X(z)$ 是 z 的有理函数，可表示为有理分式的形式，将 $X(z)$ 展成一些简单而常见的部分分式之和，然后分别查表求出各部分分式的反变换，把各反变换相加即可得到 $x(n)$，称为部分分式展开法（partial froction expansion method）。

　　限于篇幅，只讨论单边（因果）序列的 z 变换，对于因果序列的 z 变换，它的收敛域为 $\mid z\mid>R$，为保证在 $z\to\infty$ 处 $X(z)$ 收敛，其分母多项式的阶次应不低于分子多项式的阶次。

　　由常用单边序列的 z 变换表 4-1 可以看出，z 变换的最基本形式是 $z/(z-a)$，因此通常先对 $X(z)/z$ 作展开，然后再乘以 z，这样 $X(z)$ 即可展成 $z/(z-a)$ 的形式，同时又满足了分母多项式的阶次应不低于分子多项式的阶次的条件。下面分三种情况进行讨论。

（1）$X(z)/z$ 为有理真分式，且只含一阶极点，则 $X(z)/z$ 可展开为

$$\frac{X(z)}{z}=\frac{A_0}{z}+\frac{A_1}{z-z_1}+\frac{A_2}{z-z_2}+\cdots\cdots+\frac{A_N}{z-z_N}=\sum_{k=0}^{N}\frac{A_k}{z-z_k} \quad (z_0=0) \quad (4\text{-}60)$$

将式（4-60）两边各乘以 z，得

$$X(z)=\sum_{k=0}^{N}\frac{A_k \cdot z}{z-z_k} \quad (4\text{-}61)$$

式中，z_k 是 $X(z)/z$ 的极点；A_k 为极点 z_k 的留数。

$$A_k=\left[(z-z_k)\frac{X(z)}{z}\right]_{z=z_k} \quad (4\text{-}62)$$

或将式（4-61）表示成

$$X(z)=A_0+\sum_{k=1}^{N}\frac{A_k \cdot z}{z-z_k} \quad (4\text{-}63)$$

式中，A_0 是位于原点的极点的留数

$$A_0=\left[X(z)\right]_{Z=0} \quad (4\text{-}64)$$

由表 4-1 可以直接得出式（4-61）或式（4-63）的 z 反变换为

$$x(n)=A_0\delta(n)+\sum_{k=1}^{N}A_k(z_k)^n u(n) \quad (4\text{-}65)$$

【例 4-9】 用部分分式法求 $X(z)=\dfrac{z^2}{z^2-1.5z+0.5}$ 的 z 反变换 $x(n)$，收敛域为 $|z|>1$。

解： 由于

$$X(z)=\frac{z^2}{z^2-1.5z+0.5}=\frac{z^2}{(z-0.5)(z-1)}$$

即

$$\frac{X(z)}{z}=\frac{z}{(z-0.5)(z-1)}$$

为有理真分式，有两个一阶极点 $z_1=0.5$、$z_2=1$，可展开成

$$\frac{X(z)}{z}=\frac{A_1}{z-0.5}+\frac{A_2}{z-1}$$

其中

$$A_1=\left[(z-0.5)\frac{X(z)}{z}\right]_{z=0.5}=\left[\frac{z}{z-1}\right]_{z=0.5}=-1$$

$$A_2=\left[(z-1)\frac{X(z)}{z}\right]_{z=1}=\left[\frac{z}{z-0.5}\right]_{z=1}=2$$

所以

$$X(z)=\frac{2z}{z-1}-\frac{z}{z-0.5}$$

因为 $|z|>1$，所以 $x(n)$ 为因果序列，由表 4-1 可得

$$x(n)=2\varepsilon(n)-0.5^n\varepsilon(n)=(2-0.5^n)\varepsilon(n)$$

（2）如果 $X(z)$ 中含有高阶极点，式（4-61）及式（4-63）应当加以修正。若 $X(z)$ 除含有 M 个一阶极点外，在 $z=z_i$ 处还含有一个 r 阶重极点，此时 $X(z)$ 应展成

$$X(z) = A_0 + \sum_{k=1}^{M} \frac{A_k \cdot z}{z - z_k} + \sum_{j=1}^{r} \frac{B_j \cdot z}{(z - z_i)^j} \tag{4-66}$$

式中，A_k 的确定方法与前述相同，而 B_j 等于

$$B_j = \frac{1}{(r-j)!} \left[\frac{d^{r-j}}{dz^{r-j}} (z - z_i)^r \frac{X(z)}{z} \right]_{z=z_i} \tag{4-67}$$

由表 4-1 可以查得式（4-66）的 z 反变换为

$$x(n) = A_0 \delta(n) + \sum_{k=1}^{M} A_k (z_k)^n u(n) + \sum_{j=1}^{r} B_j \frac{n!}{(n+j+1)!\,(j-1)!} (z_i)^{n-j+1} u(n)$$

$$\tag{4-68}$$

【例 4-10】 求 $X(z) = \dfrac{z^3 + 4z^2 - 4}{(z-1)(z+2)^2}$ （$|z| > 2$）的 z 反变换。

解： 首先求 $X(z)/z$ 的部分分式展开，即

$$\frac{X(z)}{z} = \frac{z^3 + 4z^2 - 4}{z(z-1)(z+2)^2}$$

有两个单极点 $z_0 = 0$、$z_1 = 1$，一个二阶重极点 $z_2 = -2$，则将 $X(z)/z$ 展开成部分分式形式为

$$\frac{X(z)}{z} = \frac{A_0}{z} + \frac{A_1}{z-1} + \frac{B_1}{z+2} + \frac{B_2}{(z+2)^2}$$

所以

$$X(z) = A_0 + \frac{A_1 z}{z-1} + \frac{B_1 z}{z+2} + \frac{B_2 z}{(z+2)^2}$$

其中

$$A_0 = [X(z)]_{z=0} = \frac{-4}{-1 \times 4} = 1$$

$$A_1 = \left[(z-1) \frac{X(z)}{z} \right]_{z=1} = \left[\frac{z^3 + z^2 - 4}{z(z+2)^2} \right]_{z=1} = \frac{1}{9}$$

$$B_1 = \frac{1}{(2-1)!} \left\{ \frac{d^{(2-1)}}{dz^{(2-1)}} \left[(z+2)^2 \frac{X(z)}{z} \right] \right\} \bigg|_{z=-2} = \frac{d}{dz} \left[\frac{z^3 + 4z^2 - 4}{z(z+2)^2} \right]_{z=-2}$$

$$= \frac{(3z^2 + 8z)(z-1)z - (2z-1)(z^3 + 4z^2 - 4)}{z^2(z-1)^2} \bigg|_{z=-2} = -\frac{1}{9}$$

$$B_2 = \frac{1}{(2-2)!} \left\{ \frac{d^{(2-2)}}{dz^{(2-2)}} \left[(z+2)^2 \frac{X(z)}{z} \right] \right\} \bigg|_{z=-2} = \left[\frac{z^3 + 4z^2 - 4}{z(z-1)} \right]_{z=-2} = \frac{2}{3}$$

所以

$$X(z) = 1 + \frac{1}{9} \frac{z}{z-1} - \frac{1}{9} \frac{z}{z+2} + \frac{2}{3} \frac{z}{(z+2)^2}$$

由表 4-1 可查出部分分式展开式中的每一项所对应的 z 反变换表达式，再由收敛域的性质可知

$$x(n) = \delta(n) + \frac{1}{9} \varepsilon(n) - \frac{1}{9} (-2)^n \varepsilon(n) + \frac{2}{3} n(-2)^{n-1} \varepsilon(n)$$

$$= \delta(n) + \left[\frac{1}{9} - \frac{1}{9}(-2)^n + \frac{2}{3} n(-2)^{n-1} \right] \varepsilon(n)$$

从例 4-10 可以看到，因为其收敛域 $|z|>2$ 为圆外域，所以各项均对应因果序列。但如果给出的收敛域是圆内域或圆环域，则 z 反变换将对应左边序列或双边序列，此时用部分分式展开法处理仍有效，但必须仔细确定哪些极点是对应右边序列的，哪些是对应左边序列的。

（3）如果 $\dfrac{X(z)}{z}$ 不是有理真分式，则应先将其化成一个多项式和一个有理真分式之和，再将有理真分式展成部分分式后求 $X(z)$ 的反变换 $x(n)$。

从上面对部分分式展开法的分析可以看出，总是先把 $X(z)$ 分解为 $\dfrac{z}{z-a}$、$\dfrac{z}{(z-a)^m}$ 或 $\dfrac{z^m}{(z-a)^m}$ 等项的线性加权和的形式，再利用表 4-1 提供的 z 变换对，就可以容易地求出各部分的 z 反变换。

4.4.2　幂级数展开法（长除法）

把 $X(z)$ 展成 z^{-1} 的幂级数，级数中 z^{-n} 项的系数就是序列值 $x(n)$，称为幂级数展开法（power serise expansion method）。对于常见的有理函数 z 变换，可以用长除法将 $X(z)$ 展成幂级数形式。在进行长除前，应先根据给定的收敛域是圆外域还是圆内域，确定 $x(n)$ 是右边序列还是左边序列，然后确定按 z 的降幂还是 z 的升幂长除。应注意，幂级数展开法只适用于单边（左边或右边）序列的情况。

【**例 4-11**】已知 $X(z)=\dfrac{z^2+z}{z^3-3z^2+3z-1}(|z|>1)$，求其 z 反变换。

解：由已知条件可知 $X(z)$ 的收敛域 $|z|>1$ 为圆外区域，故其 z 反变换后的序列 $x(n)$ 为右边序列。根据 z 变换的定义，$X(z)$ 的级数表示应该为 z^{-1} 的升幂或 z 的降幂，因此用长除法求解时要把被除式和除式都按 z 的降幂排列。

$$
\begin{array}{r}
z^{-1}+4z^{-2}+9z^{-3}+\cdots \\[2pt]
z^3-3z^2+3z-1\,)\overline{\;z^2+z\phantom{+z^{-1}}} \\[2pt]
\underline{z^2-3z+3-z^{-1}} \\[2pt]
4z-3+z^{-1} \\[2pt]
\underline{4z-12+12z^{-1}} \\[2pt]
9-11z^{-1}+4z^{-2} \\[2pt]
\underline{9-27z^{-1}+27z^{-2}-9z^{-3}} \\[2pt]
\cdots
\end{array}
$$

由上式长除结果的规律，有

$$X(z)=z^{-1}+4z^{-2}+9z^{-3}+\cdots=\sum_{n=0}^{\infty}n^2 z^{-n}$$

从而

$$x(n)=n^2\varepsilon(n)$$

如果只需求出序列 $x(n)$ 的前 N 个值，那么使用长除法会很方便。使用长除法求 z 反变换的缺点是不易求得 $x(n)$ 的闭合形式的表达式。

4.4.3　围线积分法（留数法）

由 z 反变换式（4-59），围线 c 在 $X(z)$ 的收敛域内，且包围坐标原点，而 $X(z)$ 又在 $|z|>R$ 的圆外区域内收敛（图 4-17），因此 c 包围了 $X(z)$ 的全部极点。通常 $X(z)\,z^{n-1}$

是 z 的有理函数，其极点都是孤立极点，故可借助于留数定理（contour theorem）计算式（4-59）的围线积分，即

$$x(n)=\frac{1}{2\pi j}\oint_c X(z)z^{n-1}\mathrm{d}z=\sum_j[X(z)z^{n-1}\text{ 在 }c\text{ 内极点的留数}]$$

或简写为

$$x(n)=\sum_i \mathrm{Res}[X(z)z^{n-1}]_{z=z_i} \tag{4-69}$$

式中，Res 表示极点的留数；z_i 为 $X(z)z^{n-1}$ 的极点。

如果 $X(z)z^{n-1}$ 在 $z=z_i$ 处有 r 阶极点，则其留数由下式给出：

$$\sum_i \mathrm{Res}[X(z)z^{n-1}]_{z=z_i}=\frac{1}{(r-1)!}\left\{\frac{\mathrm{d}^{r-1}}{\mathrm{d}z^{r-1}}[(z-z_i)^r X(z)z^{n-1}]\right\}\bigg|_{z=z_i} \tag{4-70}$$

若 $r=1$，即单极点情况，式（4-70）变为

$$\sum_i \mathrm{Res}[X(z)z^{n-1}]_{z=z_i}=[(z-z_i)X(z)z^{n-1}]_{z=z_i} \tag{4-71}$$

在应用式（4-69）～式（4-71）时，应随时注意收敛域内围线所包围的极点情况，对于不同的 n 值，在 $z=0$ 处的极点可能具有不同的阶次。

【例 4-12】 已知 $X(z)=\dfrac{z^2-z}{(z+1)(z-2)}$，$|z|>2$，试用留数法求其 z 反变换。

解： 因为 $X(z)$ 的收敛域 $|z|>2$，所以 $x(n)$ 必为右边序列，根据式（4-69）得

$$x(n)=\sum_i \mathrm{Res}[X(z)z^{n-1}]_{z=z_i}$$

当 $n\geqslant0$ 时，$X(z)z^{n-1}$ 有两个单极点 $z_1=-1$，$z_2=2$，此时

$$x(n)=[(z+1)X(z)z^{n-1}]_{z=-1}+[(z-2)X(z)z^{n-1}]_{z=2}$$

$$=\left[\frac{z-1}{z-2}z^n\right]_{z=-1}+\left[\frac{z-1}{z+1}z^n\right]_{z=2}=\frac{2}{3}(-1)^n+\frac{1}{3}\cdot2^n$$

当 $n<0$ 时，$X(z)z^{n-1}$ 除 -1、2 两个极点外，在 $z=0$ 处有多阶极点，阶次与 n 取值有关。

$n=-1$ 时

$$x(n)=\left[\frac{z-1}{z-2}z^{-1}\right]_{z=-1}+\left[\frac{z-1}{z+1}z^{-1}\right]_{z=2}+\left[\frac{z-1}{(z+1)(z-2)}\right]_{z=0}=-\frac{2}{3}+\frac{1}{6}+\frac{1}{2}=0$$

$n=-2$ 时

$$x(n)=\left[\frac{z-1}{z-2}z^{-2}\right]_{z=-1}+\left[\frac{z-1}{z+1}z^{-2}\right]_{z=2}+\left[\frac{\mathrm{d}}{\mathrm{d}z}\left(\frac{z-1}{(z+1)(z-2)}\right)\right]_{z=0}=\frac{2}{3}+\frac{1}{12}-\frac{3}{4}=0$$

依此类推，对于 $n<0$ 则有

$$\sum\mathrm{Res}[X(z)z^{n-1}]=0$$

即

$$x(n)=0$$

所以

$$x(n)=\left[\frac{2}{3}(-1)^n+\frac{1}{3}\cdot2^n\right]\varepsilon(n)$$

如果本例中 $X(z)$ 保持不变，而收敛域 $|z|<1$，则积分围线应选在半径为 1 的圆内，当 $n>-1$ 时，围线积分等于零，相应的 $x(n)$ 都为零；而当 $n<-1$ 时，$z=0$ 处有极点存在，求解围线积分后可得 $x(n)$ 为左边序列，此结果也与收敛条件 $|z|<1$ 相符合。

另一种情况是收敛域为圆环域（$1<|z|<2$）。这时，积分围线应选在半径为 $1\sim2$ 的圆环内部，则所求出的 $x(n)$ 是双边序列。

综上所述，对于同一个 $X(z)$ 表达式，当给定的收敛域不同时，所选择的围线积分的围线就会不同，最终导致 z 反变换结果不同，即对应的序列 $x(n)$ 不同。

4.5 基于 MATLAB 的离散时间信号的仿真分析

【例 4-13】用 MATLAB 画出单位抽样序列、单位阶跃序列和单位矩形序列。

MATLAB 程序如下：

```
n=-5:10;                                    % 取点
y1=[zeros(1,5),1,zeros(1,10)];              % 定义单位抽样序列
subplot(3,1,1)                              % 开辟绘图区域
stem(n,y1)                                  % 绘制离散图形
axis([-5,10,0,2]);                          % 控制坐标范围
title('单位抽样序列');
y2=[zeros(1,5),ones(1,11)];                 % 定义单位阶跃序列
subplot(3,1,2)
stem(n,y2)
axis([-5,10,0,2]);
title('单位阶跃序列');
subplot(3,1,3)
y3=[zeros(1,5),ones(1.,5),zeros(1,6)];      % 定义单位矩形序列
stem(n,y3)
axis([-5,10,0,2]);
title('单位矩形序列');
```

MATLAB 程序执行结果如图 4-18 所示。

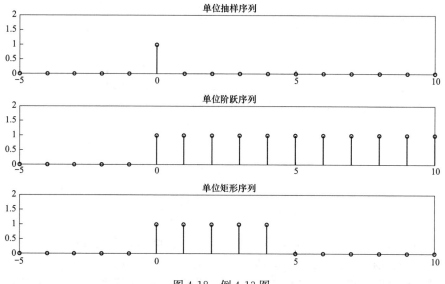

图 4-18 例 4-13 图

【例 4-14】已知序列 $x(n)=\{0\ 1\ 2\ -1\ -2\ 1\ 3\ 4\ 4\}$，绘制 $x(n)$、$x(n-2)$、$x(n+2)$ 和 $x(-n)$ 的图形。

　　MATLAB 程序如下：

```
n= 0:8;
x=[0 1 2 -1 -2 1 3 4 4];subplot(2,2,1);        % 序列 x(n)
stem(n,x,'filled');axis([-9,11,-3,5]);title('x[n]');
n1=n+2;subplot(2,2,2);                          % 序列 x(n-2)
stem(n1,x,'filled');axis([-9,11,-3,5]);title('x[n-2]');
n2=n-2;subplot(2,2,3);                          % 序列 x(n+2)
stem(n2,x,'filled');axis([-9,11,-3,5]);title('x[n+2]');
n3=-fliplr(n);x1=fliplr(x);subplot(2,2,4);      % 序列 x(-n)
stem(n3,x,'filled');axis([-9,11,-3,5]);title('x[-n]');
```

　　MATLAB 程序执行结果如图 4-19 所示。

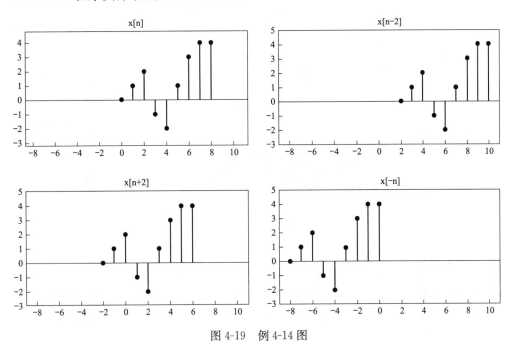

图 4-19　例 4-14 图

【例 4-15】用 MATLAB 画出正弦序列 $x_1=\cos(n\pi/16)$，$x_2=\cos(8n\pi/23)$，$x_3=\cos(n/6)$ 的时域波形图，并观察它们的周期性。

　　MATLAB 程序如下：

```
n= 0:40;                    % 取点
subplot(3,1,1);             % 开辟画图区域
stem(n,cos(n*pi/16),'fill'); % 绘制离散图
xlabel('n');ylabel('x1(n)'); % 标注横纵坐标
title('cos(n*pi/16)');       % 标注图形名称
subplot(3,1,2);
```

```
stem(n,cos(8*pi*n/23),'fill');
xlabel('n');ylabel('x2(n)');
title('cos(8*pi*n/23)');
subplot(3,1,3);
stem(n,cos(n/6),'fill');
xlabel('n');ylabel('x3(n)');
title('cos(n/6)');
```

MATLAB 程序执行结果如图 4-20 所示。

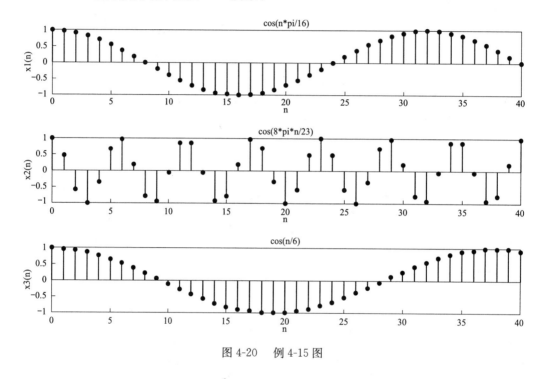

图 4-20   例 4-15 图

【例 4-16】 计算 $X(z) = \dfrac{1}{(z-0.8)(z-0.6)}$ 的 z 反变换，其收敛域为 $|z| > 0.8$。

在 MATLAB 中，计算信号的 z 反变换可以先采用函数 residuez（）将部分分式展开并转换为传递函数形式，再通过函数 iztrans（）实现反变换。residuez（）函数的调用格式如下：

$$[R\ P\ K] = \text{resduez(B,A)}$$

其中，B 和 A 分别为 $X(z)$ 多项式分子多项式和分母多项式的系数，R 为留数向量，P 为极点向量，K 为直接项系数，仅在分子项最高次幂低于分母时存在。

iztrans（）函数的调用格式如下：

```
f=iztrans(F)
```

其中，f 返回 F 的 z 反变换。

MATLAB 程序如下：

```
b=1;
a=[1-1.4 0.48];
[R,P,K]=residue(b,a)                          % 转换形式
```

MATLAB 程序执行结果如下：

```
R=
    5.0000
   -5.0000
P=
    0.8000
    0.6000
K=
   []
```

因此得到

$$X(z) = \frac{5z}{z - 0.8} - \frac{5z}{z - 0.6}$$

编写另一个程序，MATLAB 程序如下：

```
syms z
F=5*z/(z-0.8)-5*z/(z-0.6);
f=iztrans(F)                          % iztrans()实现反变换
```

MATLAB 程序执行结果如下：

```
f=5*(4/5)^n-5*(3/5)^n
```

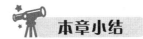

本章小结

1. 离散时间信号的时域分析

离散时间信号包含了单位抽样序列、单位阶跃序列、矩形序列、斜变序列、单边指数序列、正弦和余弦序列等，离散信号的基本运算包含了相加、相乘、移位、反褶、尺度变换等。

2. 离散时间信号的 z 域分析

通过 z 变换，可以将离散时间信号的时域分析转换为 z 域分析。z 变换具有线性、位移、z 域微分（序列线性加权）、z 域尺度变换（序列指数加权）、时域卷积、z 域卷积等性质。

离散信号的时域分析和 z 域分析在电力系统中的应用

离散信号的时域分析和 z 域分析在电力系统中有着广泛的应用。这些工具可以帮助工程师们对电力系统进行分析和设计，并更好地理解其动态特性。

以电力系统中的瞬时电流为例。电流可以被视为电力系统的信号。通过对该信号进行时域分析，可以获得有关电流随时间变化的各种信息。例如，可以计算平均电流、最大电流和电流波形的频率分量。这些信息对于设计电力系统和确定保护设备的额定值非常重要。此外，可以使用时域分析来评估电力系统中的电流波形的畸变程度，以确定电力系统是否出现了问题。

z 域分析可以帮助工程师更好地理解电力系统的频率响应。通过将电流信号转换为 z 域，可以将其表示为一个复杂的函数，其中频率响应和幅频特性都得到了明确的定义。这样的分析对于确定电力系统中的共振频率和判断其稳定性非常有用。例如，通过分析电力系统

中的 z 域响应，可以确定是否存在频率响应增益峰值，从而预测系统的稳定性。

在电力系统中，离散信号经常用于实现数字控制算法，例如控制电力系统的电压和频率。这些算法通常使用 z 变换来分析控制律的性能和稳定性。通过将控制律转换为 z 域，可以轻松地评估其响应特性并调整控制器参数，以改进控制系统的性能。

习　题

4.1　求下列函数的 z 变换，并说明收敛域。

(1) $x(n)=\begin{cases} 2 & 0 \leqslant n \leqslant N-1 \\ 0 & \text{其余的 } n \end{cases}$　　　　(2) $x(n)=3\delta(n-2)+2\delta(n-5)$

(3) $x(n)=(0.5)^n \varepsilon(n)$　　　　　　　(4) $x(n)=0.5n\varepsilon(n)$

(5) $x(n)=n\mathrm{e}^{an}\varepsilon(n)$　　　　　　　(6) $x(n)=\mathrm{e}^{an}\cos(n\theta)\varepsilon(n)$

(7) $x(n)=(0.5)^{|n|}$

4.2　已知 $X(z)=\dfrac{-3z^{-1}}{2-5z^{-1}+2z^{-2}}$，按下面条件求：

(1) 绘出 $X(z)$ 的零、极点图；　　　　(2) $x(n)$ 是左边序列，收敛域为何？

(3) $x(n)$ 是右边序列，收敛域为何？　　(4) $x(n)$ 是双边序列，收敛域为何？

4.3　已知 $X(z)=\mathcal{Z}[x(n)]$，试证明：

(1) $x^*(n) \Leftrightarrow X^*(z^*)$　　　　　　　(2) $x(-n) \Leftrightarrow X(1/z)$

(3) $\mathrm{Re}[x(n)] \Leftrightarrow \dfrac{1}{2}[X(z)+X^*(z^*)]$　　(4) $\mathrm{Im}[x(n)] \Leftrightarrow \dfrac{1}{2\mathrm{j}}[X(z)-X^*(z^*)]$

(5) $\mathcal{Z}[a^n x(n)]=X\left(\dfrac{z}{a}\right)$　　　　　(6) $\mathcal{Z}[\mathrm{e}^{-an}x(n)]=X(\mathrm{e}^a z)$

4.4　按指定方法，求下列各题的 z 反变换。

(1) 长除法：$X(z)=\dfrac{z^2}{(4-z)\left(z-\dfrac{1}{4}\right)}$，$(0.25<|z|<4)$

(2) 部分分式法：$X(z)=\dfrac{3}{z-\dfrac{1}{4}-\dfrac{1}{8}z^{-1}}$，$x(n)$ 为右边序列

(3) 围线积分法：$X(z)=\dfrac{z}{(z-2)(z-1)^2}$，$(|z|>2)$

4.5　利用三种方法求 $X(z)$ 的 z 反变换。

$$X(z)=\dfrac{10z}{(z-2)(z-1)}, \quad (|z|>2)$$

4.6　求 $X(z)=z^{-1}+6z^{-4}-2z^{-7}$，$(|z|>0)$ 的 z 反变换。

4.7　利用卷积定理求 $y(n)=x(n)*h(n)$，已知：

(1) $x(n)=a^n\varepsilon(n)$，$h(n)=b^n\varepsilon(-n)$

(2) $x(n)=a^n\varepsilon(n)$，$h(n)=\delta(n-2)$

(3) $x(n)=a^n\varepsilon(n)$，$h(n)=b^{n-1}\varepsilon(n-1)$

4.8^*　证明（利用 z 变换性质或定理）：

(1) $[a^n f(n)] * [a^n g(n)] = a^n [f(n) * g(n)]$

(2) $n[f(n) * g(n)] = [nf(n)] * g(n) + f(n) * [ng(n)]$

(3) 若 $H(z) = \mathcal{Z}[h(n)]$，$X(z) = \mathcal{Z}[x(n)]$，则 $\mathcal{Z}\left[\sum\limits_{m=-\infty}^{\infty} h(m)x(m-n)\right] = H(z) \cdot$

$X\left(\dfrac{1}{z}\right)$

4.9^*　利用 z 域卷积定理求序列 $\mathrm{e}^{-bn} \sin(n\omega_0) \varepsilon(n)$ 的 z 变换。

4.10　求双边序列 $x(n) = a^{|n|}$ $(0 < a < 1)$ 的双边 z 变换及收敛域，画出序列及收敛域图形。

4.11　画出序列 $x(n) = \delta(n+1) + \delta(n) - \dfrac{1}{2}\delta(n-3)$ 的波形图，并求其 z 变换，指出收敛域。

4.12　判断下列各序列是否为周期序列，如果是则确定其周期。

(1) $x(n) = A\cos\left(\dfrac{3\pi}{7}n - \dfrac{\pi}{8}\right)$

(2) $x(n) = A\mathrm{e}^{\mathrm{j}\left(\frac{n}{8} - n\right)}$

(3) $x(n) = \cos(2n) + \sin(3n)$

4.13　已知 $X(z) = \ln(1 + a/2)$ $(|z| > |a|)$，试求 $X(z)$ 的 z 反变换。

4.14　设 $x(n)$ 是一个实偶序列，即 $x(n) = x(-n)$，同时 z_0 是 $X(z)$ 的一个零点，即 $X(z_0) = 0$。

(1) 证明：$X(1/z_0) = 0$

(2) $X(z)$ 还有其他零点吗？（仅根据上述已知信息）

第 5 章　离散时间系统的时域和 z 域分析

本章重点要求

（1）理解 LTI 离散系统的差分方程表达及求解。

（2）掌握用递推法和离散卷积法求解系统的响应。

（3）掌握离散系统的三大响应的概念和求解。

（4）理解 z 域系统函数的定义和求解方法。

（5）掌握离散系统的因果性和稳定性的定义以及判断方法。

（6）理解离散系统频率响应的定义、物理意义和几何表示法。

（7）理解离散时间系统的时域和 z 域分析。

（8）应用 MATLAB 进行离散时间系统的时域和 z 域分析。

思　考

LTI 离散时间系统时域分析方法的核心思想是什么？对离散时间系统，用什么变换分析方法可以将差分方程转换成代数方程分析求解？

5.1　线性时不变离散系统及其数学模型

5.1.1　离散时间系统

离散（时间）系统（discrete time system）就是输入、输出都是序列的系统。系统的功能是完成输入序列至输出序列的运算和变换。离散系统基本框图如图 5-1 所示，其中 $T[\cdot]$ 表示运算变换关系，即

$$y(n) = T[x(n)] \tag{5-1}$$

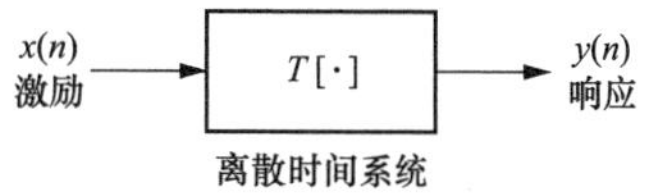

图 5-1　离散系统基本框图　　　　一般简记为

$$x(n) \rightarrow y(n)$$

与连续（时间）系统类似，离散（时间）系统响应也分为零状态响应（zero-state response）（系统处于零初始状态时对应的响应）、零输入响应（zero-inout response）（系统处于无激励时对应的响应）和全响应（total response）（系统处于既有初始状态又有激励时所对应的响应）。

按离散系统的性能，可分为线性（linear）、非线性（non-linear）、时变（time-variant）与时不变（time invariant）等类型。本书主要讨论线性时不变离散系统（linear time invariant discrete-time system）。

5.1.2　离散时间系统的描述

在连续时间系统中，输入输出信号均是连续时间变量的函数，描述其输入输出关系的数

学模型通常为微分方程，其中包含输入信号 $x(t)$、输出信号 $y(t)$ 及其各阶导数的线性组合。类似地，在离散时间系统中，其输入输出信号均是离散变量的函数，描述其输入序列 $x(n)$、输出序列 $y(n)$ 关系的数学模型通常为差分方程（difference equation），其中包含输入、输出序列 $x(n)$、$y(n)$ 及其各阶移位序列。

在离散时间系统中，基本运算关系是延时（移位）、乘系数、相加。因此它的基本单元是延时（移位）单元、乘系数单元、相加器等，如图 5-2 示。

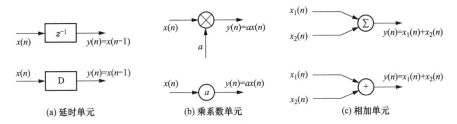

(a) 延时单元　　　　　　　　(b) 乘系数单元　　　　　　　(c) 相加单元

图 5-2　离散系统的基本单元

一般情况下，线性时不变离散时间系统可以用常系数线性差分方程来描述。例如图 5-3 所示的离散系统可以用下面的常系数线性差分方程表示：

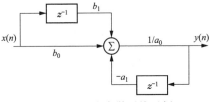

$$y(n)=\frac{1}{a_0}[b_0x(n)+b_1x(n-1)-a_1y(n-1)]$$

线性时不变离散系统的差分方程的一般形式为

图 5-3　一个离散系统示例

$$\sum_{k=0}^{N}a_ky(n-k)=\sum_{r=0}^{M}b_rx(n-r) \tag{5-2}$$

式中，a_k、b_r 为相应各项系数。未知序列移序的最大值与最小值之差称为此差分方程的阶次，故式（5-2）为 N 阶差分方程。

5.2　离散时间系统的时域分析

离散系统分析是在已知系统的初始状态和输入激励信号的条件下，求解系统的输出响应，一般分为时域分析和 z 域分析。本节主要介绍时域分析中的递推法与离散卷积法。还有一种差分方程的时域经典求解方法，与求解连续系统的微分方程的时域经典法类似，即先求出齐次方程的解与特解，然后代入初始条件求待定系数得出完全解。这种方法较繁琐，目前已被 z 变换方法取代，此处就不做介绍了。

5.2.1　递推法

一个线性时不变离散系统可以用一个 N 阶的差分方程来表示，如式（5-2）。它的物理意义为某一时刻的输出 $y(n)$，可以由当时的输入 $x(n)$ 及前 M 个时刻的输入值 $x(n-1)\sim x(n-M)$ 和前 N 个时刻的输出值 $y(n-1)\sim y(n-N)$ 来求出，也即系统的现时输出与过去的历史状态有关，它们之间存在着递推或迭代关系，因此可以采用递推方法求解差分方程。

【例 5-1】用递推法求由一阶差分方程 $y(n)-ay(n-1)=x(n)$ 表示的离散系统的输出响应序列，设系统初始条件为：$n<0$，$y(n)=0$，输入 $x(n)=\delta(n)$ 为单位抽样序列。

解： 由给定的初始条件及已知输入激励进行递推求解。

$$y(n)-ay(n-1)=x(n)$$

$n=0$ $y(0)=ay(-1)+x(0)=x(0)=1$

$n=1$ $y(1)=ay(0)+x(1)=ay(0)=a$

$n=2$ $y(2)=ay(1)+x(2)=a \cdot a=a^2$

$n=3$ $y(3)=ay(2)+x(3)=a \cdot a^2=a^3$

$$\vdots$$

依此类推下去，可知

$$y(n)=a^n\varepsilon(n)$$

此处，$y(n)$ 是在初始状态为零时，系统在单位抽样序列的作用下的输出响应，称为系统的单位抽样响应，记作 $h(n)$。

递推法非常直观地说明了一个离散系统的工作过程，即它的实现原理，说明了其输入序列 $x(n)$ 的数据流如何依次进入系统进行运算并逐个得出输出序列 $y(n)$ 的，这种运算包括了延时、相加、乘系数等基本运算步骤，可以用基本单元构成的方框图来形象地表示这种过程。图 5-4 为例 5-1 的差分方程所代表的离散系统框图。某一离散时刻 n 所对应的输入序列 $x(n)$、输出序列 $y(n)$ 经过延时单元 z^{-1} 后得到前一时刻的输出序列 $y(n-1)$，经乘系数 a 后得 $ay(n-1)$，然后与 $x(n)$ 经加法器相加后，即得到当时的输出序列值 $y(n)$。框图也说明了组成一个离散系统所需要的基本运算单元是延时器、乘法器及加法器。总之递推法的原理正是离散系统在数字计算机或数字系统中实现的基本原理。

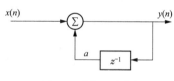

图 5-4　例 5-1 框图

递推法可以求出在任意初始状态及任意输入序列下的输出响应，但其缺点是在一般情况下，不易得出一个闭式解答，只能得到数值解，因此不便于对系统做深入地分析。关于差分方程的一般求解方法还可用变换域法，下一节会继续讨论变换域法求解差分方程的方法。

5.2.2　离散卷积法

在离散时间系统中，可以采用离散卷积法来求系统的零状态响应，其原理是先把输入激励序列分解为许多具有不同延时和加权的单位抽样序列之和，然后求每一抽样序列单独作用的解，最后再叠加出系统对输入序列的总的响应。因为离散量的叠加无须积分，叠加过程表现为求和，故称为离散卷积和，简称离散卷积（discrete convolution）。

1. 离散卷积的推导

与连续系统卷积的思路相似，对于离散系统，首先将输入序列分解，即任意激励信号 $x(n)$ 可以表示为单位抽样序列加权取和的形式

$$x(n)=\sum_{m=-\infty}^{\infty} x(m)\delta(n-m) \tag{5-3}$$

设系统处于零状态下，其对单位抽样序列 $\delta(n)$ 激励下的响应为 $h(n)$，由时不变特性可知，对 $\delta(n-m)$ 的响应就是 $h(n)$ 的移序即 $h(n-m)$，再由线性系统的齐次性可知，对 $x(m)\delta(n-m)$ 的响应为 $x(m)h(n-m)$，最后根据叠加性得到系统对由这些分序列合成的输入序列 $x(n)$ 的输出响应 $y(n)$ 为

$$y(n) = \sum_{m=-\infty}^{\infty} x(m)h(n-m) \tag{5-4}$$

式（5-4）称为离散卷积和，它表征了系统响应 $y(n)$ 与 $x(n)$ 和单位抽样响应 $h(n)$ 之间的关系，$y(n)$ 是 $x(n)$ 与 $h(n)$ 的卷积，简记为

$$y(n) = x(n) * h(n) \tag{5-5}$$

对式（5-4）作简单的变量置换可得

$$y(n) = \sum_{m=-\infty}^{\infty} h(m)x(n-m) = h(n) * x(n) \tag{5-6}$$

这说明卷积的次序可以互换，符合交换律，很容易证明离散卷积的代数运算与连续卷积的运算规则相似，也服从分配律与结合律，即

$$x(n) * [h_1(n) + h_2(n)] = x(n) * h_1(n) + x(n) * h_2(n) \quad\text{（分配律）} \tag{5-7}$$

$$[x(n) * h_1(n)] * h_2(n) = x(n) * [h_1(n) * h_2(n)] \quad\text{（结合律）} \tag{5-8}$$

在连续时间系统中，$\delta(t)$ 与 $f(t)$ 的卷积仍等于 $f(t)$，类似地，在离散时间系统中也有

$$x(n) = x(n) * \delta(n) \tag{5-9}$$

式（5-9）说明序列与单位抽样序列的离散卷积仍为序列自身。

2. 离散卷积的计算

按定义式求解卷积的过程仍可分解为变量置换、反褶、平移、相乘、求和等步骤。离散卷积图解说明如图 5-5 所示，先对图 5-5(a) 中两序列 $x(n)$、$h(n)$ 作变量置换，将 n 置换为 m，然后对不同 n 值求卷积值。图 5-5(b) 中当 $n=0$ 时，$x(n)$ 与 $h(0-m)$ 相乘求和，$h(0-m)$ 即 $h(-m)$，在图形上相当于 $h(m)$ 的图形对纵坐标反褶，此时只在 $m=0$ 处图形有重叠，相乘后有值，其他处均为零，故得 $y(n) = 1/2$。图 5-5(c) 中当 $n=1$ 时，$x(m)$ 与 $h(1-m)$ 相乘求和，而 $h(1-m)$ 在图形上相当于 $h(-m)$ 向右移一位，图形中有两处非零值重叠，将其相乘后求和，得 $y(1) = 1/2 \times 1 + 1/2 \times 1 = 1$。如此类推至图 5-5(d) 中当 $n=9$ 时，$x(m)$ 与 $h(9-m)$ 相乘，仅在 $m=4$ 处有一非零值重叠，得 $y(9) = 1/2$。当 $n=10$ 后，$h(10-m)$ 与 $x(m)$ 已无非零值重叠，故相乘求和为零，即卷积值均为零。最后可得 $y(n) = x(n) * h(n)$ 的图形如图 5-5 中（e）所示。

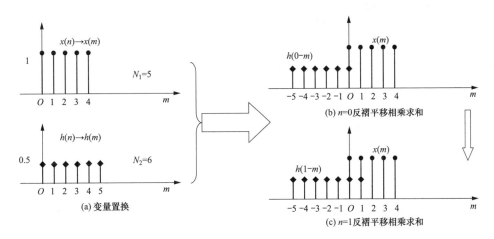

图 5-5　离散卷积图解说明

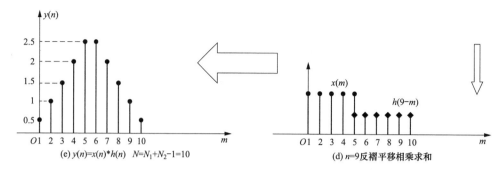

图 5-5　离散卷积图解说明（续）

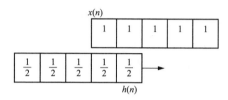

图 5-6　方格平移法求卷积

根据上述原理在具体计算时，可以将 $x(n)$ 与 $h(n)$ 分别写在两张纸条上，$x(n)$ 按序号从左向右写，$h(n)$ 则从右向左写，将两纸条相对移位，每移位一格求两纸条各重叠处序列值的乘积并求和得出一个卷积值，直至无重叠为止，此为方格平移法求卷积，如图 5-6 所示。

以上方法适于求短序列的卷积，当序列较长时，这种方法的工作量太大。对于有规律性的长序列卷积运算，可以直接代入式（5-4）中求闭式解。下面举例说明。

【例 5-2】 某系统的单位抽样响应为 $h(n)=a^n\varepsilon(n)$，其中 $0<a<1$。若激励信号为 $x(n)=\varepsilon(n)-\varepsilon(n-N)$，试求响应 $y(n)$。

解： 由式（5-4）可知

$$y(n)=\sum_{m=-\infty}^{\infty}x(m)h(n-m)=\sum_{m=-\infty}^{\infty}\left[\varepsilon(m)-\varepsilon(m-N)\right]a^{n-m}\varepsilon(n-m)$$

图 5-7 中示出了 $x(n)$、$h(n)$ 序列的图形，为求卷积和，同时绘出了 $x(m)$ 及对应的某几个 n 值的 $h(n-m)$。由图 5-7 可看出，在 $n<0$ 的条件下，$h(n-m)$ 与 $x(m)$ 相乘，处处为零，即 $n<0$ 时，$y(n)=0$。而当 $0\leqslant n\leqslant N-1$ 时，从 $m=0$ 到 $m=n$ 的范围内 $h(n-m)$ 与 $x(m)$ 有交叠相乘而得的非零值，故

$$y(n)=\sum_{m=0}^{n}a^{n-m}=a^n\sum_{m=0}^{n}a^{-m}=a^n\,\frac{1-a^{-(n+1)}}{1-a^{-1}}\qquad(0\leqslant n\leqslant N-1)$$

对于 $n>N-1$，交叠相乘的非零值从 0 到 $N-1$，因此

$$y(n)=\sum_{m=0}^{N-1}a^{n-m}=a^n\sum_{m=0}^{N-1}a^{-m}=a^n\,\frac{1-a^{-N}}{1-a^{-1}}\qquad(n\geqslant N-1)$$

图 5-7（c）中绘出了响应 $y(n)$。将上面解的形式完整写出为

$$y(n)=\begin{cases}0 & (n<0)\\[2mm] a^n\,\dfrac{1-a^{-(n+1)}}{1-a^{-1}} & (0\leqslant n\leqslant N-1)\\[3mm] a^n\,\dfrac{1-a^{-N}}{1-a^{-1}} & (n>N-1)\end{cases}$$

以上的讨论着重说明了求卷积和的原理。表 5-1 列出了常用因果序列的离散卷积和，一些比较复杂的卷积运算可以通过查表解决。

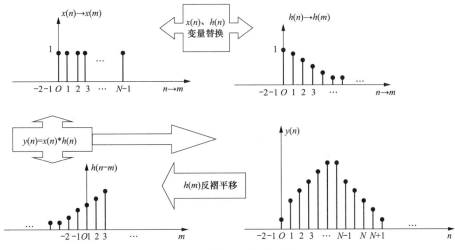

图 5-7　例 5-2 的示意图

　　用离散卷积法求离散系统输出响应需先求出系统的零状态响应 $h(n)$。一般求 $h(n)$ 可以由已知系统的差分方程用时域法求出，与求解连续系统的微分方程类似，但较为方便的还是通过求离散系统的系统函数 $H(z)$ 的 z 反变换求得，即 $h(n)=\mathcal{Z}^{-1}[H(z)]$，下一节将着重介绍。

　　离散卷积与连续卷积在系统分析中的地位不同，连续卷积在模拟系统中的地位主要是理论上的应用，而离散卷积不仅可用于离散系统，而且可对模拟系统中卷积积分进行数值计算，在理论上有着极为重要的作用，同时也可以在计算机上快速实现，因此在实际的应用中也有着重要的地位，为时域离散系统的实现提供了一条新的途径。

表 5-1 　　　　　　　　　　　　　常用因果序列的离散卷积和

序号	$x_1(n)$	$x_2(n)$	$x_1(n) * x_2(n) = x_2(n) * x_1(n)$
1	$\delta(n)$	$x(n)$	$x(n)$
2	a^n	$\varepsilon(n)$	$\dfrac{1-a^{n+1}}{1-a}$
3	$\varepsilon(n)$	$\varepsilon(n)$	$n+1$
4	a_1^n	a_2^n	$\dfrac{a_1^{n+1}-a_2^{n+1}}{a_1-a_2}\quad(a_1\neq a_2)$
5	a^n	a^n	$(n+1)\,a^n$
6	a^n	n	$\dfrac{n}{1-a}+\dfrac{a(a^n-1)}{(1-a)^2}$
7	n	n	$\dfrac{1}{6}(n-1)\,n(n+1)$
8	$a_1^n\cos(n\omega_0+\theta)$	a_2^n	$\dfrac{a_1^{n+1}\cos[\omega_0\,(n+1)+\theta-\varphi]-a_2^{n+1}\cos(\theta-\varphi)}{\sqrt{a_1^2-a_2^2-2a_1a_2\cos\omega_0}}$ $\left(\text{其中：}\varphi=\arctan\left[\dfrac{a_1\sin\omega_0}{a_1\cos\omega_0-a_2}\right]\right)$

5.3　离散时间系统的 z 域分析

5.2 节介绍了离散系统时域分析的基本方法，主要讨论了如何求解差分方程及离散卷积。

在连续时间系统分析中，为了避开求解微分方程的困难，可以通过傅里叶变换或拉氏变换把问题从时间域转化到变换域进行分析，从而把解线性微分方程的问题转化为求解线性代数方程的问题。同样，在离散时间系统分析中，为避免求解解差分方程的困难，也可以通过 z 变换的方法，把信号从离散时间域变换到 z 域，从而把求解线性差分方程的问题变为求解线性代数方程的问题。可以注意到，对于离散系统，无论在时域分析上还是在变换域分析上，其与连续系统都有很多相似之处。本节将着重讨论应用 z 变换分析离散时间系统的方法——变换域法（transform domain method）。同时，讨论离散时间系统的系统函数及频率响应的特点。

5.3.1　差分方程的 z 域分析解法

下面介绍的利用 z 变换求解差分方程获得系统响应的方法，因考虑到实际的情况中激励和响应一般都是有始序列，所以所采用的 z 变换均指单边 z 变换。

利用 z 变换求解差分方程主要是利用 z 变换的线性性质、位移性质等性质，将差分方程转化为代数方程，从而使求解过程简化。

线性时不变离散系统的差分方程的一般形式是

$$\sum_{k=0}^{N} a_k y(n-k) = \sum_{r=0}^{M} b_r x(n-r) \tag{5-10}$$

将式（5-10）两边取单边 z 变换，并利用 z 变换的位移性质可以得到

$$\sum_{k=0}^{N} a_k z^{-k}\left[Y(z) + \sum_{l=-k}^{-1} y(l)z^{-l}\right] = \sum_{r=0}^{M} b_r z^{-r}\left[X(z) + \sum_{m=-r}^{-1} x(m)z^{-m}\right] \tag{5-11}$$

1. 零输入响应

若激励信号 $x(n)=0$，则系统处于零输入状态，此时差分方程式（5-10）变成了以下齐次方程：

$$\sum_{k=0}^{N} a_k y(n-k) = 0 \tag{5-12}$$

而式（5-11）则变为

$$\sum_{k=0}^{N} a_k z^{-k}\left[Y(z) + \sum_{l=-k}^{-1} y(l)z^{-l}\right] = 0 \tag{5-13}$$

于是

$$Y(z) = -\frac{\sum\limits_{k=0}^{N}\left[a_k z^{-k} \cdot \sum\limits_{l=-k}^{-1} y(l)z^{-l}\right]}{\sum\limits_{k=0}^{N} a_k z^{-k}} \tag{5-14}$$

对应的响应序列是式（5-14）的 z 反变换，即

$$y_{zi}(n) = \mathcal{Z}^{-1}\left[Y(z)\right]$$

为零输入响应，是由系统的初始状态 $y(l)$（$-N \leqslant l \leqslant -1$）所引起的。

2. 零状态响应

若系统的初始状态 $y(l)=0 (-N \leqslant l \leqslant -1)$，即系统处于零初始状态，此时式（5-11）变为

$$\sum_{k=0}^{N} a_k z^{-k} Y(z) = \sum_{r=0}^{M} b_r z^{-r}\left[X(z) + \sum_{m=-r}^{-1} x(m)z^{-m}\right] \tag{5-15}$$

如果激励信号 $x(n)$ 又为因果序列，则式（5-15）可以写成

$$\sum_{k=0}^{N} a_k z^{-k} Y(z) = \sum_{r=0}^{M} b_r z^{-r} X(z) \tag{5-16}$$

于是

$$Y(z) = X(z) \frac{\displaystyle\sum_{r=0}^{M} b_r z^{-r}}{\displaystyle\sum_{k=0}^{N} a_k z^{-k}} \tag{5-17}$$

令

$$H(z) = \frac{Y(z)}{X(z)} = \frac{\displaystyle\sum_{r=0}^{M} b_r z^{-r}}{\displaystyle\sum_{k=0}^{N} a_k z^{-k}} \tag{5-18}$$

则

$$Y(z) = X(z) \cdot H(z)$$

此时对应的响应序列为

$$y_{zs}(n) = \mathscr{Z}^{-1}[Y(z)] = \mathscr{Z}^{-1}[X(z) \cdot H(z)] \tag{5-19}$$

为系统的零状态响应，它完全是由激励信号 $x(n)$ 而产生的。这里所引入的 z 变换式 $H(z)$ 是由系统的特性所决定的，也称为系统函数（system function）或传递函数（transfer function），后面还会详细讨论。

3. 全响应

若激励信号 $x(n)$ 及系统的初始状态 $y(l)$ $(-N \leqslant l \leqslant -1)$ 均存在，则系统为全响应状态。求离散系统的全响应可以在分别求出了零输入响应和零状态响应后，将二者相加得到

$$y(n) = y_{zi}(n) + y_{zs}(n) \tag{5-20}$$

对于连续时间系统，应用拉氏变换求解系统响应，可以一次求出全响应，而不必分别求零输入和零状态响应。类似地，对于离散时间系统也可以应用 z 变换法，一次性求出全响应。下面通过例题的求解来说明。

【例 5-3】一个离散系统的差分方程为 $y(n) - by(n-1) = x(n)$。若激励 $x(n) = a^n \varepsilon(n)$，初始值 $y(-1) = 0$，求响应 $y(n)$。

解：对差分方程两边取单边 z 变换可得

$$Y(z) - bz^{-1}Y(z) - by(-1) = X(z)$$

因为 $y(-1) = 0$，所以

$$Y(z) - bz^{-1}Y(z) = X(z)$$

$$Y(z) = \frac{X(z)}{1 - bz^{-1}}$$

已知 $x(n) = a^n \varepsilon(n)$ 的 z 变换为

$$X(z) = \frac{z}{z-a} \qquad (|z| > |a|)$$

于是

$$Y(z) = \frac{z^2}{(z-a)(z-b)}$$

其极点位于 $z=a$ 及 $z=b$，利用部分分式展开上式可得

$$Y(z) = \frac{1}{a-b}\left(\frac{az}{z-a} - \frac{bz}{z-b}\right)$$

进行 z 反变换，得到的响应为

$$y(n) = \frac{1}{a-b}(a^{n+1} - b^{n+1})\varepsilon(n)$$

由于该系统处于零状态，所以系统的全响应就是零状态响应。

【例 5-4】 一个离散系统施加单位阶跃序列后，由如下差分方程描述：

$$y(n+2) - 5y(n+1) + 6y(n) = \varepsilon(n)$$

其在施加激励之前的初始状态为 $y_{zi}(0)=0$，$y_{zi}(1)=3$，求系统的响应。

解一： 首先求零输入响应 $y_{zi}(n)=0$。按照前面讨论的步骤，首先对齐次差分方程

$$y(n+2)-5y(n+1)+6y(n)=0$$

两边 z 变换，得

$$z^2 Y_{zi}(z) - z^2 y_{zi}(0) - z y_{zi}(1) - 5z Y_{zi}(z) + 5z y_{zi}(0) + 6Y_{zi}(z) = 0$$

代入 $y_{zi}(0)$、$y_{zi}(1)$ 的值，解得

$$Y_{zi}(z) = \frac{z^2 y_{zi}(0) + z y_{zi}(1) - 5z y_{zi}(0)}{z^2 - 5z + 6} = \frac{3z}{(z-3)(z-2)} = 3\left(\frac{z}{z-3} - \frac{z}{z-2}\right)$$

由 z 反变换，得

$$y_{zi}(n) = 3(3^n - 2^n)\varepsilon(n)$$

再求零状态响应 $y_{zs}(n)$。

其激励序列的 z 变换，有

$$\mathcal{Z}[\varepsilon(n)] = \frac{z}{z-1} = X(z)$$

再由式（5-18），求系统函数 $H(z)$ 为

$$H(z) = \frac{1}{z^2 - 5z + 6}$$

零状态响应 $Y_{zs}(z)$ 为

$$Y_{zs}(z) = H(z) \cdot X(z) = \frac{z}{(z-1)(z^2 - 5z + 6)}$$

$$= \frac{z}{(z-1)(z-2)(z-3)} = \frac{1}{2}\frac{z}{z-1} - \frac{z}{z-2} + \frac{1}{2}\frac{z}{z-3}$$

所以

$$y_{zs}(n) = \mathcal{Z}^{-1}[Y_{zs}(z)] = \left[\frac{1}{2} - 2^n + \frac{1}{2} \cdot 3^n\right]\varepsilon(n)$$

系统的全响应为

$$y(n) = y_{zi}(n) + y_{zs}(n) = \left[\frac{1}{2} - 2^{n+2} + \frac{7}{2} \cdot 3^n\right]\varepsilon(n)$$

解二： 直接用 z 变换求全响应。直接对差分方程两边进行 z 变换得

$$z^2 Y(z) - z^2 y(0) - z y(1) - 5z Y(z) + 5z y(0) + 6Y(z) = \mathcal{Z}[\varepsilon(n)]$$

$$(z^2 - 5z + 6)Y(z) - z^2 y_{zi}(0) - z y_{zi}(1) + 5z y_{zi}(0) = \frac{z}{z-1}$$

$$(z^2 - 5z + 6)Y(z) - 3z = \frac{z}{z-1}$$

$$Y(z) = \frac{3z^2 - 2z}{(z-1)(z^2 - 5z + 6)} = \frac{z(3z-2)}{(z-1)(z-2)(z-6)} = \frac{1}{2}\frac{z}{z-1} - \frac{4z}{z-2} + \frac{7}{2}\frac{z}{z-3}$$

所以

$$y(n) = \left[\frac{1}{2} - 2^{n+2} + \frac{7}{2} \cdot 3^n\right]\varepsilon(n)$$

5.3.2　离散时间系统的系统函数

1. 系统函数

一个线性时不变离散系统可由下面的常系数线性差分方程描述：

$$\sum_{k=0}^{N} a_k y(n-k) = \sum_{r=0}^{M} b_r x(n-r)$$

若激励 $x(n)$ 是因果序列，且系统处于零状态，此时对上式进行 z 变换可得

$$Y(z) \cdot \sum_{k=0}^{N} a_k z^{-k} = X(z) \cdot \sum_{r=0}^{M} b_r z^{-r}$$

于是

$$H(z) = \frac{Y(z)}{X(z)} = \frac{\displaystyle\sum_{r=0}^{M} b_r z^{-r}}{\displaystyle\sum_{k=0}^{N} a_k z^{-k}} \tag{5-21}$$

式中，$H(z)$ 称为离散系统的系统函数，它是系统的零状态响应与激励的 z 变换的比值。

$H(z)$ 的分子、分母多项式经因式分解可改写为

$$H(z) = \frac{H_0 \displaystyle\prod_{r=1}^{M}(z - z_r)}{\displaystyle\prod_{k=1}^{N}(z - p_k)} \tag{5-22}$$

式中，z_r 是 $H(z)$ 的零点；p_k 是 $H(z)$ 的极点，它们由差分方程的系数 a_k 与 b_r 决定。

由式（5-22）可见，如果不考虑常数因子 H_0，那么由极点 p_k 和零点 z_r 就完全可以确定系统函数 $H(z)$。也就是说，根据极点 p_k 和零点 z_r 就可以确定系统的特性，如系统的时域特性、系统的稳定性等。

2. 零点和极点分布与离散系统的时域特性

由于系统函数 $H(z)$ 与单位抽样响应 $h(n)$ 是一对 z 变换：

$$H(z) = \mathcal{Z}[h(n)] \tag{5-23}$$

$$h(n) = \mathcal{Z}^{-1}[H(z)] \tag{5-24}$$

所以，完全可以从 $H(z)$ 的零极点的分布情况，确定单位抽样响应 $h(n)$ 的性质。

根据 $H(z)$ 和 $h(n)$ 的对应关系，如果把 $H(z)$ 展开为部分分式

$$H(z) = \sum_{k=0}^{N} \frac{A_i z}{z - p_i} \tag{5-25}$$

那么 $H(z)$ 的每个极点将对应一项时间序列，即

$$h(n) = \mathcal{Z}^{-1}\left[\sum_{k=0}^{N} \frac{A_i z}{z - p_i}\right] = \sum_{i=0}^{N} A_i p_i^n \varepsilon(n) \tag{5-26}$$

如果式（5-26）中 $p_0 = 0$，则

$$h(n) = A_0\delta(n) + \sum_{i=0}^{N} A_i p_i^n \varepsilon(n) \tag{5-27}$$

式（5-27）中的极点 p_i 可能为实数，也可能是成对出现的共轭复数。由式（5-27）可知，单位抽样响应 $h(n)$ 的时间特性取决于 $H(z)$ 的极点，幅值由系统 A_i 决定，A_i 与 $H(z)$ 的零点分布有关。系统函数 $H(z)$ 的极点决定单位抽样响应 $h(n)$ 的函数形式，而零点只影响 $h(n)$ 的幅值与相位。

系统函数 $H(z)$ 的极点处于 z 平面的不同位置将对应单位抽样响应 $h(n)$ 的不同的函数形式，如图 5-8 所示。

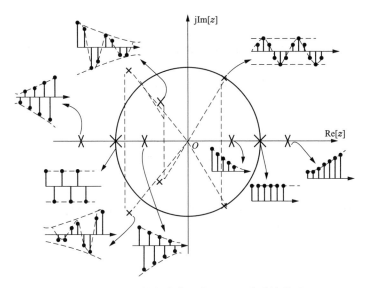

图 5-8　$H(z)$ 的极点位置与 $h(n)$ 波形的关系

（1）当 p_i 为实数时，分为以下两种情况。①$p_i > 0$，$h(n)$ 恒为正值，具体细分为：$p_i > 1$，$h(n)$ 单调递增；$p_i = 1$，$h(n)$ 恒定不变；$p_i < 1$，$h(n)$ 单调递减。②$p_i < 0$，$h(n)$ 正负交替变化，具体细分为：$p_i > -1$，$h(n)$ 正负交替递减；$p_i = -1$，$h(n)$ 正负交替变化，但幅度不变；$p_i < -1$，$h(n)$ 正负交替递增。

（2）p_i 为复数时，一对共轭复数极点对应于 $h(n)$ 的一项为振幅按 $|p_i|^n$ 规律变化的正弦项。例如，共轭复数极点 $p_{1,2} = \rho e^{\pm j\varphi}$，相应的单位函数响应为

$$(p_1)^n + (p_2)^n = \rho^n(e^{jn\varphi} + e^{-jn\varphi}) = 2\rho\cos(n\varphi)$$

①$|\rho| < 1$，按正弦规律衰减振荡；②$|\rho| = 1$，按正弦规律等幅振荡；③$|\rho| > 1$，按正弦规律递增振荡。

5.4　离散时间系统的因果性和稳定性

从离散时间系统卷积分析中可知，单位抽样响应 $h(n)$ 表征了系统自身的性能，因此，在时域分析中可以根据 $h(n)$ 来判断系统的某些要特性，如因果性（causality）、稳定性

(stability)，以此区分因果系统（causal system）与非因果系统（non-causal system），稳定系统（stable system）与非稳定系统（non-stable system）。

5.4.1　因果系统与稳定系统

所谓因果系统，就是输出变化不领先于输入变化的系统。也即输出响应 $y(n)$ 只取决于此时、以及此时之前的激励，即 $x(n)$，$x(n-1)$，$x(n-2)$，…。如果 $y(n)$ 不仅取决于当前及过去的输入，而且还取决于未来的输入 $x(n+1)$，$x(n+2)$，…，那么在时间上违反了因果关系，因而是非因果系统，即是物理上不可实现的系统。

线性时不变离散系统满足因果系统的充分必要条件是

$$h(n)=0 \qquad (n<0) \tag{5-28}$$

或

$$h(n)=h(n)\varepsilon(n) \tag{5-29}$$

即 $h(n)$ 为因果序列。

稳定系统是输入有界，输出必有界的系统。对于离散时间系统，稳定系统的充分必要条件是单位抽样响应绝对可加，即

$$\sum_{n=-\infty}^{\infty} |h(n)| \leqslant M \tag{5-30}$$

式中，M 为有界正值。

满足因果条件又满足稳定条件的离散系统是主要研究的系统，这种系统的单位抽样响应 $h(n)$ 是单边且有界的序列，即

$$\begin{cases} h(n)=h(n)\varepsilon(n) \\ \sum_{n=-\infty}^{\infty} |h(n)| \leqslant M \end{cases} \tag{5-31}$$

稳定的因果系统是物理可实现的且具有实际工程意义的系统，是所有系统设计的目标。下面举一个简单的例子来说明：若某系统的单位抽样响应 $h(n)=a^n\varepsilon(n)$，则由因果性定义很容易判断它是因果系统，因为当 $n<0$ 时 $h(n)=0$。但稳定性的确定与 a 的数值有关，若 $|a|<1$，则 $\sum_{n=-\infty}^{\infty} |a|^n = \frac{1}{1-|a|} \leqslant M$ 收敛，系统是稳定的；若 $|a|>1$，则该几何级数发散，系统为非稳定的。

5.4.2　系统函数与系统的因果性和稳定性

5.4.1节从时域特性研究了离散时间系统的稳定性和因果性，现在从 z 域特征考察离散系统的稳定性与因果特性。

离散系统满足因果系统的充分必要条件是单位抽样响应 $h(n)$ 为因果序列，由于因果序列 z 变换的收敛域为 $|z|>R$，因此，如果系统函数的收敛域具有 $|z|>R$ 的形式，则单位抽样响应是因果序列，即该离散系统是因果系统。离散系统因果性的充分必要条件是系统函数 $H(z)$ 的收敛域为

$$R<|z| \leqslant \infty \tag{5-32}$$

式中，R 为非负实数，即系统函数 $H(z)$ 的收敛域为半径有限的圆外区域。也就是说，因果系统的系统函数 $H(z)$ 的极点分布在 z 平面上一个半径有限的圆内。

离散系统为稳定系统的充分必要条件是单位抽样响应 $h(n)$ 绝对可加，即

$$\sum_{n=-\infty}^{\infty} \mid h(n) \mid \leqslant M$$

式中，M 为有限正值，因此上式也可写成

$$\sum_{n=-\infty}^{\infty} \mid h(n) \mid < \infty \tag{5-33}$$

由 z 变换定义和系统函数定义可知

$$H(z) = \sum_{n=-\infty}^{\infty} h(n) z^{-n} \tag{5-34}$$

当 $\mid z \mid = 1$ 时，即在 z 平面单位圆上时，因

$$\mid H(z) \mid = \Big[\sum_{n=-\infty}^{\infty} \mid h(n) \mid \mid z \mid^{-n} \Big]_{|z|=1} = \sum_{n=-\infty}^{\infty} \mid h(n) \mid \tag{5-35}$$

为使系统稳定应满足

$$\sum_{n=-\infty}^{\infty} \mid h(n) \mid < \infty \tag{5-36}$$

式 (5-36) 表明，对于稳定系统，要求 $h(n)$ 序列绝对可加也就是要求其 z 变换 $H(z)$ 在单位圆 $\mid z \mid = 1$ 上收敛，即单位圆在系统函数 $H(z)$ 的收敛域内。因此，离散系统为稳定系统的必要条件是系统函数 $H(z)$ 的收敛域包含单位圆。

如果系统是因果的，那么稳定性的条件是系统函数 $H(z)$ 的收敛域是包含单位圆在内的某个圆的外部，由于收敛域中不能包含极点，因此 $H(z)$ 的所有极点都应该在单位圆内。

在实际问题中经常遇到的因果稳定系统应同时满足以上两方面的条件，也即

$$\begin{cases} R < \mid z \mid \leqslant \infty \\ R < 1 \end{cases} \tag{5-37}$$

此时，系统函数 $H(z)$ 的全部极点应落在单位圆内。

下面通过例题对离散时间系统的因果性和稳定性作进一步说明。

【例 5-5】 某离散系统的差分方程为

$$y(n) + 0.2y(n-1) - 0.24y(n-2) = x(n) + x(n-1)$$

(1) 求系统函数 $H(z)$；(2) 讨论此因果系统的 $H(z)$ 收敛域及稳定性；(3) 求单位抽样响应；(4) 当激励为 $x(n) = \varepsilon(n)$ 时，求系统的零状态响应 $y(n)$。

解： (1) 将差分方程两边取 z 变换，得

$$Y(z) + 0.2z^{-1}Y(z) - 0.24z^{-2}Y(z) = X(z) + z^{-1}X(z)$$

于是有

$$H(z) = \frac{Y(z)}{X(z)} = \frac{1 + z^{-1}}{1 + 0.2z^{-1} - 0.2z^{-2}} = \frac{z(z+1)}{(z-0.4)(z+0.6)}$$

(2) $H(z)$ 的两个极点分别为 $p_1 = 0.4$，$p_2 = -0.6$，都位于单位圆内，则此因果系统的收敛域 $\mid z \mid > 0.6$，且包含 $z = \infty$ 点，因此该因果系统是一个稳定的因果系统。

(3) 将 $H(z)/z$ 展成部分分式，得

$$H(z) = \frac{1.4z}{z - 0.4} - \frac{0.4z}{z + 0.6} \qquad (\mid z \mid > 0.6)$$

取 z 反变换，得单位抽样响应为

$$h(n) = [1.4(0.4)^n - 0.4(-0.6)^n] \varepsilon(n)$$

（4）若激励为 $x(n) = \varepsilon(n)$，即为单位阶跃序列，则

$$X(z) = \frac{z}{z-1} \qquad (\mid z \mid > 1)$$

于是

$$Y(z) = H(z) \cdot X(z) = \frac{z^2(z+1)}{(z-0.4)(z+0.6)(z-1)}$$

将 $Y(z)/z$ 展开成部分分式，得到 $Y(z)$ 为

$$Y(z) = \frac{2.08z}{z-1} - \frac{0.93z}{z-0.4} - \frac{0.15z}{z+0.6}$$

取 z 反变换后，得到 $y(n)$（零状态响应）为

$$y(n) = [2.08 - 0.93(0.4)^n - 0.15(-0.6)^n] \varepsilon(n)$$

5.5　离散时间系统的频率响应

5.5.1　序列的傅里叶变换

运用 z 变换或通过对序列的傅里叶变换，可以研究离散信号的频域特性。

单位圆上的 z 变换就是序列的傅里叶变换 $X(\mathrm{e}^{j\omega})$，又称为离散时间傅里叶变换（Discrete Time Fourier Transform，DTFT），即

$$X(z) \mid_{z=\mathrm{e}^{j\omega}} = X(\mathrm{e}^{j\omega}) = \sum_{n=-\infty}^{\infty} x(n) \mathrm{e}^{-jn\omega} \tag{5-38}$$

从式（5-38）可知，序列 $x(n)$ 的傅里叶变换 $X(\mathrm{e}^{j\omega})$ 是 ω 的周期连续函数，周期为 2π。序列 $x(n)$ 的傅里叶反变换定义为

$$x(n) = \frac{1}{2\pi} \int_{-\pi}^{\pi} X(\mathrm{e}^{j\omega}) \mathrm{e}^{jn\omega} \mathrm{d}\omega \tag{5-39}$$

又称为离散时间傅里叶反变换（Inverse Discrete Time Fourier Transform，IDTFT）。

5.5.2　离散系统频率响应特性

对于因果稳定系统，如果输入激励是角频率为 ω 的复指数序列，即

$$x(n) = \mathrm{e}^{jn\omega}$$

则离散系统的零状态响应为

$$y(n) = h(n) * x(n) = \sum_{m=-\infty}^{\infty} h(m) \mathrm{e}^{j\omega(n-m)} = \mathrm{e}^{jn\omega} \sum_{m=-\infty}^{\infty} h(m) \mathrm{e}^{-jm\omega} \tag{5-40}$$

由于系统函数

$$H(z) = \mathscr{Z}[h(n)] = \sum_{n=-\infty}^{\infty} h(m) z^{-n}$$

故式（5-40）可以写为

$$y(n) = \mathrm{e}^{jn\omega} H(\mathrm{e}^{j\omega}) \tag{5-41}$$

由此可知，系统对离散复指数序列的稳态响应仍是一个离散复指数序列，该响应的复振幅是 $H(\mathrm{e}^{j\omega})$。$H(\mathrm{e}^{j\omega})$ 称为系统频率响应特性，它可以由系统函数 $H(z)$ 得出，即

$$H(\mathrm{e}^{j\omega}) = H(z) \mid_{z=\mathrm{e}^{j\omega}} = \mid H(\mathrm{e}^{j\omega}) \mid \mathrm{e}^{j\varphi(\omega)} \tag{5-42}$$

式中，$\mid H(\mathrm{e}^{j\omega}) \mid$ 称为幅频特性；$\varphi(\omega)$ 称为相频特性。

由于 $e^{j\omega}$ 是 ω 的周期函数，因而频率响应 $H(e^{j\omega})$ 也是 ω 的周期函数，周期为 2π。这是离散系统与连续系统之间的明显区别。但与连续系统类似的是，离散系统的幅频特性仍是频率的偶函数，相频特性仍是频率的奇函数。

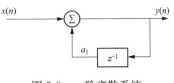

图 5-9   一阶离散系统

【例 5-6】 求图 5-9 所示一阶离散系统的频率响应。

解： 由图 5-9 可得该系统的差分方程为

$$y(n) = a_1 \quad y(n-1) + x(n)$$

通常系统为因果序列，其系统函数为

$$H(z) = \frac{Y(z)}{X(z)} = \frac{z}{z - a_1} \qquad (\mid z \mid > a_1)$$

单位抽样响应为

$$h(n) = a_1^n \varepsilon(n)$$

因此，该一阶离散系统的频率响应为

$$H(e^{j\omega}) = \frac{e^{j\omega}}{e^{j\omega} - a_1} = \frac{1}{(1 - a_1 \cos\omega) + j a_1 \sin\omega}$$

于是，幅频特性为

$$\mid H(e^{j\omega}) \mid = \frac{1}{\sqrt{(1 - a_1\cos\omega)^2 + (a_1\sin\omega)^2}} = \frac{1}{\sqrt{1 + a_1^2 - 2a_1\cos\omega}}$$

相频特性为

$$\phi(\omega) = -\arctan\left(\frac{a_1\sin\omega}{1 - a_1\cos\omega}\right)$$

显然，为保证该系统是稳定的，$H(z)$ 的极点 $p_1 = a_1$ 应在单位圆内，即 $\mid a_1 \mid < 1$。由此在图 5-10(a)、(b)、(c)、(d) 中给出零、极点图，$h(n)$ 的波形序列及幅频特性 $\mid H(e^{j\omega}) \mid$、相频特性 $\varphi(\omega)$ 的频谱曲线。

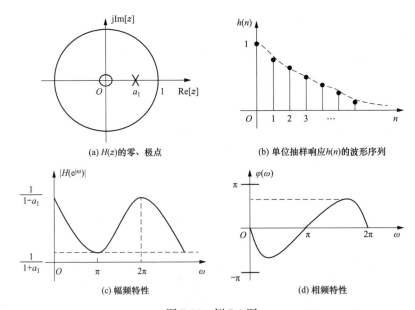

(a) $H(z)$ 的零、极点

(b) 单位抽样响应 $h(n)$ 的波形序列

(c) 幅频特性

(d) 相频特性

图 5-10   例 5-6 图

5.5.3　频率特性的几何表示法

分析离散系统的频率特性也可应用与连续系统类似的方法，用系统函数 $H(z)$ 在 z 平面上的零、极点分布，通过几何方法简便而直观地求出。

前已讨论过离散系统的 $H(z)$ 为

$$H(z) = \frac{\sum_{r=0}^{M} b_r z^{-r}}{\sum_{k=0}^{N} a_k z^{-k}}$$

若 $H(z)$ 的零、极点均为单阶，则 $H(z)$ 可写为

$$H(z) = H_0 \frac{\prod_{r=1}^{M} (z - z_r)}{\prod_{k=1}^{N} (z - p_k)}$$

令 $z = \mathrm{e}^{\mathrm{j}\omega}$ 有

$$H(\mathrm{e}^{\mathrm{j}\omega}) = H_0 \frac{\prod_{r=1}^{M} (\mathrm{e}^{\mathrm{j}\omega} - z_r)}{\prod_{k=1}^{N} (\mathrm{e}^{\mathrm{j}\omega} - p_k)} = | H(\mathrm{e}^{\mathrm{j}\omega}) | \, \mathrm{e}^{\mathrm{j}\phi(\omega)} \tag{5-43}$$

令 $\mathrm{e}^{\mathrm{j}\omega} - z_r = A_r \mathrm{e}^{\mathrm{j}\phi_r}$，$\mathrm{e}^{\mathrm{j}\omega} - p_k = B_k \mathrm{e}^{\mathrm{j}\theta_k}$，于是幅频特性为

$$| H(\mathrm{e}^{\mathrm{j}\omega}) | = H_0 \frac{\prod_{r=1}^{M} A_r}{\prod_{k=1}^{N} B_k} \tag{5-44}$$

相频特性为

$$\phi(\omega) = \sum_{r=1}^{M} \psi_r - \sum_{k=1}^{N} \theta_k \tag{5-45}$$

式中，A_r、ψ_r 分别表示 z 平面上零点 z_r 到单位圆上某点 $\mathrm{e}^{\mathrm{j}\omega}$ 的矢量 $(\mathrm{e}^{\mathrm{j}\omega} - z_r)$ 的长度与夹角；B_k、θ_k 则表示极点 p_k 到 $\mathrm{e}^{\mathrm{j}\omega}$ 的矢量 $(\mathrm{e}^{\mathrm{j}\omega} - p_k)$ 的长度与夹角，如图 5-11 所示。如果单位圆上的点 D 不断移动，那么由式（5-44）和式（5-45）就可求出系统的全部频率响应。图中 C 点对应 $\omega = 0$，E 点对应 $\omega = \dfrac{\omega_s}{2}$ 即 $(\omega = \pi)$，由于离散系统频率特性是周期性的，因此只要 D 点转一周就可以了。利用这种方法可以比较方便地由 $H(z)$ 的零、极点位置求出该系统的频率特性。可见频率特性的形状取决于 $H(z)$ 的零、极点分布，也就是说，取决于离散系统的形式及差分方程各系数的大小。

不难看出，位于 $z = 0$ 处的零、极点对幅度响应不产生作用，因而在 $z = 0$ 处加入或除

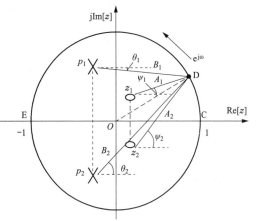

图 5-11　频率特性 $H(\mathrm{e}^{\mathrm{j}\omega})$ 的几何确定法

去零、极点，不会使幅度响应发生变化，而只会影响相位特性。此外，当 $e^{j\omega}$ 点旋转到某个极点（p_i）附近时，如果矢量的长度 B_i 最短，则频率响应在该点可能出现峰值。若极点（p_i）越靠近单位圆，B_i 越短，则频率响应在峰值附近越尖锐。如果极点（p_i）落在单位圆上，$B_i=0$，则频率响应的峰值趋于无穷大。对于零点来说其作用与极点恰恰相反。

【例 5-7】 已知一个离散系统的差分方程为

$$y(n)+y(n-1)+\frac{1}{2}y(n-2)=2x(n-1)$$

试求：（1）系统函数 $H(z)$，并画出零、极点图。

（2）系统的频率响应 $H(e^{j\omega})$，并画出幅频特性曲线。

解：（1）对差分方程 $y(n)+y(n-1)+\frac{1}{2}y(n-2)=2x(n-1)$ 两边进行 z 变换，可求得系统函数 $H(z)$ 为

$$H(z)=\frac{Y(z)}{X(z)}=\frac{2z^{-1}}{1+z^{-1}+0.5z^{-2}}=\frac{2z}{\left[z+\left(\frac{1}{2}-j\frac{\sqrt{2}}{2}\right)\right]\left[z+\left(\frac{1}{2}+j\frac{\sqrt{2}}{2}\right)\right]}$$

只有一个零点：$z_1=0$；两个极点：$p_1=-\frac{1}{2}+j\frac{\sqrt{2}}{2}$，$p_2=-\frac{1}{2}-j\frac{\sqrt{2}}{2}$。

零、极点图如图 5-12(a) 所示，可见极点落在单位圆内，因此该离散系统为因果稳定系统。

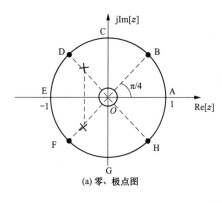

(a) 零、极点图

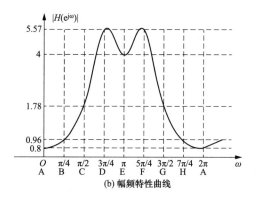

(b) 幅频特性曲线

图 5-12　例 5-7 图

（2）求系统的频率响应。

令 $z=e^{j\omega}$，有

$$H(z)\big|_{z=e^{j\omega}}=H(e^{j\omega})=\frac{2e^{-j\omega}}{1+e^{-j\omega}+0.5e^{-2j\omega}}$$

$$=\frac{2(\cos\omega-j\sin\omega)}{\left(1+\cos\omega+\frac{1}{2}\cos2\omega\right)-j\left(\sin\omega+\frac{1}{2}\sin2\omega\right)}$$

其幅频特性为

$$|H(e^{j\omega})|=\frac{2}{\sqrt{\left(1+\cos\omega+\frac{1}{2}\cos2\omega\right)^2+\left(\sin\omega+\frac{1}{2}\sin2\omega\right)^2}}=\frac{2}{\sqrt{5+12\cos\omega+8\cos^2\omega}}$$

从幅频特性曲线（图 5-12(b)）可知频率响应是周期性的，且当零、极点图上单位圆上的点转到距极点最近的点 D 和 F 位置时，频率响应出现峰值，而 A 点距极点距离最远，对应的频率响应为最小值。由此例可知 $H(z)$ 的零、极点分布对系统的频率特性的影响。

5.6　基于 MATLAB 的离散时间系统的仿真分析

【例 5-8】已知某 LTI 离散系统，其单位响应为 $h(n)=\varepsilon(n)-\varepsilon(n-5)$，求该激励为 $x(n)=\varepsilon(n)-\varepsilon(n-6)$ 时的零状态响应 $y(n)$，并绘制其时域波形图。

MATLAB 程序如下：

```
x=[1 1 1 1 1];
h=[1 1 1 1 1 1];
y=conv(x,h);                          % 卷积计算
subplot(1,3,1);                       % 开辟绘图区域
stem(0:length(h)-1,h,'filled');       % 绘制 h(n) 图形
xlabel('n');
title('h(n)');
axis([-0.2 6 0 1.2]);                 % 控制坐标范围
subplot(1,3,2);
stem(0:length(x)-1,x,'filled');       % 绘制 x(n) 图形
xlabel('n');
title('x(n)');
axis([-0.2 6 0 1.2]);
subplot(1,3,3);
stem(0:length(y)-1,y,'filled');       % 绘制 y(n) 图形
xlabel('n');
title('y(n)');
axis([-0.2 10 0 6]);
```

MATLAB 程序执行结果如图 5-13 所示。

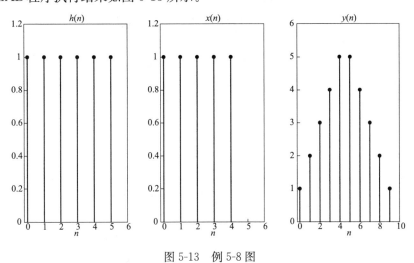

图 5-13　例 5-8 图

【例 5-9】 已知描述系统的差分方程为

$$2y(n) - 2y(n-1) + y(n-2) = x(n) + 3x(n-1) + 2x(n-2)$$

试用 MATLAB 函数绘出该系统的单位响应的波形。

在 MATLAB 中，绘出系统的单位响应的波形采用函数 impz（），impz（）函数的主要调用格式为

```
impz(b,a,n)
```

其中，b 和 a 分别为分子和分母系数，n 为样本数量。

MATLAB 程序如下：

```
a=[2 -2 1];                           % 输入差分方程系数常量
b=[1 3 2];
n=30;
impz(b,a,n);                          % 绘制系统的脉冲响应
```

MATLAB 程序执行结果如图 5-14 所示。

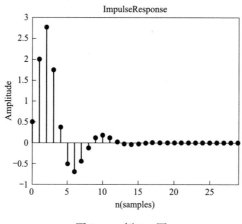

图 5-14　例 5-9 图

【例 5-10】 已知描述系统的差分方程为

$y(n) - 2y(n) + 3y(n-2) = 4\varepsilon(n) - 5\varepsilon(n-1) + 6\varepsilon(n-2) - 7\varepsilon(n-1)$，其初始条件为 $x(-1)=1$，$x(-2)=-1$，$y(-1)=-1$，$y(-2)=1$，求系统响应 $y(n)$。

MATLAB 程序如下：

```
b=[4 -5 6 -7];                        % 输入差分方程系数常量
a=[1 -2 3];
x0=[1 -1];                            % 初始条件
y0=[-1 1];
xic=filtic(b,a,y0,x0)                 % 生成初始条件
bxplus=1;
axplus=[1 -1];
ayplus=conv(a,axplus)                 % 卷积计算
byplus=conv(b,bxplus)+conv(xic,axplus)
[R,P,K]=residue(byplus,ayplus)        % 转换展开式形式
Mp=abs(P);                            % 取绝对值
```

```
Ap=angle(P)* 180/pi;
N=100;
n=0:N-1;
xn=ones(1,N);
yn=filter(b,a,xn,xic);                      % 解差分方程
plot(n,yn);
```

MATLAB 程序执行结果如下，系统响应曲线如图 5-15 所示。

```
xic=
     -16    16    -7
ayplus=
      1    -3     5    -3
byplus=
    -12    27   -17    0
R=
   - 4.0000- 8.8388i
   - 4.0000+ 8.8388i
   - 1.0000+ 0.0000i
P=
    1.0000+1.4142i
    1.0000-1.4142i
    1.0000+0.0000i
K=
    -12
```

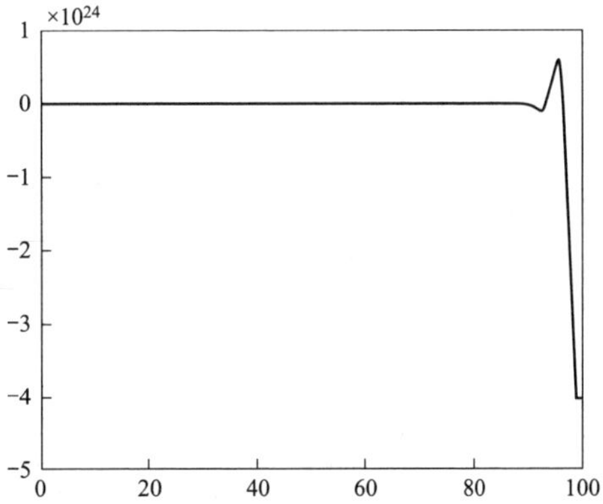

图 5-15　例 5-10 图

【例 5-11】 已知系统函数为

$$H(z)=\frac{0.2+0.3z^{-1}+z^{-2}}{1+0.4z^{-1}+z^{-1}}$$

试用 MATLAB 编程求系统的频率响应，画出零、极点分布图，求系统的单位脉冲响应。

在 MATLAB 中，计算系统的频率响应可以用函数 freqz ()，freqz () 函数的主要调用格式为

$$[H,w]= freqz(B,A,N)$$

其中，B 和 A 分别为离散系统的系统函数 $H(z)$ 的分子、分母多项式的系数向量，N 为频率等分点的个数，H 为频率响应，w 为 N 个频率等分点的值。

MATLAB 程序如下：

```
b=[0.2 0.3 1];                              % 输入系统函数系数
a=[1 0.4 1];
[H W]=freqz(b,a,100);                       % 计算频率响应
mag=abs(H);                                 % 取绝对值
pha=angle(H);                               % 取相位
subplot(2,2,1);
zplane(b,a);                                % 绘制出系统函数 H(z)的零极点图
grid
title('零极点图');
```

```
subplot(2,2,2);
plot(W/pi,mag);
grid
xlabel('w');
ylabel('幅度');
title('频率响应');
subplot(2,2,3);
plot(W/pi,pha/pi);
grid
xlabel('w');
ylabel('幅度');
title('相位响应');
subplot(2,2,4);
impz(b,a);
grid
title('冲激响应');
```

MATLAB 程序执行结果如图 5-16 所示。

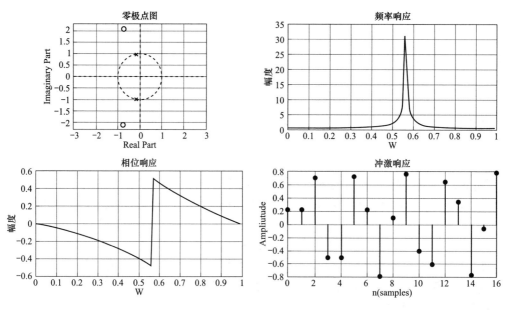

图 5-16　例 5-11 图

【例 5-12】 试用 MATLAB 画出以下系统的频率响应。

$$y(n)-0.6y(n-1)=2x(n)+x(n-1)$$

MATLAB 程序如下：

```
w=-4*pi:8*pi/511:4*pi;                    % 取点
num=[2 1];den=[1 -0.6];                    % 输入差分方程的系数
h=freqz(num,den,w);                        % 计算频率响应
subplot(2,1,1);
plot(w/pi,real(h));                        % 绘制频率响应的实部
```

```
grid
title('H(e^{j\omega}的实部)')
xlabel('\omega/\pi');
ylabel('振幅');
subplot(2,1,2);
plot(w/pi,imag(h));grid                    % 绘制频率响应的虚部
title('H(e^{j\omega})的虚部')
xlabel('\omega/\pi');
ylabel('振幅');
```

MATLAB 程序执行结果如图 5-17 所示。

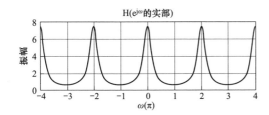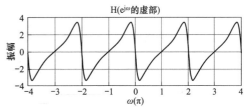

图 5-17　例 5-12 图

本章小结

1. 离散时间系统及其数学模型

离散时间系统是对离散时间信号进行运算处理的系统，可以用数学模型进行描述。线性时不变系统是最常用的离散时间系统，不仅可以用线性常系数差分方程来表示，也可以用不同元件的连接框图及其元件的数学特性来描述。

2. 离散时间系统的时域分析

离散时间系统的时域分析方法主要有递推法和离散卷积法。

3. 离散时间系统的 z 域分析

z 变换可以将离散时间系统的差分方程转化为代数方程，简化求解过程。该过程使用了 z 变换和 z 反变换。

4. 离散时间系统的因果性和稳定性

离散系统因果性和稳定性的判断条件包括时域和 z 域判断条件。

知识拓展

离散时间系统的 z 域分析在电力系统中的应用

离散时间系统的 z 域分析在电力系统的数字控制中可以用来设计数字控制器。数字控制器是指将控制系统的输入、输出和中间信号转换为数字信号，经过计算后再将输出信号转换为模拟量信号，从而实现对电力系统的控制。在数字控制器的设计中，离散时间系统的 z 域分析可用于设计数字滤波器，进行系统稳定性分析和进行控制系统的参数调整。

电力系统中的电压稳定器可以采用数字控制器进行控制。首先，需要对电力系统建模，将电力系统的电压控制问题转化为离散时间系统的 z 域分析问题。然后，可以利用离散时间系统的 z 域分析方法进行数字滤波器的设计，对电力系统中的噪声和干扰进行滤波，提高电压控制的精度和稳定性。此外，还可以利用离散时间系统的 z 域分析方法对系统的稳定性进行分析，确定控制系统的参数，保证系统的稳定性和控制性能。最后，还可以通过实验验证数字控制器的性能和稳定性，进一步提高电力系统的电压控制能力。离散时间系统的 z 域分析在电力系统数字控制应用中具有重要的意义。它不仅可以提高电力系统的控制精度和稳定性，还可以加快控制系统的响应速度，提高电力系统的运行效率和可靠性。

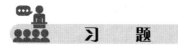
习　　题

5.1　已知一个离散系统的差分方程描述为

$$y(n) = x(n) + \frac{1}{4}y(n-1)$$

试用递推法求单位抽样响应 $h(n)$，条件如下：

(1) 初始条件 $y(n) = 0$，$(n < 0)$

(2) 初始条件 $y(n) = 0$，$(n \geq 0)$

5.2　利用离散卷积公式，证明一个系统为因果系统的充要条件是其单位抽样响应 $h(n) = 0$ $(n < 0)$。

5.3　求矩形序列 $G_N(n) = \varepsilon(n) - \varepsilon(n-4)$ 与 $x(n) = n(0 \leq n \leq 5)$ 的离散卷积和 $y(n) = G_N(n) * x(n)$，并绘出 $y(n)$ 的波形图。

5.4　已知离散系统的单位抽样响应为 $h(n) = \left(\frac{1}{2}\right)^n \varepsilon(n)$，当输入为 $x(n) = \varepsilon(n)$ 时，试用离散卷积法求系统的零状态响应 $y(n)$。

5.5　证明以下各题：

(1) $[a^n f(n)] * [a^n g(n)] = a^n [f(n) * g(n)]$

(2) $n[f(n) * g(n)] = [n \cdot f(n)] * g(n) + f(n) * [n \cdot g(n)]$

(3) 若 $H(z) = \mathcal{Z}[h(n)]$，$X(z) = \mathcal{Z}[x(n)]$，则有

$$\mathcal{Z}\left[\sum_{m=-\infty}^{\infty} h(m)x(m-n)\right] = H(z) \cdot X\left(\frac{1}{z}\right)$$

5.6*　已知下列 z 变换式 $X(z)$ 和 $Y(z)$，利用 z 域卷积定理求 $x(n)$ 与 $y(n)$ 乘积的 z 变换。

$$X(z) = \frac{1}{1 - 0.5z^{-1}} \qquad (|z| > 0.5)$$

$$Y(z) = \frac{1}{1 - 2z} \qquad (|z| < 0.5)$$

5.7　用单边 z 变换求解下列差分方程：

(1) $y(n+2) + y(n+1) + y(n) = \varepsilon(n)$；$y(0) = 1$，$y(1) = 2$

(2) $y(n) + 0.9y(n-1) = 0.05\varepsilon(n)$；$y(-1) = 0$

(3) $y(n) + 2y(n-1) = (n-2)\varepsilon(n)$；$y(0) = 1$。

（4）$y(n)+0.1y(n-1)-0.02y(n-2)=10\varepsilon(n)$；$y(-1)=4$，$y(-2)=6$

5.8　由下列差分方程画出离散系统的结构图，并求系统函数 $H(z)$ 及单位抽样响应。

（1）$3y(n)-6y(n-1)=x(n)$

（2）$y(n)=x(n)-5x(n-1)+8x(n-3)$

（3）$y(n)-3y(n-1)+3y(n-2)-y(n-3)=x(n)$

（4）$y(n)-5y(n-1)+6y(n-2)=x(n)-3x(n-2)$

5.9　写出图 5-18 所示离散系统的差分方程，并
求系统函数 $H(z)$ 及单位抽样响应 $h(n)$。

5.10　一个线性时不变离散系统的输入是 $x(n)=\left(\dfrac{1}{2}\right)^n\varepsilon(n)+2^n\varepsilon(-n-1)$，输出为 $y(n)=6\left(\dfrac{1}{2}\right)^n\varepsilon(n)-6\left(\dfrac{3}{4}\right)^n\varepsilon(n)$。

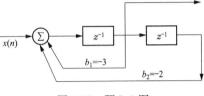

图 5-18　题 5.9 图

（1）求该系统的系统函数 $H(z)$，画出零极点图，并标明收敛域；

（2）求单位抽样响应 $h(n)$；

（3）写出表征该系统的差分方程，并画出其结构图。

5.11　已知系统函数 $H(z)=\dfrac{z}{z-k}$（k 为常数）。

（1）写出对应的差分方程

（2）画出该系统的结构图

（3）求该系统的频率响应，并画出 $k=0$，0.5，1 三种情况下系统的幅度响应和相位响应。

5.12　根据下面各线性时不变离散系统的单位抽样响应，分析系统的因果性和稳定性。

（1）$h(n)=a^n\varepsilon(n)$

（2）$h(n)=-a^n\varepsilon(-n-1)$

（3）$h(n)=\dfrac{1}{n^2}\varepsilon(n)$

（4）$h(n)=\delta(n+a)$

5.13　绘出下列系统的零极点图，并指出系统是否稳定。

（1）$H(z)=\dfrac{6(1-z^{-1}-z^{-2})}{2+5z^{-1}+2z^{-2}}$

（2）$H(z)=\dfrac{z-2}{2z^2+z-1}$

（3）$H(z)=\dfrac{z+2}{8z^2-2z-3}$

（4）$H(z)=\dfrac{1-z^{-1}}{1-z^{-1}-z^{-2}}$

5.14　利用 z 平面零极点矢量作图方法大致画出下列系统函数所对应的系统幅度响应。

（1）$H(z)=\dfrac{1}{z-0.5}$

（2）$H(z)=\dfrac{z}{z-0.5}$

（3）$H(z) = \dfrac{z+0.5}{z}$

5.15　试求图 5-19　所示系统的系统函数 $H(z)$。

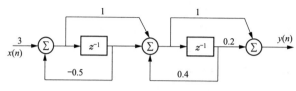

图 5-19　题 5.15 图

第 6 章　离散时间信号的频域分析

本章重点要求

（1）掌握离散傅里叶级数的定义。
（2）掌握离散傅里叶变换的定义、性质和计算方法，掌握离散傅里叶正、反变换。
（3）掌握圆周卷积的定义及其计算方法。
（4）理解离散傅里叶变换与 z 变换、傅里叶变换之间的关系。
（5）理解基 2 时间抽取的 FFT 算法的原理和特点。
（6）掌握应用 MATLAB 进行信号的离散傅里叶变换。

思　考

离散时间信号频域分析的优点有哪些？

6.1　离散傅里叶级数

连续非周期信号 $x(t)$ 及其傅里叶变换 $X(\omega)$ 的数学表达式为

$$X(\omega)=\int_{-\infty}^{\infty}X(t)\mathrm{e}^{\mathrm{j}\omega t}\,\mathrm{d}t \tag{6-1}$$

$$x(t)=\frac{1}{2\pi}\int_{-\infty}^{\infty}X(\omega)\mathrm{e}^{-\mathrm{j}\omega t}\,\mathrm{d}\omega \tag{6-2}$$

从式（6-1）及式（6-2）可知，连续非周期信号 $x(t)$ 的傅里叶变换，即它的频谱 $|X(\omega)|$ 是非周期连续谱，如图 6-1(a) 所示。

周期为 T_1 的连续周期信号 $x_\mathrm{p}(t)$ 及其傅里叶级数 $X_\mathrm{p}(k\omega_1)$ 的数学表达式为

$$X_\mathrm{p}(k\omega_1)=\frac{1}{T_1}\int_{-\frac{\pi}{2}}^{\frac{\pi}{2}}x_\mathrm{p}(t)\mathrm{e}^{-\mathrm{j}k\omega_1 t}\,\mathrm{d}t \tag{6-3}$$

$$x_\mathrm{p}(t)=\sum_{k=-\infty}^{\infty}X_\mathrm{p}(k\omega_1)\mathrm{e}^{\mathrm{j}k\omega_1 t} \tag{6-4}$$

式中，$\omega_1=2\pi/T_1$。连续周期信号 $x_\mathrm{p}(t)$ 的频谱，即它的傅里叶级数 $|X_\mathrm{p}(k\omega_1)|$ 是非周期离散谱，如图 6-1(b) 所示。

离散非周期信号 $x(nT_\mathrm{s})$，其频谱是周期的连续函数 $X(\omega)$，它们的数学表达式为

$$x_\mathrm{s}(\omega)=\sum_{n=-\infty}^{\infty}x_\mathrm{s}(t)\mathrm{e}^{\mathrm{j}\omega t}\mid_{t=nT_\mathrm{s}}=\sum_{n=-\infty}^{\infty}x(nT_\mathrm{s})\mathrm{e}^{-\mathrm{j}n\omega t T_\mathrm{s}} \tag{6-5}$$

$$x_\mathrm{s}(nT_\mathrm{s})=x_\mathrm{s}(t)\mid_{t=nT_\mathrm{s}}=\frac{1}{\omega_\mathrm{s}}\int_{-\frac{\omega_\mathrm{s}}{2}}^{\frac{\omega_\mathrm{s}}{2}}X_\mathrm{s}(\omega)\mathrm{e}^{\mathrm{j}n\omega T_\mathrm{s}}\,\mathrm{d}\omega \tag{6-6}$$

式中，T_s 为抽样间隔；$\omega_\mathrm{s}=2\pi/T_\mathrm{s}$ 为抽样角频率。将抽样间隔 T_s 作为 1 处理，式（6-5）及

式（6-6）就是非周期序列的离散时间傅里叶（DTFT）变换对，即

$$X(z)\mid_{z=e^{j\omega}} = X(e^{j\omega}) = \sum_{n=-\infty}^{\infty} x(n)e^{-jn\omega} \tag{6-7}$$

$$x(n) = \frac{1}{2\pi}\int_{-\pi}^{\pi} X(e^{j\omega})e^{jn\omega}\,d\omega \tag{6-8}$$

非周期序列 $x(n)$ 的频谱，即它的傅里叶变换 $\mid X(e^{j\omega})\mid$ 是周期连续谱，如图 6-1(c) 所示。

周期为 N 的周期序列 $x_p(nT_s)$ 及其傅里叶级数 $X_p(k\omega_1)$ 的数学表达式为

$$x_p(k\omega_1) = \sum_{k=0}^{N-1} X_p(nT_s)e^{j\frac{2\pi}{N}nk} \tag{6-9}$$

$$x_p(nT_s) = \frac{1}{N}\sum_{k=0}^{N-1} X_p(k\omega_1)e^{j\frac{2\pi}{N}nk} \tag{6-10}$$

周期序列 $x_p(n)$ 的频谱，即它的傅里叶级数 $\mid X_p(k)\mid$ 是周期离散谱，如图 6-1(d) 所示。式中 $e^{j\frac{2\pi}{N}n}$ 是周期序列的基波分量，$e^{j\frac{2\pi}{N}nk}$ 是 k 次谐波分量。由于因子 $e^{j\frac{2\pi}{N}nk}$ 的周期性，即

$$e^{j\frac{2\pi}{N}n(k+N)} = e^{j\frac{2\pi}{N}nk}$$

$$e^{j\frac{2\pi}{N}k(n+N)} = e^{j\frac{2\pi}{N}nk}$$

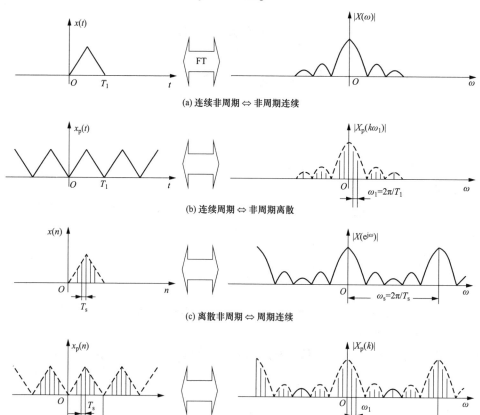

(a) 连续非周期 ⇔ 非周期连续

(b) 连续周期 ⇔ 非周期离散

(c) 离散非周期 ⇔ 周期连续

(d) 离散周期 ⇔ 周期离散

图 6-1　信号在时域和频域中的对称规律

所以周期序列频谱的全部谐波成分中只有 N 个是独立的。为书写方便，定义符号 W_N 为

$$W_N = \mathrm{e}^{-\mathrm{j}\frac{2\pi}{N}} \tag{6-11}$$

将抽样间隔 T_s 和角频率 ω_1 均作为 1 处理，定义周期序列的离散傅里叶级数的正变换和反变换为

$$X_\mathrm{p}(k) = \mathrm{DFS}[x_\mathrm{p}(n)] = \sum_{n=0}^{N-1} x_\mathrm{p}(n) W_N^{nk} \tag{6-12}$$

$$x_\mathrm{p}(n) = \mathrm{IDFS}[X_\mathrm{p}(k)] = \frac{1}{N}\sum_{k=0}^{N-1} X_\mathrm{p}(k) W_N^{-nk} \tag{6-13}$$

式中，DFS 为离散傅里叶级数（discrete Fourier series），用 DFS［·］表示取离散傅里叶级数的正变换。IDFS 为离散傅里叶级数逆运算（inverse discrete Fourier series），用 IDFS［·］表示取离散傅里叶级数的反变换。

时域上离散周期信号在频域上对应着一个周期离散频谱。通过以上分析，可以把四种信号在时域和频域之间的对称规律归纳于表 6-1 中。

表 6-1　　　　　　　　　　　　四类信号在时域和频域之间的对称规律

时域波形	变换方法	频域波形
连续、非周期	傅里叶变换（FT）	非周期、连续
连续、周期	傅里叶级数（FS）	非周期、离散
离散、非周期	离散时间傅里叶变换（DTFT）	周期、连续
离散、周期	离散傅里叶级数（DFS）	周期、离散

6.2　离散傅里叶变换

在 6.1 节的基础上，本节将离散傅里叶级数作为一种过渡形式，由此引出离散傅里叶变换（Discrete Fourier Transform，DFT）。离散傅里叶级数用于分析周期序列，而离散傅里叶变换则是针对有限长序列。

6.2.1　离散傅里叶变换的定义

为了便于在今后的讨论中区分周期序列和有限长序列，用带有下标 p 的符号来表示周期序列，例如 $x_\mathrm{p}(n)$、$y_\mathrm{p}(n)$ 等。借助于周期序列的离散傅里叶级数的概念来对有限长序列进行傅里叶变换的分析。在进行分析之前，首先介绍主值序列（principal value sequence）的概念。

1. 主值序列

对于周期序列 $x_\mathrm{p}(n)$，定义它的第一个周期的序列值为此周期序列的主值序列，用 $x(n)$ 表示，设周期为 N，则有

$$x(n) = \begin{cases} x_\mathrm{p}(n) & (0 \leqslant n \leqslant N-1) \\ 0 & (n \text{ 为其余值}) \end{cases} \tag{6-14}$$

显然 $x(n)$ 是有限长序列，周期序列 $x_\mathrm{p}(n)$ 可以看作以 N 为周期将 $x(n)$ 进行周期延拓（periodic delay）而成，两者的关系为

$$x_\mathrm{p}(n) = \sum_{r=-\infty}^{\infty} x(n+rN) \qquad (r \text{ 为整数}) \tag{6-15}$$

为书写方便，也可将式（6-14）及式（6-15）表示为

$$x_\mathrm{p}(n) = x((n))_N \tag{6-16}$$

$$x(n) = x_\mathrm{p}(n)[u(n)-u(n-N)] = x_\mathrm{p}(n)G_N(n) \tag{6-17}$$

式中，$G_N(n)=u(n)-u(n-N)$ 为矩形序列。$((n))_N$ 表示 n 对 N 取余数，或 n 对 N 取模值。

若 $n=rN+n_1(0 \leqslant n_1 \leqslant N-1)$（$r$ 取整数），则 $x((n))_N = x((rN+n_1))_N = x(n_1)$。

显然，对于周期序列 $x_\mathrm{p}(n)$，有

$$x_\mathrm{p}(n) = x((n))_N = x((rN+n_1))_N = x(n_1) \tag{6-18}$$

例如，若 $x_\mathrm{p}(n)$ 是周期 $N=5$ 的序列，当 $n=19$ 时，$x_\mathrm{p}(19)=x((19))_5=x((3\times5+4))_5=x(4)$。

按以上方法，若以 $X(k)$ 来表示周期序列 $X_\mathrm{p}(k)$ 的主值序列，则 $X(k)$ 与 $X_\mathrm{p}(k)$ 的关系为

$$X(k) = \begin{cases} X_\mathrm{p}(k) & (0 \leqslant k \leqslant N-1) \\ 0 & (k \text{ 为其余值}) \end{cases} \tag{6-19}$$

$$X_\mathrm{p}(k) = \sum_{r=-\infty}^{\infty} X(k+rN) \qquad (r \text{ 为整数}) \tag{6-20}$$

或

$$X_\mathrm{p}(k) = X((k))_N \tag{6-21}$$

$$X(k) = X_\mathrm{p}(k)G_N(k) \tag{6-22}$$

2. DFT 的定义

重新考察离散傅里叶级数（DFS）的定义式

$$X_\mathrm{p}(k) = \mathrm{DFS}[x_\mathrm{p}(n)] = \sum_{n=0}^{N-1} x_\mathrm{p}(n)W_N^{nk} \qquad (0 \leqslant k \leqslant N-1)$$

$$x_\mathrm{p}(n) = \mathrm{IDFS}[X_\mathrm{p}(k)] = \frac{1}{N}\sum_{k=0}^{N-1} X_\mathrm{p}(k)W_N^{-nk} \qquad (0 \leqslant n \leqslant N-1)$$

从 DFS 定义可以看到，无限长周期序列 $X_\mathrm{p}(k)$ 只要取周期序列 $x_\mathrm{p}(n)$ 的一个周期的序列值 $n=0 \sim N-1$ 即可求得，或者说只取 $x_\mathrm{p}(n)$ 的主值序列 $x(n)$ 即可求得。既然一个无限长周期序列 $X_\mathrm{p}(k)$ 可以用有限长序列 $x(n)$ 来表达，那么作为一个周期的主值序列 $X(k)$ 也就可以用 $x(n)$ 来表达。将 DFS 定义式中的周期序列符号 $X_\mathrm{p}(k)$、$x_\mathrm{p}(n)$ 都改成它们的主值序列 $X(k)$、$x(n)$，运算式仍然成立。同理，对于 IDFS 定义式也可同样处理。

若有限长序列 $x(n)$ 的长度为 N，它的离散傅里叶变换 $X(k)$ 也是一个长度为 N 的频域有限长序列，定义离散傅里叶变换的正变换和反变换为

$$X(k) = \mathrm{DFT}[x(n)] = \sum_{n=0}^{N-1} x(n)W_N^{nk} \qquad (0 \leqslant k \leqslant N-1) \tag{6-23}$$

$$x(n) = \mathrm{IDFT}[X(k)] = \frac{1}{N}\sum_{k=0}^{N-1} X(k)W_N^{-nk} \qquad (0 \leqslant n \leqslant N-1) \tag{6-24}$$

式中，DFT 为离散傅里叶正变换；IDFT 为离散傅里叶反变换（Inverse Discrete Fourier

Transform)。式（6-23）和式（6-24）为离散傅里叶变换对。

离散傅里叶变换对也可以写成以下矩阵形式：

$$
\begin{bmatrix} X(0) \\ X(1) \\ \vdots \\ X(N-1) \end{bmatrix} = \begin{bmatrix} W^0 & W^0 & W^0 & \cdots & W^0 \\ W^0 & W^{1\times1} & W^{2\times1} & \cdots & W^{(N-1)\times1} \\ \vdots & \vdots & \vdots & \cdots & \vdots \\ W^0 & W^{1\times(N-1)} & W^{2\times(N-1)} & \cdots & W^{(N-1)\times(N-1)} \end{bmatrix} \cdot \begin{bmatrix} x(0) \\ x(1) \\ \vdots \\ x(N-1) \end{bmatrix}
\tag{6-25}
$$

$$
\begin{bmatrix} x(0) \\ x(1) \\ \vdots \\ x(N-1) \end{bmatrix} = \frac{1}{N} \begin{bmatrix} W^0 & W^0 & W^0 & \cdots & W^0 \\ W^0 & W^{-1\times1} & W^{-1\times2} & \cdots & W^{-1\times(N-1)} \\ \vdots & \vdots & \vdots & \cdots & \vdots \\ W^0 & W^{-(N-1)\times1} & W^{-(N-1)\times2} & \cdots & W^{-(N-1)\times(N-1)} \end{bmatrix} \cdot \begin{bmatrix} X(0) \\ X(1) \\ \vdots \\ X(N-1) \end{bmatrix}
$$

$$\tag{6-26}$$

可简写为

$$
[\boldsymbol{X}(k)] = [W^{nk}][\boldsymbol{x}(n)]
\tag{6-27}
$$

$$
[\boldsymbol{x}(n)] = \frac{1}{N}[W^{-nk}][\boldsymbol{X}(k)]
\tag{6-28}
$$

式中，$[X(k)]$ 与 $[x(n)]$ 分别为 N 行的列矩阵；$[W^{nk}]$ 和 $[W^{-nk}]$ 分别为 $N\times N$ 方阵，且为对称矩阵。

【例 6-1】 求矩形脉冲序列 $x(n)=G_4(n)$ 的 DFT。（1）用定义式直接计算；（2）用矩阵表示式计算。

解：（1）用定义式求解。

$$
\begin{aligned}
X(k) &= \sum_{n=0}^{3} G_4(n)W^{nk} = \sum_{n=0}^{3} (e^{-j\frac{2\pi}{4}k})^n \\
&= 1 + e^{-j\frac{\pi}{2}k\cdot1} + e^{-j\frac{\pi}{2}k\cdot2} + e^{-j\frac{\pi}{2}k\cdot3} \\
&= 1 + e^{-j\frac{\pi}{2}k} + e^{-jk\pi} + e^{-j\frac{3\pi}{2}k} = \frac{1-(e^{-j\frac{\pi}{2}k})^4}{1-(e^{-j\frac{\pi}{2}k})} = \begin{cases} 4 & (k=0) \\ 0 & (k\neq0) \end{cases}
\end{aligned}
$$

（2）用矩阵形式求解。

$$
\begin{bmatrix} X(0) \\ X(1) \\ X(2) \\ X(3) \end{bmatrix} = \begin{bmatrix} W^0 & W^0 & W^0 & W^0 \\ W^0 & W^{1\times1} & W^{2\times1} & W^{3\times1} \\ W^0 & W^{1\times2} & W^{2\times2} & W^{3\times2} \\ W^0 & W^{1\times3} & W^{2\times3} & W^{3\times3} \end{bmatrix} \cdot \begin{bmatrix} x(0) \\ x(1) \\ x(2) \\ x(3) \end{bmatrix} = \begin{bmatrix} W^0 & W^0 & W^0 & W^0 \\ W^0 & W^1 & W^2 & W^3 \\ W^0 & W^2 & W^4 & W^6 \\ W^0 & W^3 & W^6 & W^9 \end{bmatrix} \cdot \begin{bmatrix} x(0) \\ x(1) \\ x(2) \\ x(3) \end{bmatrix}
$$

$$
= \begin{bmatrix} 1 & 1 & 1 & 1 \\ 1 & -j & -1 & j \\ 1 & -1 & 1 & -1 \\ 1 & j & -1 & -j \end{bmatrix} \cdot \begin{bmatrix} 1 \\ 1 \\ 1 \\ 1 \end{bmatrix} = \begin{bmatrix} 4 \\ 0 \\ 0 \\ 0 \end{bmatrix}
$$

$x(n)$ 与 $X(k)$ 的波形如图 6-2 所示，由图 6-2 可知，矩阵脉冲序列的离散谱是一个单位抽样序列。

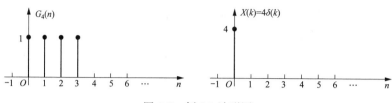

图 6-2　例 6-1 波形图

6.2.2　离散傅里叶变换的性质

离散傅里叶变换（DFT）的性质与傅里叶变换（FT）的性质相似，有些证明方法也很类似。离散傅里叶变换的性质是数字信号处理的理论基础。

1. 线性性质

若 $X(k)=\mathrm{DFT}[x(n)]$，$Y(k)=\mathrm{DFT}[y(n)]$，则

$$\mathrm{DFT}[ax(n)\pm by(n)]=aX(k)\pm bY(k) \tag{6-29}$$

式中，a、b 为任意常数；序列 $x(n)$、$y(n)$ 的长度分别为 N_1、N_2；所得时间序列的长度 N 取二者中的较大者，即 $N=\max(N_1,N_2)$。

2. 位移性质

为了便于研究有限长序列的位移特性，首先讨论并建立圆周移位（circular shifting）的概念。

设有限长序列 $x(n)$ 位于 $0\leqslant n\leqslant N-1$ 区间，将其右移 m 位，得序列 $x(n-m)$，如图 6-3 所示，这是序列的线性移位。若将图 6-3 所示的两个序列分别求 DFT，则它们的级数取和范围出现差异，前者是 $0\sim N-1$，后者则是 $m\sim N+m-1$，当时移位数不同时，DFT 取和范围要随之改变，这就给位移序列的 DFT 研究带来不便。为解决这个矛盾，以适应 DFT 运算，需要重新定义位移的含义；即考虑 DFT 的隐含的周期性，首先将 $x(n)$ 周期延拓为周期序列 $x_\mathrm{p}(n)$，然后移 m 位得 $x_\mathrm{p}(n-m)$，再取 $x_\mathrm{p}(n-m)$ 的主值区间（principal value region）（$0\leqslant n\leqslant N-1$）序列，即 $x_\mathrm{p}(n-m)\,G_\mathrm{N}(n)$，图 6-4 表示出此移位过程。

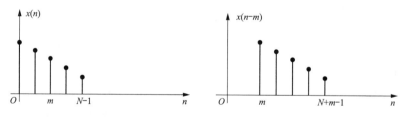

图 6-3　线性移位

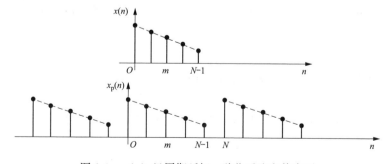

图 6-4　$x(n)$ 经周期延拓、移位后取主值序列

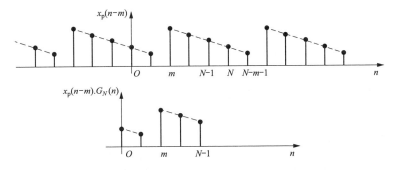

图 6-4　$x(n)$ 经周期延拓、移位后取主值序列（续）

由图 6-4 可知，当序列 $x(n)$ 向右移 m 位时，超出 $N-1$ 以外的部分样值从左边又依次填补了空位，这就好像将有限长序列 $x(n)$ 的各个样值放在一个 N 等分的圆周上，序列的移位就好像 $x(n)$ 在圆周上的旋转，这种序列的移位称为循环移位或圆周移位。当有限长序列进行任意位数的圆周移位时，它的 DFT 取值范围始终保持从 $0\sim N-1$ 不变。

在理解了圆周移位的原理的基础上，对 DFT 的时移特性进行讨论。

若

$$X(k)=\text{DFT}[x(n)] \tag{6-30}$$

则

$$W^{mk}X(k)=\text{DFT}[x(n-m)] \tag{6-31}$$

证明：

$$\text{DFT}[x(n-m)]=\text{DFT}[x((n-m))_N]\cdot G_N(k)=\left[\sum_{n=0}^{N-1}x_p(n-m)W^{nk}\right]\cdot G_N(k)$$

$$=\left[\sum_{n=-m}^{N-m-1}x_p(n)W^{nk}W^{mk}\right]\cdot G_N(k)=[W^{mk}X_p(k)]\cdot G_N(k)=W^{mk}X(k)$$

注意到 $x_p(n)$ 和 W^{nk} 均是以 N 为周期的周期函数，因此，式中方括号内的求和范围可改为从 $n=0\sim N-1$。

3. 频移性质

若

$$X(k)=\text{DFT}[x(n)]$$

则

$$\text{IDFT}[X((k\text{-}l))_N G_N(k)]=x(n)W^{-nl} \tag{6-32}$$

此性质表明，若时间函数乘以指数项 W^{-nl}，则 DFT 相当于向右圆移 l 位，这就是信号处理中调制信号的频谱搬移原理，也称为调制定理（modulated theorem）。

4. 时域圆周卷积（圆周卷积）

若

$$Y(k)=X(k)H(k)$$

则

$$y(n)=\text{IDFT}[Y(k)]=\sum_{m=0}^{N-1}x(m)h((n-m))_N\cdot G_N(n)$$

$$= \sum_{m=0}^{N-1} h(m)x((n-m))_N \cdot G_N(n) \tag{6-33}$$

式（6-33）又称为离散卷积定理，式中 $Y(k)$、$X(k)$、$H(k)$ 分别为序列 $y(n)$、$x(n)$、$h(n)$ 的 DFT。

为了证明此性质，先介绍有关序列圆周卷积（circular convolution）、周期卷积（cperiodic convolution）及线性卷积（linear convolution）的概念。

线性卷积是曾在前面介绍过，有反褶、平移、相乘及求和等计算过程，其表达式为

$$y(n) = x(n) * h(n) = \sum_{m=-\infty}^{\infty} x(m)h(n-m)$$

周期卷积表示的是两个周期都是 N 的周期序列所进行的卷积，二者卷积的结果仍为一周期为 N 的序列，表示为

$$y_p(n) = x_p(n) * h_p(n)$$
$$= \sum_{m=0}^{N-1} x_p(m)h_p(n-m) = \sum_{m=0}^{N-1} x((m))_N h((n-m))_N$$

如果将周期卷积的结果仅截取主值序列，即

$$y(n) = y_p(n)G_N(n) = \Big[\sum_{m=0}^{N-1} x((m))_N h((n-m))_N \Big] \cdot G_N(n)$$

而 $x_p(n)$ 和 $h_p(n)$ 的主值序列为 $x(n)$ 和 $h(n)$，则 $y(n)$ 就称为 $x(n)$ 和 $h(n)$ 的圆周卷积，表示为

$$y(n) = x(n) * h(n) = \sum_{m=0}^{N-1} x((m))_N h((n-m))_N \cdot G_N(n) \tag{6-34}$$

式（6-34）所表示的卷积过程可以这样理解：把序列 $x(n)$ 分布在 N 等分的圆周上，而序列 $h(n)$ 经反褶后分布在另一个 N 等分的同心圆周上，每当两圆周停在一定的相对位置时，两序列对应点相乘、取和，即得卷积序列中的一个值。然后将一个圆周相对于另一个圆周旋转移位，依次在不同位置相乘、求和，就得到全部卷积序列，故圆周卷积又称为循环卷积。

下面证明圆周卷积定理。

$$y(n) = \text{IDFT}[Y(k)]$$
$$= \frac{1}{N} \sum_{k=0}^{N-1} X(k)H(k)W^{-nk}$$

因为

$$X(k) = \sum_{m=0}^{N-1} x(m)W^{mk}$$

所以

$$y(n) = \frac{1}{N} \sum_{k=0}^{N-1} \Big[\sum_{m=0}^{N-1} x(m)W^{mk} \Big] H(k)W^{-nk}$$

交换 m、n 求和次序，则上式为

$$y(n) = \frac{1}{N} \sum_{m=0}^{N-1} x(m) \Big[\sum_{k=0}^{N-1} H(k)W^{mk}W^{-nk} \Big] = \sum_{m=0}^{N-1} x(m)h((n-m))_N \cdot G_N(n)$$

同理也可证明

$$y(n) = \sum_{m=0}^{N-1} h(m)x((n-m))_N \cdot G_N(n)$$

因此式（6-33）可以表示为圆周卷积形式

$$y(n) = x(n) * h(n)$$

$$= \sum_{m=0}^{N-1} x(m)h((n-m))_N \cdot G_N(n)$$

$$= \sum_{m=0}^{N-1} h(m)x((n-m))_N \cdot G_N(n) \tag{6-35}$$

一般情况下，信号 $x(n)$ 通过单位抽样响应为 $h(n)$ 的系统，其输出（零状态响应）为线性卷积 $y(n) = x(n) * h(n)$。在卷积的计算方面，使用圆周卷积可借助快速傅里叶变换技术，以较高速度完成运算。下面通过例子看一下圆周卷积与线性卷积的区别。

【例 6-2】 求如下两个有限长序列的圆周卷积：

$$x(n) = (n+1)G_4(n)$$
$$h(n) = (4-n)G_4(n)$$

解： 采用作图方法求 $y(n) = x(n)h(n)$。由 $h(n)$、$x(n)$ 作变量替换为 $h(m)$、$x(m)$。再将 $h(m)$ 反褶作出 $h((0-m))_4 G_4(m)$，然后将 $h((-m))_4 G_4(m)$ 依次平移为 $h((1-m))_4 G_4(m)$、$h((2-m))_4 G_4(m)$ 以及 $h((3-m))_4 G_4(m)$，并分别绘于图 6-5 中。

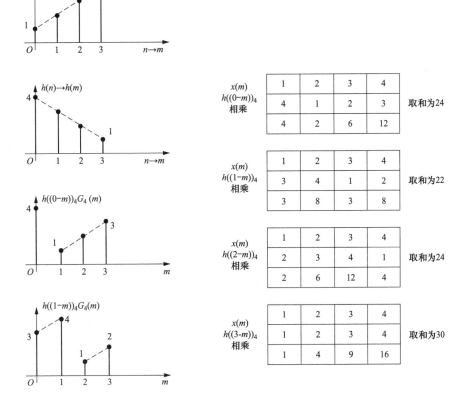

图 6-5 例 6-2 中有限长序列圆周卷积图解

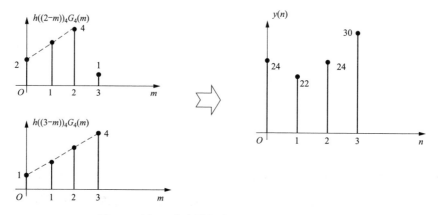

图 6-5　例 6-2 中有限长序列圆周卷积图解（续）

依次将 $h((n-m))_4 G_4(m)$ 与 $x(m)$ 相乘、求和得到

$$y(0)=(1\times4)+(2\times1)+(3\times2)+(4\times3)=24$$
$$y(1)=(1\times3)+(2\times4)+(3\times1)+(4\times2)=22$$
$$y(2)=(1\times2)+(2\times3)+(3\times4)+(4\times1)=24$$
$$y(3)=(1\times1)+(2\times2)+(3\times3)+(4\times4)=30$$

最后得出

$$y(n)=24\delta(n)+22\delta(n-1)+24\delta(n-2)+30\delta(n-3)$$

其圆周卷积图形也绘于图 6-5 中。

下面讨论有限长序列线性卷积和圆周卷积的区别与联系。

设有限长序列 $x(n)$、$h(n)$ 的长度分别为 N 和 M，它们的线性卷积 $y(n)=x(n)*h(n)$ 也应当是有限长序列。由定义知

$$y(n)=\sum_{m=-\infty}^{\infty}x(m)h(n-m)$$

已知 $x(m)$ 的非零值区间是 $0\leqslant m\leqslant N-1$，而 $h(n-m)$ 的非零区间位于 $0\leqslant n-m\leqslant M-1$，联立这两个不等式，得到

$$0\leqslant n\leqslant N+M-2 \tag{6-36}$$

在式（6-36）之外区间不是 $x(m)$ 为零就是 $y(n-m)$ 为零，都将造成 $y(n)=0$。因此，$y(n)$ 是一个长度等于 $N+M-1$ 的有限长序列。例如图 6-6(a) 中，$x(n)$ 是 $N=4$ 的矩形序列，$h(n)$ 是 $M=6$ 的矩形序列，两者的线性卷积 $y(n)$ 的长度是 $N+M-1=9$。

两个有限长序列进行圆周卷积时，必须规定它们的长度相等。经圆周卷积后所得序列长度仍与原序列长度相等。图 6-6(b) 是圆周卷积的情况，$x(n)$ 与 $h(n)$ 仍与图 6-6(a) 相同，但是明显可以看出圆周卷积与线性卷积结果完全不同。出现这种差异的实质是：线性卷积过程中，经反褶再向右平移的序列，在左端将依次留出空位，而圆周卷积过程中，经反褶作圆移的序列，向右移去的样又从左端循环出现，这样就使两种情况下相乘、叠加所得的数值截然不同。

如果把序列 $x(n)$、$h(n)$ 都适当地补一些零值，以扩展它们的长度，那么，在作圆周卷积时，向右移去的零值，以扩展它们的长度 L，那么，在做 L 点圆周卷积时，向右移出去的零值，从左端补上的值仍为零值，此类情况下，两种卷积的结果就有可能一致。那么补零值

应为多少才能使两种卷积的结果一致？分析计算结果表明，补零扩展后的长度 L 不应小于前面求得的线性卷积序列长度 $M+N-1$，也即满足

$$L \geqslant M+N-1 \tag{6-37}$$

的条件下，圆周卷积与线性卷积结果一致。图 6-6（c）中将序列 $x(n)$、$h(n)$ 均补零扩展其长度为 $L=4+6-1=9$，再作出的圆周卷积与线性卷积的结果［图 6-6(a)］完全相同。

在图 6-6（d）中，$x(n)$、$h(n)$ 虽然扩展到 $L=8$，将图 6-6(a) 线性卷积 $n=8$ 处的样值 1 移到 $n=0$ 处，与该处原样值 1 相加后得到 2，但因为 $L \geqslant M+N-1$，故圆周卷积的结果与线性卷积不同。比较图 6-6(d) 与图 6-6(a) 不难发现，将线性卷积 $n=8$ 处的样值 1 移到 $n=0$ 与该处样值 1 相加，就与图 6-6(d) 完全相同了，这可以看作一种混叠现象，由于 L 数值不够大，使线性卷积的首尾交叠混淆成为图 6-6(d) 或图 6-6(b) 那样的圆周卷积。只有当 $L \geqslant M+N-1$ 时，才能避免混叠，这样圆周卷积就与线性卷积一致了。

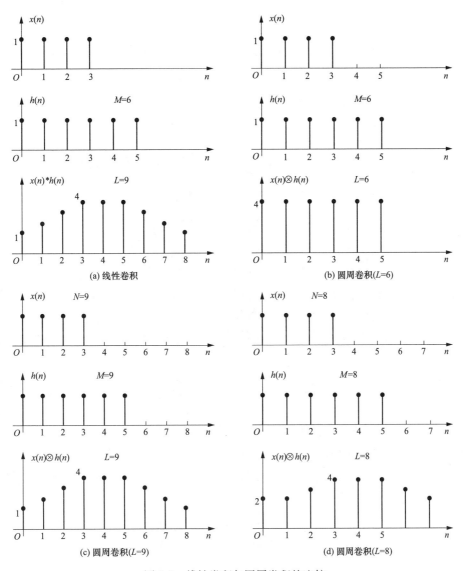

图 6-6　线性卷积与圆周卷积的比较

一般情况下，信号 $x(n)$ 通过单位抽样响应为 $h(n)$ 的系统，其输出是线性卷积 $y(n)=x(n)*h(n)$。然而，在卷积的计算方面，圆周卷积可借助快速傅里叶变换（FFT）技术，以较高的速度完成运算。因此，对于有限长序列求线性卷积的问题，可以按上面的分析，将线性卷积转化为圆周卷积，以便利用 FFT 技术提高计算速度。

5. 频域圆周卷积

若

$$y(n)=x(n) \cdot h(n)$$

则

$$Y(k)=\mathrm{DFT}[y(n)]=\frac{1}{N}\sum_{l=0}^{N-1}X(l)H((k-l))_N \cdot G_N(N)$$

$$=\frac{1}{N}\sum_{l=0}^{N-1}H(l)X((k-l))_N \cdot G_N(N)=\frac{1}{N}X(k)\otimes H(k) \tag{6-38}$$

6. 奇偶虚实性

若 $X(k)$ 为序列 $x(n)$ 的离散傅里叶变换，则可表示为以下实部和虚部的形式：

$$X(k)=X_\mathrm{r}(k)+\mathrm{j}X_\mathrm{i}(k)$$

由 DFT 的定义有

$$X(k)=\sum_{n=0}^{N-1}x(n)\mathrm{e}^{-\mathrm{j}\frac{2\pi}{N}nk}$$

$$=\sum_{n=0}^{N-1}x(n)\cos\left(\frac{2\pi}{N}nk\right)-\mathrm{j}\sum_{n=0}^{N-1}x(n)\sin\left(\frac{2\pi}{N}nk\right) \tag{6-39}$$

（1）若 $x(n)$ 为实序列，则 $X(k)$ 的实部和虚部分别为

$$X_\mathrm{r}(k)=\sum_{n=0}^{N-1}x(n)\cos\left(\frac{2\pi}{N}nk\right)$$

$$X_\mathrm{i}(k)=-\sum_{n=0}^{N-1}x(n)\sin\left(\frac{2\pi}{N}nk\right)$$

可知 $X_\mathrm{r}(k)$ 为频率的偶函数，$X_\mathrm{i}(k)$ 为频率的奇函数。也就是说，实序列的 DFT 是复数序列，其实部是 k 的偶函数，虚部是 k 的奇函数。

（2）$x(n)$ 为实序列，且又为 n 的偶函数 $[x(n)=x(-n)]$，则 $X(k)$ 的实部和虚部分别为

$$X_\mathrm{r}(k)=\sum_{n=0}^{N-1}x(n)\cos\left(\frac{2\pi}{N}nk\right)$$

$$X_\mathrm{i}(k)=-\sum_{n=0}^{N-1}x(n)\sin\left(\frac{2\pi}{N}nk\right)=0$$

即序列 $x(n)$ 为 n 的实偶函数，其离散傅里叶变换也为 k 的实偶函数。

（3）$x(n)$ 为实序列，且又为 n 的奇函数 $(x(n)=-x(-n))$，则 $X(k)$ 的实部和虚部分别为

$$X_\mathrm{r}(k)=\sum_{n=0}^{N-1}x(n)\cos\left(\frac{2\pi}{N}nk\right)=0$$

$$X_\mathrm{i}(k)=-\sum_{n=0}^{N-1}x(n)\sin\left(\frac{2\pi}{N}nk\right)$$

即 $x(n)$ 为 n 的实奇函数，其离散傅里叶变换为 k 的虚奇函数。

（4）$x(n)$ 为纯虚数序列，则 $X(k)$ 的实部和虚部分别为

$$X_r(k) = \sum_{n=0}^{N-1} x(n)\sin\left(\frac{2\pi}{N}nk\right)$$

$$X_i(k) = \sum_{n=0}^{N-1} x(n)\cos\left(\frac{2\pi}{N}nk\right)$$

可知纯虚数序列的 DFT 为复数序列，其实部是 k 的奇函数，虚部是 k 的偶函数。

（5）$x(n)$ 为纯虚序列，且为 n 的偶函数，则 $X(k)$ 的实部和虚部为

$$X_r(k) = \sum_{n=0}^{N-1} x(n)\sin\left(\frac{2\pi}{N}nk\right) = 0$$

$$X_i(k) = \sum_{n=0}^{N-1} x(n)\cos\left(\frac{2\pi}{N}nk\right)$$

即 $x(n)$ 是虚偶函数，其离散傅里叶变换也是 k 的虚偶函数。

（6）$x(n)$ 为纯虚序列，且又为 n 的奇函数，则 $X(k)$ 的实部和虚部为

$$X_r(k) = \sum_{n=0}^{N-1} x(n)\sin\left(\frac{2\pi}{N}nk\right)$$

$$X_i(k) = \sum_{n=0}^{N-1} x(n)\cos\left(\frac{2\pi}{N}nk\right) = 0$$

即 $x(n)$ 是虚奇函数，其离散傅里叶变换是 k 的实奇函数。

以上 DFT 的奇偶虚实性列于表 6-2 中。

表 6-2　　　　　　　　　　　　　　　DFT 的奇偶虚实性

$x(n)$	$X(k)$	$X_r(k)$、$X_i(k)$
实序列	实部为偶	$X_r(k) = X_r((-k))_N G_N(k)$，$X(k) = X*((-k))_N G_N(k)$
	虚部为奇	$X_i(k) = -X_i((-k))_N G_N(k)$，$X(k) = X*(N-k)$
实偶序列	实偶函数	$X(k) = X(N-k)$，$\arg\|X(k)\| = 0$
实奇序列	虚奇函数	$X(k) = X(N-k)$，$\arg\|X(k)\| = -\pi/2$
虚序列	实部为奇	$X_r(k) = -X_r((-k))_N G_N(k)$，$X(k) = -X*((-k))_N G_N(k)$
	虚部为偶	$X_i(k) = X_i((-k))_N G_N(k)$，$X(k) = -X*(N-k)$
虚偶序列	虚偶函数	$\|X(k)\| = \|X(N-k)\|$，$\arg\|X(k)\| = \pi/2$
虚奇序列	实奇函数	$\|X(k)\| = \|X(N-k)\|$，$\arg\|X(k)\| = 0$

6.3　快速傅里叶变换

离散傅里叶变换（DFT）是利用计算机对信号作频谱分析的理论依据，可以解决计算信号的频谱、功率谱等许多方面的实际问题。但直接应用 DFT 的计算工作量太大，以至于在实践中无法广泛应用。1965 年 Cooley 和 Tukey 提出了快速傅里叶变换算法，简记为 FFT（Fast Fourier Transform），它以较少的计算量实现了 DFT 的快速运算，使具体计算 DFT 的理论成为现实。此后 FFT 引起广泛重视，各种改进的及创新的 FFT 算法层出不穷，FFT 算法已成为信号分析与处理的强有力的工具。下面着重介绍由 Cooley 和 Tukey 提出的基 2 时

间抽取 FFT 算法。

6.3.1 改进 DFT 计算的方法

1. 直接计算 DFT 的特点

DFT 的定义为

$$X(k)=\text{DFT}[x(n)]=\sum_{n=0}^{N-1}x(n)W^{nk} \qquad (0\leqslant k\leqslant N-1)$$

$$x(n)=\text{IDFT}[x(n)]=\frac{1}{N}\sum_{k=0}^{N-1}X(k)W^{-nk} \qquad (0\leqslant n\leqslant N-1)$$

因此，在进行 $X(k)$ 的运算时，每计算一个 $X(k)$ 的值，需要进行 N 次复数乘法和 $N-1$ 次复数加法。对于 N 个 $X(k)$ 点，应重复 N 次以上的运算，所以完成全部 DFT 的运算共需 N^2 次复数乘法和 $N(N-1)$ 次复数加法。

例如，设 $N=4$，将 $X(k)=\text{DFT}[x(n)]$ 写成以下矩阵形式：

$$\begin{bmatrix}X(0)\\X(1)\\X(2)\\X(3)\end{bmatrix}=\begin{bmatrix}W^0 & W^0 & W^0 & W^0\\W^0 & W^1 & W^2 & W^3\\W^0 & W^2 & W^4 & W^6\\W^0 & W^3 & W^6 & W^9\end{bmatrix}\begin{bmatrix}x(0)\\x(1)\\x(2)\\x(3)\end{bmatrix} \qquad (6\text{-}40)$$

显然，为了求得每个 $X(k)$ 值，需要 $N=4$ 次复数乘法和 $N-1=3$ 次复数加法，要得到全部 $N=4$ 的 $X(k)$ 的值，需要 $N^2=16$ 次复数乘法和 $N(N-1)=12$ 次复数加法。

随着 N 值加大，运算工作量将迅速增长，例如，当 $N=10$ 时，需要 100 次复数乘，而当 $N=1024$（即 $N=2^{10}$）时，就需要 1048，576，即一百多万次复数乘法运算。按照这一规律，当 N 较大时，对信号进行实时处理时无法达到所需的运算速度。

2. 减少运算量的方法

要减少运算工作量，就必须改进算法。仔细观察 $[W]$ 矩阵会发现，其中的很多系数都可以简化，尤其可以降低乘法运算的次数，为此从以下两个方面进行探讨。

（1）利用 W^{nk} 的周期性。

容易证明

$$W^{nk}=W^{((nk))_N} \qquad (6\text{-}41)$$

式中，符号 $((nk))_N$ 表示取 nk 除以 N 所得的余数，即 nk 的模 N 运算。例如，对于 $N=4$，有 $W^6=W^2$，$W^9=W^1$ 等。式（6-41）写成下面的形式更直观些：

$$W^{n(k+N)}=W^{nk}$$
$$W^{k(n+N)}=W^{nk} \qquad (6\text{-}42)$$

（2）利用 W^{nk} 的对称性。

因为 $W^{N/2}=-1$，于是有

$$W^{(nk+N/2)}=-W^{nk} \qquad (6\text{-}43)$$

以 $N=4$ 为例，$W^2=-W^0$，$W^3=-W^1$。

应用 W^{nk} 的周期性和对称性，式（6-40）中的 $[W]$ 矩阵可以简化。简化后矩阵中还有很多相同的元素。因此可知，在 DFT 的运算中，存在着大量的不必要的重复计算。对 $[W]$ 矩阵进行因子化简以避免大量的重复的运算，称为矩阵 $[W]$ 因子化，它是简化运算的关键。各种 FFT 算法也正是建立在这个基础上的，例如基 2 时间抽取 FFT 算法。

6.3.2　基 2 时间抽取 FFT 算法

1. 基本原理

基 2 时间抽取 FFT 算法是利用前述的 $N=2^M$ 点的 DFT 矩阵因子化的特点，将 $x(n)$ 分解为较短的序列，然后从这些较短的 DFT 中求得 $X(k)$ 的方法。

设 $x(n)$ 长度为 $N=2^M$，M 为正整数。将 $x(n)$ 的 DFT 运算按 n 为偶数和 n 为奇数分解为两部分，即

$$X(k)=\text{DFT}[x(n)]=\sum_{n=0}^{N-1}x(n)W^{nk}$$

$$=\sum_{\text{偶数}n}x(n)W_N^{nk}+\sum_{\text{奇数}n}x(n)W_N^{nk} \qquad (0\leqslant k\leqslant N-1)$$

在式中，以 $2r$ 表示偶数 n，$2r+1$ 表示奇数 n，相应的 r 的取值范围是 $0，1，\cdots，N/2-1$。即有

$$X(k)=\sum_{r=0}^{\frac{N}{2}-1}x(2r)W_N^{2rk}+\sum_{r=0}^{\frac{N}{2}-1}x(2r+1)W_N^{(2r+1)k}$$

$$=\sum_{r=0}^{\frac{N}{2}-1}x(2r)(W_N^2)^{rk}+W_N^k\sum_{r=0}^{\frac{N}{2}-1}x(2r+1)(W_N^2)^{rk}$$

由于式中 $W_N^2=\mathrm{e}^{-\mathrm{j}\frac{2\pi}{N}\cdot 2}=\mathrm{e}^{-\mathrm{j}\frac{2\pi}{\frac{N}{2}}}=W_{\frac{N}{2}}$，于是有

$$X(k)=\sum_{r=0}^{\frac{N}{2}-1}x(2r)W_{\frac{N}{2}}^{rk}+W_N^k\sum_{r=0}^{\frac{N}{2}-1}x(2r+1)W_{\frac{N}{2}}^{rk}=G(k)+W_N^kH(k) \tag{6-44}$$

式 (6-44) 中

$$G(k)=\sum_{r=0}^{\frac{N}{2}-1}x(2r)W_{\frac{N}{2}}^{rk}$$

$$H(k)=\sum_{r=0}^{\frac{N}{2}-1}x(2r+1)W_{\frac{N}{2}}^{rk}$$

这样 N 点的 DFT 已被分解为两个 $N/2$ 点的 DFT，但是，必须注意，$G(k)$ 和 $H(k)$ 都是 $N/2$ 点的 DFT，只有 $N/2$ 个点，即 $k=0，1，2，\cdots，N/2-1$；而 $X(k)$ 却需要 N 个点，$k=0，1，2，\cdots，N-1$；如果用 $G(k)$、$H(k)$ 表达全部 $X(k)$，应利用 $G(k)$ 与 $H(k)$ 的两个重要周期。由周期性可知

$$G(k+N/2)=G(k) \tag{6-45}$$

$$H(k+N/2)=H(k) \tag{6-46}$$

又由于

$$W_N^{(\frac{N}{2}+k)}=W_N^{\frac{N}{2}}\cdot W_N^k=-W_N^k \tag{6-47}$$

将式 (6-44)、式 (6-45)、式 (6-46) 代入式 (6-47) 中，就可得到由 $G(k)$、$H(k)$ 决定 $X(k)$ 的全部关系式：

$$X(k)=G(k)+W_N^kH(k) \tag{6-48}$$

$$X\left(\frac{N}{2}+k\right)=G\left(\frac{N}{2}+k\right)+W_N^{\frac{N}{2}+k}H\left(\frac{N}{2}+k\right)=G(k)-W_N^kH(k) \tag{6-49}$$

式中，$k=0$，1，2，$\cdots$，$N/2-1$，式（6-48）和式（6-49）分别给出 $X(k)$ 的前 $N/2$ 点与后 $N/2$ 点的数值，总共有 N 个值。

2. FFT 的蝶形流程图

为便于理解，以 $N=4$ 为例说明，此时式（6-48）及式（6-49）可写为

$$\begin{cases} X(0)=G(0)+W_4^0 H(0) \\ X(1)=G(1)+W_4^1 H(1) \\ X(2)=G(0)-W_4^0 H(0) \\ X(3)=G(1)-W_4^1 H(1) \end{cases} \tag{6-50}$$

图 6-7 为 $N=4$ 点的 DFT 分解为两个 $N/2=2$ 点的 DFT 流程图。该图的右半部分代表式（6-49）的运算，自左向右进行运算，两条线的汇合点表示两数值相加，线旁标注加权系数 W（复数），表示与相应数值作乘法运算，标注 1 表示单位传输，在此流程图中，基本运算单元呈蝴蝶形，故又称蝶形运算单元（butterfly computation unit）图，如图 6-8(a) 所示。由图 6-8(a) 可知，一个蝶形运算包括两次复数乘法和两次复数加法。蝶形运算还可简化为图 6-8(b) 所示情况。其运算过程是：输入端的 $H(0)$ 先与 W_4^0 相乘，再与入端的 $G(0)$ 分别作加、减运算，得到输出 $X(0)$ 与 $X(2)$。这样，运算量可减少至只有一次复数乘法和两次复数加（减）法。

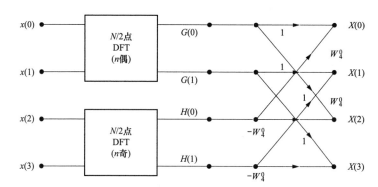

图 6-7　4 点 DFT 分解成 2 点 DFT 流程图

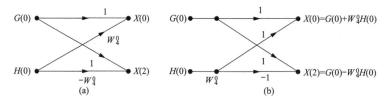

图 6-8　蝶形运算单元

图 6-7 左半边的 $4/2=2$ 点的 DFT 运算，可以写为

$$\begin{cases} G(0)=x(0)+W_2^0 x(2) \\ G(1)=x(0)-W_2^0 x(2) \\ H(0)=x(1)+W_2^0 x(3) \\ H(1)=x(1)-W_2^0 x(3) \end{cases} \tag{6-51}$$

以上运算也画成蝶形，则 $N=4$ 点的 FFT 流程图如图 6-9 所示。由图 6-9 可知，左半平面也是由 $N/2=2$ 个蝶形组成。这样，完成图 6-9 中的全部运算，共需 $2\times N/2=4$ 次复数乘法和 $2\times N=8$ 次复数加法，而直接进行 $N=4$ 点的 DFT 的全部运算量为 $N^2=16$ 次乘法和 $N(N-1)=12$ 次复数加法，可见，采用 FFT 算法后使 DFT 的运算工作量显著减少。

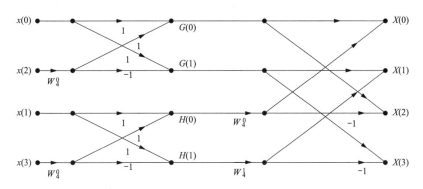

图 6-9　$N=4$ 的 FFT 流程图

对于 $N=2^M$ 的任意情况，则需把这种奇偶分解逐级进行下去。当 $N=2^3=8$ 时，分组运算的方框图如图 6-10 所示。按同样原理，将其画成的蝶形图如图 6-11 所示。这里共分成 3 级蝶形运算，每组仍需乘法 $N/2$ 次，加减法 N 次。全部运算量是 $3\times N/2=12$ 次复数乘，$3\times N=24$ 次复数加（减）；而直接 DFT 的运算量是 $N^2=64$ 次复数乘，$N(N-1)=56$ 次复数加。

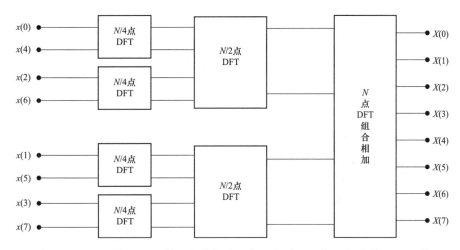

图 6-10　$N=8$ 的 DFT 运算逐级分解为 2 个 $N/2$ 点，4 个 $N/4$ 点的 DFT 运算

3. FFT 算法与直接 DFT 算法的运算量的比较

当 $N=2^M$ 时，全部 DFT 运算可分解为 M 级蝶形图，其中每级都包含 $N/2$ 次复数乘，N 次加（减），因此 FFT 算法的全部运算工作量如下。

$$\text{复数乘法：} N/2\times M=(N/2)\log_2 N \text{ 次}$$
$$\text{复数加（减）法：} N\times M=N\log_2 N \text{ 次}$$

而直接算法 DFT 的运算工作量如下。

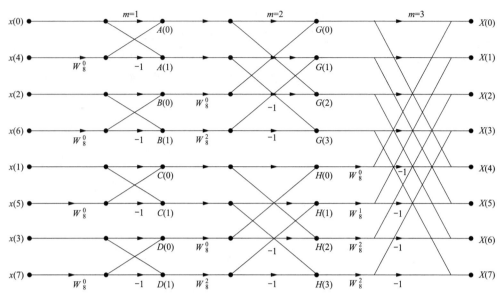

图 6-11 8 点 FFT 的蝶形流程图

$$复数乘法:N^2 次$$

$$复数加法:N(N-1) 次$$

在表 6-3 和图 6-12 中给出了 FFT 算法与直接 DFT 算法所需乘法工作量的比较。从这些具体数字可以看到,当 N 较高时,FFT 算法对 DFT 算法的改善相当可观,例如当 $N = 2^{11} = 2048$ 时,直接 DFT 算法所需时间是 FFT 算法的三百多倍。

表 6-3   直接 DFT 与 FFT 乘法次数比较

M	N	直接 DFT(N^2)	FFT($N/2\log_2 N$)	改善比值($2N/\log_2 N$)
1	2	4	1	4
2	4	16	4	4
3	8	64	12	5.3
4	16	256	32	8
5	32	1024	80	12.8
6	64	4096	192	21.3
7	128	16384	448	36.6
8	256	65536	1024	64
9	512	262144	2304	113.8
10	1204	1048576	5120	204.8
11	2048	4194304	11264	372.4

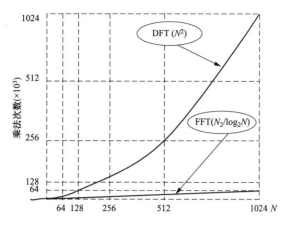

图 6-12　直接 DFT 与 FFT 算法所需乘法次数的比较

4. FFT 运算规律

在给出图 6-9 或图 6-11 时，输入序列 $x(n)$ 的排列不符合自然顺序，而是以 $x(0)$，$x(2)$，$x(1)$，$x(3)$（对于 $N=4$）以及 $x(0)$，$x(4)$，$x(2)$，$x(6)$，$x(1)$，$x(5)$，$x(3)$，$x(7)$（对于 $N=8$）的次序进入计算机的存储单元的。此现象是由于按 n 的奇、偶分组进行 DFT 运算所造成的，这种排列方式称为码位倒读（bit-reversal）的顺序。所谓倒读是指按二进制表示的数字首尾位置颠倒，重新按十进制读数，表 6-4 列出了当 $N=8$ 时两种排列顺序的互换规律，在表中，第 1 列是自然顺序的十进制数字，把它们表示为二进制以后，将码位倒置，例如 001 变为 100，再按十进制读出已倒置的数字，即得第 4 列的码位倒读顺序，也就是图 6-11 的输入排列顺序。

表 6-4　　　　　　　　　　　**自然顺序与码位倒读顺序（$N=8$）**

自然顺序	二进制表示	码位倒置	码位倒读顺序
0	000	000	0
1	001	100	4
2	010	010	2
3	011	110	6
4	100	001	1
5	101	101	5
6	110	011	3
7	111	111	7

能否把输入序列按自然顺序排序进行 FFT 运算呢？当然可以。图 6-13 是当 $N=4$ 时的另一形式的流程图，不难发现，它所执行的运算内容与图 6-9 一致，但区别为，此处输入序列为自然顺序排列，而输出却成了码位倒读顺序。

还可以构成输入、输出序列都按自然顺序（都不按码位倒读顺序）的 FFT 流程图，如图 6-14 所示。然而这种排序存在的缺陷是：不能进行"即位运算"，需要较多的存储器。

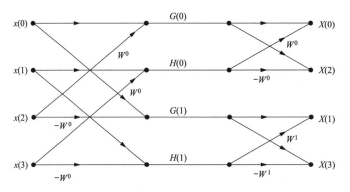

图 6-13　$N=4$ 的 FFT 流程图（输入序列自然顺序，输出序列码位倒读顺序）

即位运算（in-place computation）就是当数据输入存储器后，每级运算结果仍然储存在原有的同一组存储器中，直到最后一级算完，中间无须增设其他存储设备。例如图 6-9 与图 6-13 都是符合即位运算的。对于图 6-9 左上端的一个蝶形运算单元，由输入 $x(0)$、$x(2)$ 求得 $G(0)$、$G(1)$ 之后，数据 $x(0)$、$x(2)$ 即可清除，而将 $G(0)$、$G(1)$ 送入原存放数据 $x(0)$、$x(2)$ 的存储单元之中。同理，求得 $H(0)$、$H(1)$ 后也即送入原存放 $x(1)$、$x(3)$ 的存储单元中。可知，在完成第一级运算的过程中，只利用原输入数据的存储器，即可获得顺序符合要求的中间数据，并立即执行下一级运算。然而对于图 6-14，容易看出第一级运算的蝶形单元已经发生"倾斜"，无法实现即位运算，需附加存储器供中间数据使用。

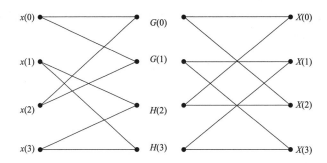

图 6-14　$N=4$ 的 FFT 流程图（输入序列、输出序列均为自然顺序）

实际上，宁可在输入、输出端附加码位倒读的转换程序（也称变址处理），也不愿增加更多的存储器。因此，一般多采用图 6-9 或图 6-13 那样的具有即位运算能力的算法。

综上所述，当 $N=2^M$ 时，输入序列按码位倒读顺序，输出序列按自然顺序的 FFT 流程图的排列规律如下。

（1）全部运算分解为 M 级（M 次迭代）。

（2）输入序列按码位倒读顺序排列，输出序列按自然顺序排列。

（3）每级都包含 $N/2$ 个蝶形单元，但其几何形状各不相同，自左至右第一级的 $N/2$ 个蝶形单元分布为 $N/2$ 个"群"，第二级分为 $N/2^2$ 个"群"，…，第 i 级分为 $N/2^i$ 个"群"，…，最后一级只有 $N/2^M$ 个"群"，也就是一个"群"。

（4）同一级中各个"群"的加权系数 W 的分布规律完全相同。

（5）各级的 W 的分布顺序按如下规律自左向右排列。

第一级：W_N^0

第二级：W_N^0，$W_N^{\frac{N}{2}}$

第三级：W_N^0，$W_N^{\frac{N}{8}}$，$W_N^{\frac{2N}{8}}$，$W_N^{\frac{3N}{8}}$

⋮

第 i 级：W_N^0，$W_N^{\frac{N}{2^i}}$，$W_N^{\frac{2N}{2^i}}$，…，$W_N^{(2^{i-1}-1)\frac{N}{2^i}}$

⋮

第 M 级：W_N^0，W_N^1，W_N^2，W_N^3，…，$W_N^{\frac{N}{2}-1}$

读者可按上述规律练习排列任意 $N=2^M$（M 整数）值的 FFT 流程图。

离散傅里叶变换的快速算法原理同样适用于求反变换（用 IFFT 表示），其差别仅在于，取 IDFT 时，加权系数改为 W^{-nk}，且运算结果都应乘以系数 $1/N$。

【例 6-3】已知有限长序列 $x(n)=\delta(n)+2\delta(n-1)-\delta(n-2)+3\delta(n-3)$，按 FFT 运算流程求 $X(k)$，再用 IFFT 反求 $x(n)$。

解：（1）画出 FFT 运算流程图如图 6-15 所示，逐级计算求得 $X(k)$ 的结果为

$$X(0)=5,X(1)=2+\mathrm{j},X(2)=-5,X(3)=2-\mathrm{j}$$

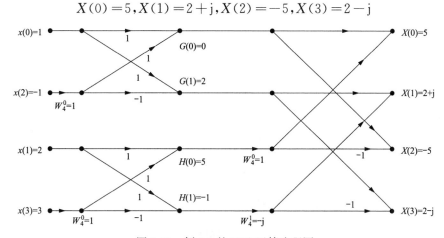

图 6-15　例 6-3 的 FFT 运算流程图

（2）再画出 IFFT 运算流程图如图 6-16 所示，逐级计算求得 $x(n)$。

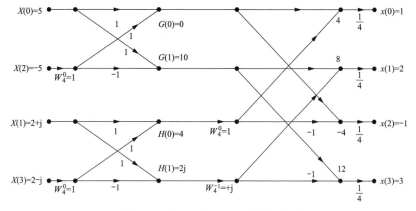

图 6-16　例 6-3 的 IFFT 运算流程图

从 FFT 算法诞生至今，各种改进或派生的 FFT 算法层出不穷，如频率抽取算法、任意因子的 FFT 算法等。这里只介绍了关于 FFT 算法的初步概念，更详细深入的分析可参考有关数字信号处理方面的教材及相关文献。

6.4　MATLAB 在离散时间信号的频域分析中的应用

【例 6-4】 对复正弦序列 $x(n)=e^{j\frac{\pi}{8}n}R_N(n)$，利用 MATLAB 程序求当 $N=16$ 和 $N=8$ 时的离散傅里叶变换，并显示其图形。

在 MATLAB 中，计算离散傅里叶变换可以用函数 fft ()，fft () 函数的主要调用格式为

$$X= fft(x,N)$$

其中，x 为向量，N 为向量 x 的长度，X 为返回 N 点的 x 的离散傅里叶变换。

MATLAB 程序如下：

```
N=16;N1=8;n=0:N-1;k=0:N1-1;        % 设置参数并取点
x=exp(j*pi*n/8);                   % 定义函数
X1=fft(x,N);X2=fft(x,N1);          % 快速傅里叶变换
subplot(2,1,1);                    % 开辟绘图区域
stem(n,abs(X1));                   % 绘制离散图形
axis([0,20,0,20]);                 % 控制坐标范围
ylabel('|X1(k)|');
title('16点的DFT')
subplot(2,1,2);
stem(k,abs(X2));
axis([0,20,0,20]);
ylabel('|X2(k)|');
title('8点的DFT')
```

MATLAB 程序执行结果如图 6-17 所示。

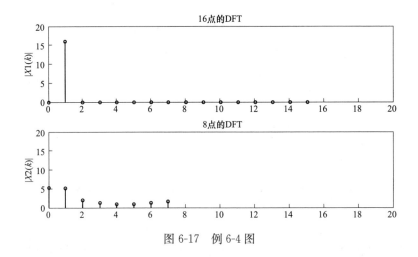

图 6-17　例 6-4 图

【例 6-5】 利用 MATBLE 程序求有限长序列 $x(n)=8(0.4)^n$，$0\leqslant n<20$ 的圆周移位

$$x(n) = x[(n+10)]_{20}R_{20}(n)$$

MATLAB 程序如下:

```
N=20;m=10;n=0:1:N-1;              % 设置参数并取点
x=8*(0.4).^n;                     % 定义函数
n1=mod((n+m),N);                  % 求余数
xm=x(n1+1);                       % 赋值
subplot(2,1,1);                   % 开辟绘图空间
stem(n,x);                        % 绘制离散图形
title('原序列');
xlabel('n');ylabel('x(n)');
subplot(2,1,2);
stem(n,xm);
title('圆周移位序列')
xlabel('n');ylabel('xm(n)');
```

MATLAB 程序执行结果如图 6-18 所示。

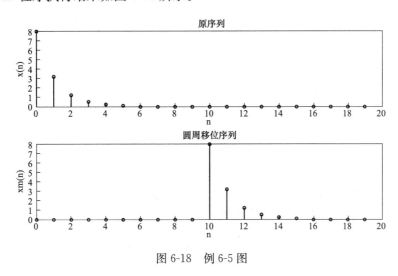

图 6-18 例 6-5 图

【例 6-6】 分别用快速卷积法以及 conv 函数计算下面两个序列的线性卷积:

$$h(n) = [3,2,1,-2,0,-4,0,3], 0 \leqslant n \leqslant 8, x(n) = [1,-2,3,-4,3,2,1], 0 \leqslant n \leqslant 6$$

快速卷积的 MATLAB 程序如下:

```
h=[3 2 1 -2 1 0 -4 0 3];                      % 系统的冲激响应
x=[1 -2 3 -4 3 2 1];                          % 输入序列
L=pow2(nextpow2(length(x)+length(h)-1));      % 求基数 2 的 n 次幂
Xk=fft(x,L);                                  % 快速傅里叶变换
Hk=fft(h,L);
Yk=Xk.*Hk;
y=ifft(Yk,L);                                 % 快速傅里叶变换的反变换
nh=0:8;nx=0:6;ny=0:L-1;
subplot(3,1,1);stem(nx,x);title('x(n)');      % 绘制离散图形
subplot(3,1,2);stem(nh,h);title('h(n)');
```

```
subplot(3,1,3);stem(ny,y);
xlabel('时间序列 n');ylabel('振幅');title('卷积 y(n)');
```
　MATLAB 程序执行结果如图 6-19 所示。

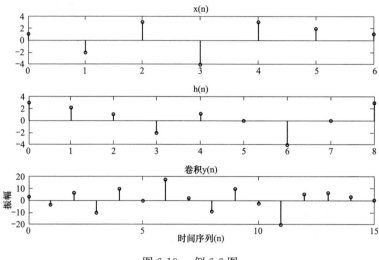

图 6-19　　例 6-6 图

　conv 函数的 MATLAB 程序如下：
```
h=[3 2 1 -2 1 0 -4 0 3];
x=[1 -2 3 -4 3 2 1];
y=conv(h,x);                                    % 实现卷积计算
n=0:14;
stem(n,y);
xlabel('时间序列 n');ylabel('振幅');title('卷积 y(n)');
```
　MATLAB 程序执行结果如图 6-20 所示。

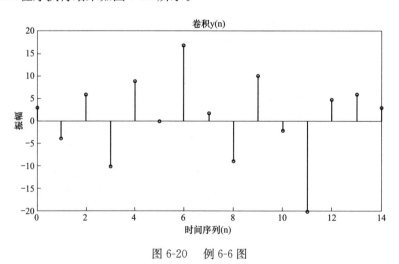

图 6-20　　例 6-6 图

　　【例 6-7】 已知信号由频率为 15Hz、幅值为 0.5 的正弦信号和频率为 40Hz、幅值为 2 的正弦信号组成，数据采样频率为 $f_s=100\text{Hz}$，试分别绘制 $N=128$ 点的 DFT 幅频图和 $N=$

1024 点的 DFT 幅频图。

MATLAB 程序如下：

```
fs=100;                            % 设置参数
N=128;
n=0:N;                             % 取点
t=n/fs;
x=0.5*sin(2*pi*5*t)+2*sin(2*pi*40*t);  % 定义信号函数
y=fft(x,N);                        % 快速傅里叶变换
mag=abs(y);                        % 取绝对值
f=(0:length(y)-1)'*fs/length(y);
subplot(2,2,1);
plot(f,mag);
xlabel('f/Hz');
ylabel('幅度');
title('N=128');
grid                               % 设置网格
subplot(2,2,2);
plot(f(1:N/2),mag(1:N/2));
xlabel('f/Hz');
ylabel('幅度');
title('N=128');
grid
fs=100;
N=1024;
n=0:N;
t=n/fs;
x=0.5*sin(2*pi*5*t)+ 2*sin(2*pi*40*t);
y=fft(x,N);
mag=abs(y);
f=(0:length(y)-1)'*fs/length(y);
subplot(2,2,3);
plot(f,mag)
xlabel('f/Hz');
ylabel('幅度');
title('N=1024');
grid
subplot(2,2,4);
plot(f(1:N/2),mag(1:N/2));
xlabel('f/Hz');
ylabel('幅度');
title('N=1024');
grid
```

MATLAB 程序执行结果如图 6-21 所示。

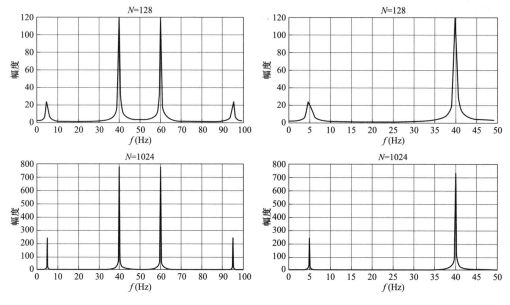

图 6-21　例 6-7 图

本章小结

1. 周期序列的傅里叶分析

周期序列可以按离散傅里叶级数展开，展开系数称为该周期序列的频谱。

周期序列的离散傅里叶级数的定义及其特点。

2. 有限长序列的离散傅里叶变换

对有限长序列可以进行离散傅里叶变换。离散傅里叶变换具有线性、位移、频移、时域圆卷积、频域圆卷积等基本性质。

3. 基 2 时间抽取的 FFT 算法

按时间抽取的快速算法的核心是将一组长度 N 为 2 的整数幂的离散时间序列按时间序号进行奇数和偶数分组，分成两组长度均为 $N/2$ 的新序列，并用两组长度为 $N/2$ 的离散傅里叶变换表达一组长度为 N 的快速傅里叶变换。

知识拓展

快速傅里叶变换在电力系统中的应用

快速傅里叶变换（FFT）是一种重要的数字信号处理技术，广泛应用于电力系统的各个领域，如电力负荷分析、谐波分析、故障诊断和电力质量分析等方面。

电力负荷分析是指对电力系统的负荷进行定量分析和预测，以便电力公司合理调度电力资源，提高电力系统的稳定性和经济性。电力负荷分析的主要内容包括负荷特性分析、负荷预测和负荷平衡等方面。其中，负荷特性分析是电力负荷分析的基础，通过对负荷的频谱分析，可以深入了解负荷的性质和特点，为负荷预测和负荷平衡提供重要的参考依据。FFT 是将时间域信号转换为频域信号的一种有效方法，它通过将复杂的信号分解成若干个正弦波和余弦波的叠加，得到信号的频谱分布，从而深入了解信号的性质和特点。

具体地，将电力负荷信号输入 FFT 算法，可得到负荷信号的频谱分布图。负荷信号的频谱分布图显示了信号在各个频率点上的幅值和相位，反映了负荷信号在不同频率下的强度和分布情况。通过对频谱分布图的分析，可以得到负荷信号的主要频率、频率分布情况以及各个频率成分的幅值和相位信息等。这些信息对于电力负荷特性分析和负荷预测非常有用。

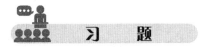

习　题

6.1　一周期序列如图 6-22 所示，试求 $X_p(k)=\text{DFS}[x_p(n)]$。

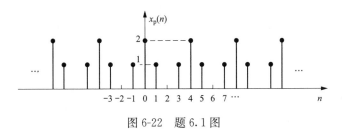

图 6-22　题 6.1 图

6.2　一个周期序列如图 6-23 所示，其 DFS 为 $X_p(k)$，试判断下面说法是否正确？

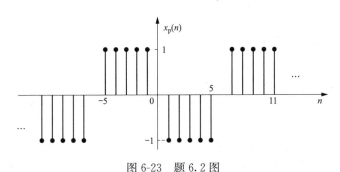

图 6-23　题 6.2 图

(1) $X_p(k)=X_p(k)$；

(2) $X_p(0)=0$；

(3) $X_p(k)=X_p(k+10)$。

6.3　已知周期序列

$$x_p(n)=\begin{cases}10 & (2\leqslant n\leqslant 6)\\ 0 & (n=0,1,7,8,9)\end{cases}$$

周期 $N=10$，试求 $X_p(k)=\text{DFS}[x_p(n)]$，并画出 $X_p(k)$ 的幅度和相位特性。

6.4　已知序列

$$x(n)=\begin{cases}a^n & (0\leqslant n\leqslant 9)\\ 0 & (其余 n)\end{cases}$$

分别求其 10 点和 20 点 DFT。

6.5　求下列各有限长序列 $x(n)$ 的 DFT，并求 IDFT 进行验证。假设 $x(n)$ 用向量表

示为

(1) $[x(n)]=[1, 2, -1, 3]$；

(2) $[x(n)]=[2, 1, 0, 1]$。

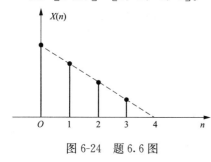

图 6-24　题 6.6 图

6.6　一个有限长序列 $x(n)$ 如图 6-24 所示，绘出 $x_1(n)$、$x_2(n)$ 序列。

$$x_1(n)=x((n-1))_4 G_4(n)$$
$$x_2(n)=x((-n))_4 G_4(n)$$

6.7　已知有限长序列 $x(n)$ 的 DFT 为 $X(k)$，试用频移定理求以下序列的 DFT：

(1) $x(n)\cos(2\pi rn/N)$；

(2) $x(n)\sin(2\pi rn/N)$。

6.8　已知有限长序列 $x(n)$ 与 $h(n)$ 如图 6-25 所示，试画出：

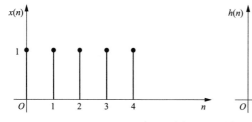

图 6-25　题 6.8 图

(1) $x(n)$ 与 $h(n)$ 的线性卷积；

(2) $x(n)$ 与 $h(n)$ 的 5 点圆周卷积；

(3) $x(n)$ 与 $h(n)$ 的 8 点圆周卷积。

6.9　设序列 $x(n)$ 的 DFT 为 $X(k)$，将它分解为实部和虚部，即 $X(k)=X_r(k)+jX_i(k)$。证明：

(1) 若序列 $x(n)$ 是实序列，则 $X_r(k)$ 是偶函数，$X_i(k)$ 是奇函数。

(2) 若序列 $x(n)$ 是纯虚序列，则 $X_r(k)$ 是奇函数，$X_i(k)$ 是偶函数。

6.10　图 6-26 所示为 $N=4$ 的有限长序列 $x(n)$，试绘图解答：

(1) $x(n)$ 与 $x(n)$ 的线性卷积；

(2) $x(n)$ 与 $x(n)$ 的 4 点圆周卷积；

(3) $x(n)$ 与 $x(n)$ 的 10 点圆周卷积；

(4) 若要使 $x(n)$ 与 $x(n)$ 的圆周卷积和线性卷积相同，求长度 L 的最小值。

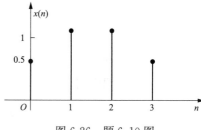

图 6-26　题 6.10 图

6.11　设 N 点序列 $x(n)$ 的 DFT 为 $X(k)$，再按 k 对 $X(k)$ 作 DFT 运算，得 $x_1(n)=\sum_{k=0}^{N-1} X(k)W_N^{kn}$。试求 $x_1(n)$ 与 $x(n)$ 的关系。

6.12　若已知实数有限长序列 $x_1(n)$、$x_2(n)$，长度均为 N：

$$\text{DFT}[x_1(n)]=X_1(k)$$
$$\text{DFT}[x_2(n)]=X_2(k)$$

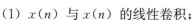

$$x_1(n) + jx_2(n) = x(n)$$
$$\mathrm{DFT}[x(n)] = X(k)$$

试证明下列关系式成立：

$$X_1(k) = 1/2[X(k) + X * (N - k)]$$
$$X_2(k) = 1/2j[X(k) - X * (N - k)]$$

6.13 Cooley-Tukey FFT 算法也可解释为 $[W]$ 矩阵的分解简化，例如 $N = 4$ 可写成

$$
\begin{bmatrix} X(0) \\ X(1) \\ X(2) \\ X(3) \end{bmatrix}
=
\begin{bmatrix} 1 & W^0 & 0 & 0 \\ 0 & 0 & 1 & W^1 \\ 1 & -W^0 & 0 & 0 \\ 0 & 0 & 1 & -W^1 \end{bmatrix}
\cdot
\begin{bmatrix} 1 & 0 & W^0 & 0 \\ 0 & 1 & 0 & W^0 \\ 1 & 0 & -W^0 & 0 \\ 0 & 1 & 0 & -W^0 \end{bmatrix}
\cdot
\begin{bmatrix} x(0) \\ x(1) \\ x(2) \\ x(3) \end{bmatrix}
$$

试证明此矩阵表示式与式（6-40）一致。

6.14 修改流程图 6-14，仍要求 $N = 8$，但输入序列为自然顺序，输出序列为码位倒读顺序。

6.15 设 $x(n)$ 为一个有限长序列，当 $n < 0$ 及 $n \geqslant N$ 时 $x(n) = 0$，且 N 为偶数。已知 $\mathrm{DFT}[x(n)] = X(k)$，试利用 $X(k)$ 表示以下各序列的 DFT。

(1) $x_1(n) = x(N - 1 - n)$；

(2) $x_2(n) = (-1)^n x(n)$；

(3) $x_3(n) = \begin{cases} x(n) & (0 \leqslant n \leqslant N - 1) \\ x(n - N) & (N \leqslant n \leqslant 2N - 1) \\ 0 & (n \text{ 为其他值}) \end{cases}$ （DFT 有限长度为 $2N$）；

(4) $x_4(n) = \begin{cases} x(n) + x\left(n + \dfrac{N}{2}\right) & \left(0 \leqslant n \leqslant \dfrac{N}{2} - 1\right) \\ 0 & (n \text{ 为其他值}) \end{cases}$；

(5) $x_5(n) = \begin{cases} x(n) & (0 \leqslant n \leqslant N - 1) \\ 0 & (N \leqslant n \leqslant 2N - 1) \\ 0 & (n \text{ 为其他值}) \end{cases}$ （DFT 有限长度为 $2N$）；

(6) $x_6(n) = \begin{cases} x\left(\dfrac{N}{2}\right) & (n \text{ 为偶数}) \\ 0 & (n \text{ 为奇数}) \end{cases}$；

(7) $x_7(n) = x(2n)$ （DFT 有限长度取 $N/2$）。

6.16 推导 $N = 16$ 的 Cooley-Tukey FFT 算法，并画出其流程图，输入序列按码位倒读顺序排列，输出按自然顺序排列。

6.17* 一个长度为 $N = 8129$ 的复序列 $x(n)$ 与一个长度为 $L = 512$ 的复序列 $h(n)$ 卷积。

(1) 求直接进行卷积所需（复）乘法次数。

(2) 若用 1024 点基 2 按时间抽取 FFT 重叠相加法计算卷积，重复问题（1）。

6.18 以 10kHz 采样率对一语音信号进行采样，并对其进行实时处理，所需的部分运算包括采集 1024 点语音值块、计算一个 1024 点的 DFT 变换和一个 1024 点的 IDFT 反变换。若每次乘法运算所需时间为 1 μs，那么计算完 DFT 和 IDFT 后还剩多少时间来处理数据？

第 7 章　滤波器的原理与设计

本章重点要求

（1）理解滤波器的概念；掌握滤波器的设计指标。

（2）掌握模拟低通滤波器的设计方法。

（3）理解用脉冲响应不变法和双线性变换法设计 IIR 数字低通滤波器。

（4）理解用窗函数法设计 FIR 数字滤波器的方法。

（5）掌握 IIR 和 FIR 数字滤波器的基本结构。

（6）理解滤波器设计原理。

（7）应用 MATLAB 进行滤波器设计。

思　考

滤波器的设计方法有哪些？

7.1　模拟滤波器的原理

7.1.1　概论

滤波技术在信号处理中是一种最基本且重要的技术，利用该技术可以从接收到的各种信号中提取所需要的信号，抑制或消除不必要的干扰信号。滤波器是采用滤波技术的具有一定传输选择性的信号处理装置。当输入信号时，它使信号中某些需要的成分得以传输直至输出，而使其中的另一些不需要的成分受到抑制而不被传输。因此，滤波器的功用可以理解为对输入信号进行某种运算、处理并变换为所需要的输出信号。

根据所处理的信号不同，滤波器分为模拟滤波器（analog filter）和数字滤波器（digital filter）两大类。模拟滤波器是指它所处理的输入、输出信号均为模拟信号，其本身是线性时不变模拟系统。

滤波器按其功能可分为低通滤波器（Low-Pass filter，LP）、高通滤波器（High-Pass filter，HP）、带通滤波器（Band-Pass filter，BP）、带阻滤波器（Band-Stop filter，BS）和全通滤波器（All-Pass filter，AP）。

根据电路实现方式，滤波器可以分为无源滤波器和有源滤波器。无源滤波器的电路由无源元件 R、L 和 C 组成；有源滤波器的电路由无源元件和有源元件（双极型管、单极型管、集成运放）组成。

7.1.2　信号不失真传输条件

在进行信号传输时，希望信号通过传输系统时，无任何失真。所谓信号不失真传输，是指输入信号通过系统后，输出信号的幅度是输入信号的比例放大，在出现的时间上允许有一定的滞后，而波形无畸变，不失真传输的图解如图 7-1 所示。若输入信号为 $x(t)$，输出信号为 $y(t)$，则不失真传输系统的输出信号 $y(t)$ 应为

$$y(t) = kx(t - t_0) \tag{7-1}$$

式中，k 为比例常数；t_0 是输入信号通过系统的延迟时间。式（7-1）为线性系统不失真传输的时域条件。对式（7-1）两边进行傅里叶变换，根据傅里叶变换的延时特性，可得不失真传输的频域条件，其输出信号与输入信号频谱之间的关系为

$$Y(\omega) = K e^{-j\omega t_0} X(\omega) \tag{7-2}$$

且

$$Y(\omega) = H(\omega)X(\omega) \tag{7-3}$$

传输系统的频率响应为

$$H(\omega) = K e^{-j\omega t_0} = |H(\omega)| e^{j\phi(\omega)} \tag{7-4}$$

$$\begin{cases} |H(\omega)| = K \\ \phi(\omega) = -\omega t_0 \end{cases} \tag{7-5}$$

式（7-5）为线性系统不失真传输的频域条件，要求在信号全部频带上系统的幅频特性 $|H(\omega)|$ 应为一个常数，而相频特性 $\varphi(\omega)$ 与 ω 成正比，如图 7-2 所示。

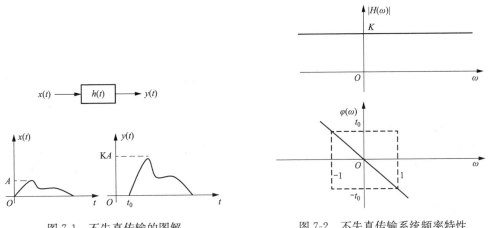

图 7-1　不失真传输的图解　　　　　　图 7-2　不失真传输系统频率特性

　　若不满足式（7-5）的条件，信号在线性系统传输中会产生幅度失真（amplitude distortion）或相位失真（phase distortion）。所谓幅度失真是指系统对信号中各频率分量的幅度产生不同程度的衰减，使各频率分量幅度的相对比例产生变化。而相位失真是因线性系统对各频率分量产生的相移不与频率成正比，结果造成各频率分量在时间轴上的相对位置产生变化。要使输出信号与输入信号波形不失真，一方面要保证它们的波形中所包含的各频率分量的相对幅度不变，另一方面还必须保证它们的相对位置不变，也即要求输出中的各频率分量与输入中相应分量滞后同样的时间，才能保证其最后合成的波形不失真。

7.1.3　滤波器的理想特性与实际特性

　　理想滤波器应具备可以完全抑制无用的干扰信号，不失真传输有效信号的功能特性。从理想滤波器频域范围考虑，一般情况下有用信号与无用信号分别占有不同频带，理想滤波器需要在有用信号的频带内，保持幅值为一常数，相位为线性，而在该频带以外，幅频特性下

降为零，而相频特性在此频带内则是无关紧要的。在理想滤波器中使信号容易通过的频带称为通（频）带，抑制信号通过的频带则称为阻带。

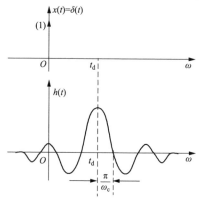

图 7-3　理想低通滤波器的冲激响应

理想滤波器仍分为低通、高通、带通、带阻及全通等几种，理想低面滤波器的冲激响应如图 7-3 所示。但理想滤波器是一个非因果系统，因此是物理不可实现的。

理想低通滤波器的频率特性表示为

$$H(\omega) = \begin{cases} K e^{-j\omega t_d} & |\omega| < \omega_c \\ 0 & |\omega| > \omega_c \end{cases} \tag{7-6}$$

式中，ω_c 为理想低通滤波器通带截止频率；t_d 为延迟时间。

系统函数的傅里叶反变换即为冲激响应。为简化设 $K=1$，则冲激响应为

$$h(t) = \mathscr{F}^{-1}[H(\omega)] = \frac{1}{2\pi}\int_{-\infty}^{\infty} e^{-j\omega t_d} e^{j\omega t} d\omega$$

$$= \frac{1}{2\pi}\int_{-\infty}^{\infty}[\cos\omega(t-t_d) + j\sin\omega(t-t_d)]d\omega$$

$$= \frac{1}{\pi}\int_{0}^{\infty}\cos\omega(t-t_d)d\omega = \frac{1}{\pi}\int_{0}^{\omega_c}\cos\omega(t-t_d)d\omega$$

$$= \frac{\omega_c}{\pi} \cdot \frac{\sin\omega_c(t-t_d)}{\omega_c(t-t_d)} = \frac{\omega_c}{\pi}sa[\omega_c(t-t_d)] \tag{7-7}$$

$h(t)$ 的波形如图 7-3 所示，从图中可见，$t=0$ 瞬间，输入为一个冲激激励 $\delta(t)$，在延迟了 t_d 时间后输出的响应值 $h(t)$ 才达到最大值。且当 $t<0$ 时，$h(t) \neq 0$，这说明 $t<0$ 区域内也存在响应，显然违反因果系统的要求，因此这种理想滤波器在物理上无法实现。

因果性在时域中表现为响应必须出现在激励之后，而在频域上可以证明：因果系统的幅频特性 $|H(\omega)|$ 应满足下列必要条件，在 $(-\infty<\omega<\infty)$ 的区间内，$|H(\omega)|^2$ 曲线下面的面积为有限值，即

$$\int_{-\infty}^{\infty}|H(\omega)|^2 d\omega < \infty \tag{7-8}$$

且还应满足下面关系式

$$\int_{-\infty}^{\infty}\frac{|\ln|H(\omega)||}{1+\omega^2}d\omega < \infty \tag{7-9}$$

式 (7-9) 称为佩利-维纳准则（Paley-Wiener criterrion）。

如果系统的幅频特性 $|H(\omega)|$ 在某一有限频带中为零，则 $|\ln|H(\omega)||\rightarrow\infty$，式 (7-9) 的积分值不再是有限值，而是趋于无穷大，系统将不满足因果性，也即该系统是物理上无法实现的。因此如果一个系统是物理可实现的，则只能允许其幅频特性 $|H(\omega)|$ 在某些频率点上为零，而不能在一个有限频带内为零。从这点可以看出，所有的理想滤波器都是物理上不可实现的。

由于理想滤波器均为非因果系统，是物理不可实现的，因此实际滤波器特性只能是理想特性的足够近似的逼近。例如一个实际的低通滤波器除了存在通带和阻带外，还应在通带和

阻带之间设置一个过渡带，而不是从通带到阻带的突然下降，如图 7-4 所示。在通带内幅频特性并不是完全平直的直线，只能是具有近似的幅频特性与相位特性，且它们与理想特性的偏差应在规定的范围之内。在阻带内幅频特性也不是零，而是在一个规定的偏差范围内衰减。在过渡带内的幅度衰减一般不再提要求。

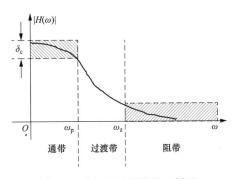

图 7-4　实际滤波器特性（低通）

在实际设计中，幅频特性通常用以分贝值表示的增益 $G(\omega)$ 或衰减 $\delta(\omega)$ 来表示。

增益 $G(\omega)$（dB）定义为

$$G(\omega) = 20\lg \mid H(\omega) \mid \mathrm{dB} = 20\lg \left| \frac{Y(\omega)}{X(\omega)} \right| \mathrm{dB} \tag{7-10}$$

衰减 $\delta(\omega)$（dB）定义为

$$\delta(\omega) = -20\lg \mid H(\omega) \mid \mathrm{dB} = 20\lg \left| \frac{X(\omega)}{Y(\omega)} \right| \mathrm{dB} \tag{7-11}$$

有时 $\mid H(\omega) \mid$ 还采取归一化形式，即将频率特性 $\mid H(\omega) \mid$ 表示为对于某一参考值的相对值。若使其最大值为 1，最小值为 0，则衰减为 $0 \sim \infty$。

7.2　模拟滤波器的设计

7.2.1　幅度平方函数及其性质

模拟滤波器的设计就是要按给定的频响特性选择适当的 $H(s)$，以满足容差要求。经过长期的研究与实践，科学家及工程师们已选定了若干种典型的 $H(s)$ 函数，可以很好地适应不同频响特性的要求，因而在一般情况下并不需要滤波器设计者重新建立 $H(s)$ 函数式。随着计算机技术的逐步应用，人们又计算出了大量的设计参数并绘出了图表，因此滤波器设计者只需根据给定的容差要求，查索相应的图表，就可得到符合要求的滤波器电路结构及元件参数。

对于典型的可实现 $H(s)$ 函数，往往先求 $\mid H(\mathrm{j}\omega) \mid^2$，由此寻找 $H(s)$，待求的 $H(s)$ 应满足系统稳定性要求，而且希望 $h(t) = \mathscr{F}^{-1}[H(s)]$ 是 t 的实函数，这样 $H(\mathrm{j}\omega)$ 应具有共轭对称性，即

$$H(\mathrm{j}\omega) = H * (-\mathrm{j}\omega) \tag{7-12}$$

由此得

$$\mid H(\mathrm{j}\omega) \mid^2 = H(\mathrm{j}\omega) \cdot H * (\mathrm{j}\omega) \tag{7-13}$$

将式（7-12）代入式（7-13）得

$$\mid H(\mathrm{j}\omega) \mid^2 = H(\mathrm{j}\omega) \cdot H * (\mathrm{j}\omega) = H(\mathrm{j}\omega) \cdot H(-\mathrm{j}\omega) = H(s) \cdot H(-s) \mid_{s=\mathrm{j}\omega} \tag{7-14}$$

式（7-14）中分子、分母中各项均为 s^2 的函数，当以 $s = \mathrm{j}\omega$ 代入时，均为 ω^2 的函数，幅度平方函数是以 ω^2 为变量的有理函数，即

$$\mid H(\mathrm{j}\omega) \mid^2 = A(\omega^2) \tag{7-15}$$

7.2.2　由幅度平方函数求系统函数

由式（7-15）可知，幅度平方函数与系统函数有如下关系：

$$|H(j\omega)|^2 = A(\omega^2) = H(s)H(-s)|_{s=j\omega}$$

$$A(\omega^2) = A(-s^2)|_{s=j\omega}$$

比较以上两式得

$$A(-s^2) = H(s) \cdot H(-s) = A(\omega^2)|_{\omega^2 = -s^2}$$

最后得

$$A(\omega^2)|_{\omega^2 = -s^2} = A(-s^2) = H(s) \cdot H(-s) = |H(s)|^2 \tag{7-16}$$

已知幅度平方函数 $A(\omega^2)$ 时，以 $\omega^2 = -s^2$ 代入即可求得变量 s^2 的有理函数 $A(-s^2)$，然后求此有理函数的零、极点并作适当分配，作为 $H(s)$ 和 $H(-s)$ 的零、极点，即可求得 $H(s)$。

由于 $A(-s^2) = H(s)H(-s)$，如果 $H(s)$ 有一个零点或极点时，则 $H(-s)$ 必然有一等值异号的零点或极点与其对应，因此 $A(\omega^2)$ 的零、极点必然具有象限对称性。

(1) 当 $H(s)$ 有一零点或极点在负实轴上，则 $H(-s)$ 必有一零点或极点在正实轴上。

(2) 当 $H(s)$ 有一零点或极点为 $\pm a \pm jb$ 时，则 $H(-s)$ 必有相应的零点或极点 $\mp a \mp jb$。

(3) 当 $H(s)$ 的零点或极点位于虚轴上时，必为二阶的重零点或极点。因此在 s 平面上，$H(s)$ 与 $H(-s)$ 的零、极点分布如图 7-5 所示，这种对称形式称为象限对称，在 $j\omega$ 轴上用双重圆环表示它的阶次。

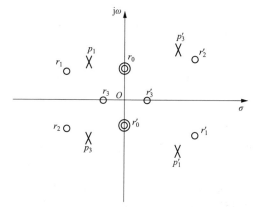

图 7-5 $H(s)$ 与 $H(-s)$ 零、极点分布

为使滤波器系统稳定，它的极点必须落在 s 平面上的左半平面，因此所有落在 s 左半平面的极点都属于 $H(s)$，而落在 s 右半平面的极点则属于 $H(-s)$。而零点的选择原则上并无这种限制，任取其中一半零点即可。但是如果要求 $H(s)$ 为具有最小相位（minimum-phase）的系统函数，则它的零点也应全部选择为 s 的左半平面，这样，$H(s)$ 的选择就是唯一的。

【例 7-1】设给定滤波特性的平方函数 $A(\omega^2)$ 为

$$A(\omega^2) = \frac{(1-\omega^2)^2}{(4+\omega^2)(9+\omega^2)}$$

求最有最小相位特性的系统函数 $H(s)$。

解： 因为

$$A(-s^2) = A(\omega^2)|_{\omega^2 = -s^2} = \frac{(1+s^2)^2}{(4-s^2)(9-s^2)}$$

$$= \frac{(1+s^2)^2}{(s-2)(s+2)(s-3)(s+3)} = H(s) \cdot H(-s)$$

上式在虚轴上有一对重零点，位于 $\pm j$（二阶重零点），因而 $H(s)$ 可以作为可实现滤波器的系统函数，取 s 左半平面的极点及 $j\omega$ 轴上的一对共轭零点，得 $H(s)$ 的最小相位解为

$$H(s) = \frac{1+s^2}{(s+2)(s+3)} = \frac{s^2+1}{s^2+5s+6}$$

实际滤波器的幅度特性 $|H(\omega)|$ 只能是理想特性的逼近，因而实际幅度平方函数

$A(\omega^2)$ 也是对理想幅度平方函数的近似逼近函数（approximation function）。解决滤波器系统函数 $H(s)$ 设计的关键是要找到这种逼近函数，目前已经找到了多种逼近函数。根据所采用的近似逼近函数的不同，滤波器有巴特沃思滤波器和切比雪夫滤波器之分。

7.3　巴 特 沃 思 滤 波 器

7.3.1　巴特沃思滤波器的幅频特性

巴特沃思（Butterworth filter）滤波器又称最平响应特性滤波器，它是最基本的逼近函数之一，其幅度平方函数定义为

$$|H(\mathrm{j}\omega)|^2 = A(\omega^2) = \left(\frac{1}{\sqrt{1+\left(\dfrac{\omega}{\omega_c}\right)^{2n}}}\right)^2 \tag{7-17}$$

或

$$|H(\mathrm{j}\omega)| = \frac{1}{\sqrt{1+\left(\dfrac{\omega}{\omega_c}\right)^{2n}}} \tag{7-18}$$

式（7-17）中，n 为滤波器阶数，取正整数；ω_c 为滤波器截止角频率，当 $\omega = \omega_c$ 时，$H(\mathrm{j}\omega_c) = \dfrac{1}{\sqrt{2}}$，衰减 $\delta(\omega_c) = -20\lg|H(\mathrm{j}\omega_c)| = -20\lg\left(\dfrac{1}{2}\right) = 3\mathrm{dB}$，所以 ω_c 是滤波器的电压 $-3\mathrm{dB}$ 点或称半功率点。

不同阶次的巴特沃思滤波器幅频特性如图 7-6 所示，其具有以下特点。

（1）最大平坦性。在 $\omega = 0$ 时，可以证明：$|H(\mathrm{j}\omega)|$ 的前（$2n-1$）阶导数都等于零，这表明巴特沃思滤波器在 $\omega = 0$ 附近的一段范围内是非常平直的，它以原点的最大平坦性来逼近理想低通滤波器，"最平响应"亦因此而得名。

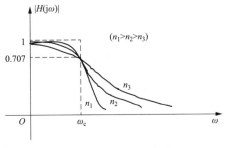

图 7-6　不同阶次的巴特沃思滤波器幅频特性

（2）3dB 不变性。在 $\omega = \omega_c$ 时，$|H(\mathrm{j}\omega)|\big|_{\omega=\omega_c} = 1/2|H(0)|$，即幅频特性在 ω_c 点下降 3dB，随着 n 的增加，频带下降的边缘越陡峭，越接近理想特性，但不论 n 为多少，幅频特性都要通过 $-3\mathrm{dB}$。当 $\omega > \omega_c$ 时，幅频特性以 20ndB/dec 速度下降。

（3）通带、阻带下降的单调性。由通带、阻带上幅频特性下降的单调性，可知该滤波器具有较好的相频特性。

7.3.2　巴特沃思滤波器系统函数与极点分布

巴特沃思滤波器幅度平方函数 $|H(\mathrm{j}\omega)|^2 = A(\omega^2)$ 无零点分布，其极点为 $2n$ 个且成等角度分布在以 $|s| = \omega_c$ 为半径的圆周上，称之为巴特沃思圆。

s_k 为 $|H(s)|^2$ 的极点，当 n 为偶数时

$$s_k = \omega_c \mathrm{e}^{\mathrm{j}\frac{2k-1}{2n}\pi} \quad (k=1,2,3,\cdots,2n) \tag{7-19}$$

当 n 为奇数时

$$s_k = \omega_c e^{j\frac{2k}{2n}\pi} \quad (k=1,2,3,\cdots,2n) \tag{7-20}$$

极点分布有下列特点。

(1) $|H(s)|^2$ 的 $2n$ 个极点以 π/n 为间隔均匀分布在半径 $|s|=\omega_c$ 的巴特沃思圆周上,称之为巴特沃思圆。

(2) 所有极点以 $j\omega$ 轴为对称轴分布,$j\omega$ 轴上无极点。

(3) n 为奇数时,有两个极点分布在 $s=\pm\omega_c$ 的实轴上;n 为偶数时,实轴上无极点,所有复数极点均对于 $j\omega$ 轴呈对称分布。图 7-7(a)、(b) 分别画出了 $n=3$ 和 $n=4$ 时 $|H(s)|^2$ 的极点分布。

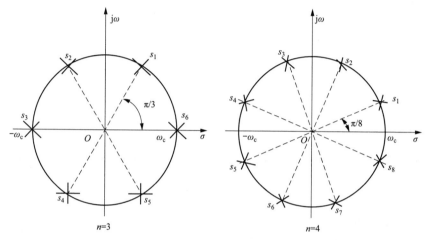

图 7-7 $|H(s)|^2$ 函数极点分布

为了得到稳定的 $H(s)$,取全部 s 左半平面的极点,当 n 为偶数时

$$H(s) = \frac{\omega_c^n}{\prod\limits_{k=1}^{\frac{n}{2}}(s-s_k)(s-s_k^*)} = \frac{\omega_c^n}{\prod\limits_{k=1}^{\frac{n}{2}}\left\{s^2-2\omega_c\left[\cos\left(\frac{2k-1}{2n}\pi+\frac{\pi}{2}\right)\right]\cdot s+\omega_c^2\right\}} \tag{7-21}$$

当 n 为奇数时

$$H(s) = \frac{\omega_c^n}{\prod\limits_{k=1}^{\frac{n-1}{2}}(s+\omega_c)\left\{s^2-2\omega_c\left[\cos\left(\frac{2k-1}{2n}\pi+\frac{\pi}{2}\right)\right]\cdot s+\omega_c^2\right\}} \tag{7-22}$$

为应用方便一般将式 (7-21) 和式 (7-22) 对 ω_c 进行归一化处理,为此,分子、分母各除 ω_c^n,并令 $s'=s/\omega_c$ (s' 称为归一化复频率) 得

$$H(s') = \frac{1}{\prod\limits_{k=1}^{\frac{n}{2}}\left\{(s')^2-2\left[\cos\left(\frac{2k-1}{2n}\pi+\frac{\pi}{2}\right)\right]\cdot s'+1\right\}} \quad (n\text{ 为偶}) \tag{7-23}$$

$$H(s) = \frac{1}{\prod\limits_{k=1}^{\frac{n-1}{2}}(s'+1)\left\{(s')^2-2\left[\cos\left(\frac{2k-1}{2n}\pi+\frac{\pi}{2}\right)\right]\cdot s'+1\right\}} \quad (n\text{ 为奇}) \tag{7-24}$$

归一化的巴特沃思系统函数分母多项式如表 7-1 所示,该分母多项式也称为巴特沃思多

项式（此处 s' 仍写为 s）。设计者可根据设计要求及容差范围，选择合适的滤波器，查表 7-1 即可得到符合要求的系统函数。

表 7-1　　　　　　　　　　　　　　　**归一化的巴特沃思系统函数分母多项式**

n	归一化的巴特沃思多项式
1	$s+1$
2	$s^2+\sqrt{2}s+1$
3	$(s+1)(s^2+s+1)$
4	$(s^2+0.7654s+1)(s^2+1.8478s+1)$
5	$(s+1)(s^2+0.618s+1)(s^2+1.618s+1)$
6	$(s^2+0.5176s+1)(s^2+1.412s+1)(s^2+1.9319s+1)$
7	$(s+1)(s^2+0.445s+1)(s^2+1.247s+1)(s^2+1.802s+1)$
8	$(s^2+0.3902s+1)(s^2+1.111s+1)(s^2+1.1663s+1)(s^2+1.9616s+1)$

【**例 7-2**】给定模拟滤波器设计指标，如图 7-8 所示。要求：通带内允许起伏为 -1dB（$0 \leqslant \omega \leqslant 2\pi \times 10^4 \text{rad/s}$）；阻带增益 $\leqslant -15\text{dB}$（$\omega \geqslant 2\pi \times 2 \times 10^4 \text{ rad/s}$）。

求用巴特沃思低通滤波器实现时所需阶数 n，截止角频率 ω_c 及 $H(s)$ 表达式。

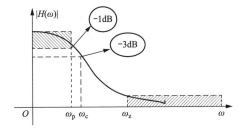

图 7-8　模拟滤波器设计指标

解：（1）求阶数 n，按图 7-8，由给定的条件写出 $|H(j\omega)|$ 在 ω_p 和 ω_z 两特定点的方程式（-1dB 对应 $10^{-\frac{1}{20}}$，-15dB 对应 $10^{-\frac{15}{20}}$），由此联立方程求解 n 及 ω_c：

$$H(j\omega_p) = \frac{1}{\sqrt{1+\left(\frac{2\pi \times 10^4}{\omega_c}\right)^{2n}}} = 10^{-\frac{1}{20}}$$

$$H(j\omega_z) = \frac{1}{\sqrt{1+\left(\frac{2\pi \times 2 \times 10^4}{\omega_c}\right)^{2n}}} = 10^{-\frac{15}{20}}$$

联立以上两式得

$$n = \frac{\lg\left(\dfrac{10^{\frac{15}{10}}-1}{10^{\frac{1}{10}}-1}\right)}{2\lg\left(\dfrac{2\pi \times 2 \times 10^4}{2\pi \times 10^4}\right)} = 3.443$$

取整数 n 得

$$n = 4$$

（2）求 ω_c（-3dB 的截止角频率）。

将 $n = 4$ 代入 $|H(j\omega_z)|$ 的表达式得

$$H(\mathrm{j}\omega_z)=\cfrac{1}{\sqrt{1+\left(\cfrac{2\pi\times2\times10^4}{\omega_c}\right)^{2n}}}=10^{-\frac{15}{20}}$$

$$\omega_c=\cfrac{2\pi\times2\times10^4}{\sqrt[8]{10^{\frac{15}{10}}-1}}=2\pi\times1.304\times10^4\,\mathrm{rad/s}$$

（3）求滤波器系统函数 $H(s)$，由表 7-1 查得 $n=4$ 的巴特沃思多项式，即可写出 $H(s')$，再令 $s'=s/\omega_c$ 代入 $H(s')$ 即可得到

$$H(s)=\frac{4.505\times10^{19}}{s^4+2.14\times10^5s^3+2.292\times10^{10}s^2+1.437\times10^{15}s+4.505\times10^{19}}$$

7.4 切比雪夫滤波器

巴特沃思滤波器的幅频特性是随 ω 的增加而单调衰减，当 n 较小时，阻带幅频特性下降较慢，与理想滤波器的特性相差较大，如果要求阻带特性迅速衰减，就需要增加滤波器的阶数，则滤波器实现时电结构趋于复杂，元件数及参数均要复杂得多。切比雪夫滤波器（Chebyshev filter）则在通带内具有等波纹的幅度特性以及在阻带内具有更大的衰减特性，故又称为通带等波纹滤波器。

7.4.1 切比雪夫多项式

切比雪夫多项式 $T_n(\omega)$ 定义为

$$T_n(\omega)=\begin{cases}\cos(n\cdot\arccos\omega) & |\omega|\leqslant1\\ \mathrm{ch}(n\cdot\mathrm{arcch}\omega) & |\omega|>1\end{cases} \tag{7-25}$$

式中，n 为切比雪夫多项式的阶次。

表 7-2 列出了 $|\omega|\leqslant1$ 时的切比雪夫多项式。

表 7-2 $|\omega|\leqslant1$ 时的切比雪夫多项式

n	$T_n(\omega)$
1	ω
2	$2\omega^2-1$
3	$4\omega^3-3\omega$
4	$8\omega^4-8\omega^2+1$
5	$16\omega^5-20\omega^3+5\omega$
6	$32\omega^6-48\omega^4+18\omega^2-1$
7	$64\omega^7-112\omega^5+56\omega^3-7\omega$
8	$128\omega^8-256\omega^6+160\omega^4-32\omega^2+1$
9	$256\omega^9-576\omega^7+432\omega^5-120\omega^3+9\omega$
10	$512\omega^{10}-1280\omega^8+1120\omega^6-400\omega^4+50\omega^2-1$

图 7-9 画出了 $|\omega|\leqslant1$，n 分别为 1、2、3、4 时，切比雪夫多项式 $T_n(\omega)\sim\omega$ 的曲线。观察式（7-25）与图 7-9 可以发现 $T_n(\omega)$ 有如下特点。

（1）$|\omega|\leqslant1$ 时，$T_n(\omega)$ 在 ±1 之间波动。

(2) $\omega=1$ 时，$T_n(1)=1$。

(3) $\omega=0$ 时，若 n 为奇数，$T_n(0)=0$；若 n 为偶数，$T_n(0)=\mp1$。

(4) n 为奇数，$T_n(\omega)$ 为奇函数；n 为偶数，$T_n(\omega)$ 为偶函数。

(5) $|\omega|>1$ 时，$T_n(\omega)$ 随 ω 增加而单调增大，n 越大 $T_n(\omega)$ 增加得越迅速。

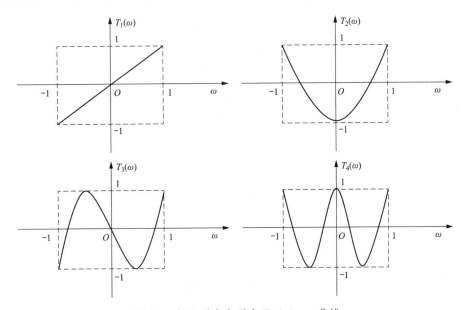

图 7-9　切比雪夫多项式 $T_n(\omega)\sim\omega$ 曲线

7.4.2　切比雪夫滤波器的幅频特性

切比雪夫幅度平方函数定义为

$$|H(j\omega)|^2=A(\omega^2)=\left(\frac{1}{\sqrt{1+\varepsilon^2 T_n^2\left(\frac{\omega}{\omega_c}\right)}}\right)^2 \tag{7-26}$$

其中，$T_n\left(\dfrac{\omega}{\omega_c}\right)$ 为切比雪夫多项式（$n=1$，2，3，…的正整数）；n 为滤波器阶数；ω_c 为通带截止角频率，此处 ω_c 是被通带波纹所限制的最高角频率，$\omega_c\neq\omega_{3dB}$；ε 为小于 1 的正数，它表示通带内幅度波动的程度，ε 越小，幅度波动也越小。

图 7-10(a) 是按式（7-26）画出的切比雪夫滤波器的幅频特性曲线，n 为 3、4、5；图 7-10(b) 是 $n=5$ 时通带内起伏 $H\left(\dfrac{\omega}{\omega_c}\right)$ 与 $T_n\left(\dfrac{\omega}{\omega_c}\right)$ 的关系曲线。由图 7-10 可见 $|H(j\omega)|$ 曲线有如下特性。

(1) 在 $0\leqslant\omega\leqslant\omega_c$ 之间，$|H(j\omega)|$ 在 $1\sim\dfrac{1}{\sqrt{1+\varepsilon^2}}$ 之间等幅波动，ε 越小，波动幅度越小。

(2) 在 $\omega=0$ 时，n 为奇数，$|H(0)|=1$；n 为偶数，$|H(0)|=\dfrac{1}{\sqrt{1+\varepsilon^2}}$。

(3) 无论 n 为何值，当 $\omega=\omega_c$ 时，$|H(j\omega_c)|=\dfrac{1}{\sqrt{1+\varepsilon^2}}$。

（4）$\omega > \omega_c$ 时，曲线呈单调下降，下降速度为 $20n$ dB/dec，n 越大，特性曲线衰减越快。

（5）由于滤波器通带内有起伏，因而使通带内的相频特性也有相应的起伏波动，即相位是非线性的，这给信号传输时带来非线性畸变，所以在要求群延时为常数时不宜采用这种滤波器。

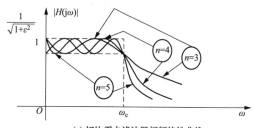

(a) 切比雪夫滤波器幅频特性曲线

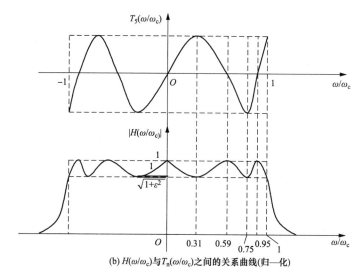

(b) $H(\omega/\omega_c)$ 与 $T_n(\omega/\omega_c)$ 之间的关系曲线(归—化)

图 7-10　切比雪夫滤波器的特性分析

7.4.3　切比雪夫滤波器系统函数与极点分布

与巴特沃思滤波器类似，根据式（7-26）求切比雪夫滤波器的系统函数 $H(s)$。将 $\omega = s/\mathrm{j}$ 代入式（7-26）得

$$H(s) \cdot H(-s) = \frac{1}{1 + \varepsilon^2 T_n^2\left(\dfrac{s}{\mathrm{j}\omega}\right)} \tag{7-27}$$

s_k 就是切比雪夫滤波器 $H(s) \cdot H(-s)$ 的极点，且实部和虚部分别为

$$\begin{cases} \sigma_k = \omega_c \sin\left(\dfrac{2k-1}{2n}\pi\right) \mathrm{sh}\left(\dfrac{1}{n}\mathrm{arcsh}\left(\dfrac{1}{\varepsilon}\right)\right) \\ \omega_k = \omega_c \cos\left(\dfrac{2k-1}{2n}\pi\right) \mathrm{ch}\left(\dfrac{1}{n}\mathrm{arcsh}\left(\dfrac{1}{\varepsilon}\right)\right) \end{cases} \quad (k = 1, 2, \cdots, 2n) \tag{7-28}$$

令

$$\begin{cases} a = \omega_c \mathrm{sh}\left(\dfrac{1}{n}\mathrm{arcsh}\left(\dfrac{1}{\varepsilon}\right)\right) \\ b = \omega_c \mathrm{ch}\left(\dfrac{1}{n}\mathrm{arcsh}\left(\dfrac{1}{\varepsilon}\right)\right) \end{cases} \tag{7-29}$$

将式 (7-28) 中 σ_k 除以 a，ω_k 除以 b，再平方相加得

$$\frac{\sigma_k^2}{a^2} + \frac{\omega_k^2}{b^2} = 1 \tag{7-30}$$

式 (7-30) 是一个在 s 平面上的椭圆方程，它的短轴和长轴分别位于 s 平面的实轴和虚轴上。$H(s) \cdot H(-s)$ 的极点分布在该椭圆的圆周上。给定 ε、n 及 ω_c 即可由式 (7-28) 求出全部极点 s_k，取左半平面的极点作为 $H(s)$ 的极点，切比雪夫滤波器的系统函数 $H(s)$ 表示为

$$H(s) = \frac{\dfrac{\omega_c^n}{\varepsilon \cdot 2^{n-1}}}{\displaystyle\prod_{k=1}^{n}(s - s_k)} \tag{7-31}$$

图 7-11 画出了 $n=3$ 和 $n=4$ 时切比雪夫滤波器极点分布。极点所在的椭圆可以和半径为 a 的圆与半径为 b 的圆联系起来，这两个圆分别称为巴特沃思小圆和巴特沃思大圆。n 阶切比雪夫滤波器极点的纵坐标 ($j\omega_k$) 等于 n 阶巴特沃思大圆极点的纵坐标，而横坐标 (σ_k) 等于 n 阶巴特沃思小圆极点的横坐标。切比雪夫滤波器的截止角频率 ω_c 不是像巴特沃思滤波器所规定的-3dB 处角频率，而是通带边缘的频率。若波纹参数满足 $\dfrac{1}{\sqrt{1+\varepsilon^2}} > 0.5$，可以求得 $-3\mathrm{dB}$ 处的角频率为

$$\omega_{(-3\mathrm{dB})} = \omega_c \mathrm{ch}\left(\frac{1}{n}\mathrm{arcsh}\left(\frac{1}{\varepsilon}\right)\right) \tag{7-32}$$

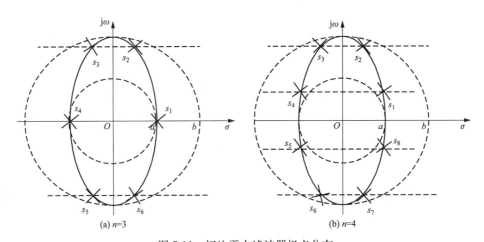

图 7-11 切比雪夫滤波器极点分布

和巴特沃思滤波器一样，若将式 (7-31) 所表示的 $H(s)$ 对 ω_c 归一化，就得到切比雪夫 I 型低通原型滤波器的系统函数 $H(s')|_{s'=s/\omega_c}$ 的分母多项式在不同的 n 时制成的如表 7-3 所示的表格，供设计参考。由于波纹参数 ε 的不同，这种表格有很多种，此处只列出通带起伏波纹为 1dB 时分母多项式与 n 的关系。则归一化的切比雪夫 I 型低通原型滤波器的系统函数为

$$H(s') = \frac{\dfrac{1}{\varepsilon \cdot 2^{n-1}}}{s'^n + a_{n-1}s'^{n-1} + \cdots\cdots + a_1 s' + a_0} \tag{7-33}$$

表 7-3　　　　　　　**切比雪夫 I 型低通原型滤波器分母多项式 $B_n(s)$**

（1dB 波纹，$\varepsilon=0.5088471$）

n	a_0	a_1	a_2	a_3	a_4	a_5	a_6
1	1.9652						
2	1.1025	1.0977					
3	0.4913	1.2384	0.9883				
4	0.2756	0.7426	1.4539	0.9528			
5	0.1228	0.5805	0.9744	1.6888	0.9368		
6	0.0689	0.3071	0.9393	1.2021	1.9308	0.9283	
7	0.0307	0.2137	0.5486	1.3575	1.4288	2.1761	0.9231

【例 7-3】 设计满足下列技术指标的切比雪夫 I 型低通滤波器。

通带允许起伏：-1dB　　　$0\leqslant\omega\leqslant2\pi\times10^4$ rad/s

阻带增益：$\leqslant-15$dB　　　$\omega\geqslant2\pi\times2\times10^4$ rad/s

求（1）波纹起伏参数 ε；

（2）阶数 n；

（3）$H(s)$。

解：（1）求 ε。

因为

$$|H(\omega)|=\frac{1}{\sqrt{1+\varepsilon^2}}=10^{-\frac{1}{20}}$$

所以

$$\varepsilon=0.50885$$

（2）求阶数 n。

因通带边缘角频率 $\omega_c=2\pi\times10^4$ rad/s，阻带边缘角频率 $\omega_z=2\pi\times2\times10^4$ rad/s，按衰减要求有

$$|H(\omega)|=\frac{1}{\sqrt{1+\varepsilon^2 T_n^2\left(\frac{2\pi\times2\times10^4}{2\pi\times10^4}\right)}}=10^{-\frac{15}{20}}$$

$$T_n(2)=\mathrm{ch}(n\cdot\mathrm{arcch}2)=\frac{1}{\varepsilon}\sqrt{10^{\frac{15}{10}}-1}=10.8751$$

求得 n 为

$$n=\frac{\mathrm{arcch}\left(\frac{1}{\varepsilon}\sqrt{10^{\frac{15}{10}}-1}\right)}{\mathrm{arcch}2}=2.34$$

取 $n=3$。

（3）求 $H(s)$。

按本题要求，即 1dB 波纹、$n=3$，查表 7-3，同时利用式（7-31）求出分子值 a，得出归一化的切比雪夫逼近函数 $H(s')$ 为

$$H(s')=\frac{0.4913}{s'^3+0.9883s'^2+1.2384s'+0.4913}$$

令 $s'=s/\omega_c$ 代入去归一化求得

$$H(s)=\frac{1.2187\times10^{14}}{s^3+6.2104\times10^4 s^2+4.8893\times10^9 s+1.2187\times10^{14}}$$

7.5　数字滤波器概述

7.5.1　数字滤波器的基本工作原理

数字滤波器（digital filter）是数字信号处理的主要装置之一。数字滤波通过一种数值运算，改变输入信号中所含频率分量的相对比例，或者滤除某些频率分量，因此数字滤波器和模拟滤波器滤波概念相同，但实现方式不同。数字滤波器是采用数值运算的方法达到滤波的目的，既可以采用软件方式实现，通过编写算法软件，利用通用计算机实现滤波；也可以按算法选用硬件组成专用计算机实现滤波，目前已研制出多种专用数字信号处理芯片，可以很方便地实现一个数字滤波器。数字运算方式的数字滤波精度高、稳定性高，可采用超大规模集成电路，体积小、重量轻、实现灵活且不要求阻抗匹配等，因此数字滤波器在很多方面优于模拟滤波器。如果在数字滤波系统的前后加上 A/D 和 D/A 变换，它的作用就等效于模拟滤波器，也可用来处理模拟信号。为了明确区别模拟信号频率和数字信号频率，用 ω 表示模拟角频率，用 Ω 表示数字角频率。

数字滤波器利用其频谱特性滤除输入信号的无用频率分量，并且能够代替模拟滤波器对信号进行滤波处理。数字滤波器的基本工作原理如下。

（1）设输入模拟信号 $x(t)$ 中包含有用信号成分为 $x_a(t)$ 无用信号成分为 $x_n(t)$，其频谱（傅里叶变换）分别为 $X(\omega)$、$X_a(\omega)$、$X_n(\omega)$，并设它们分别占有不同的频带，即

$$x(t)=x_a(t)+x_n(t)$$
$$X(\omega)=X_a(\omega)+X_n(\omega)$$

式中，$X_a(\omega)$，$|\omega|<\omega_a$；$X_n(\omega)$，$\omega_a<|\omega|<\omega_b$；$X(\omega)$，$|\omega|<\omega_s/2$（$\omega_s$ 为抽样角频率）。且 $\omega_a<\omega_b<\omega_s$。$X(\omega)$ 如图 7-12(a) 所示。

（2）输入信号 $x(t)$ 经冲激抽样后的信号为 $x_s(t)$，其频谱 $X_s(\omega)$ 应为 $x(t)$ 的频谱 $X(\omega)$ 的周期延拓，并与序列 $x(n)$ 的频谱 $X(e^{j\Omega})$ 存在频率坐标的线性映射关系

$$X_s(\omega)=\frac{1}{T}\sum_{m=-\infty}^{\infty}X(\omega-m\omega_s)=X(e^{j\Omega})\mid_{\Omega=\omega T} \tag{7-34}$$

式中，T 为抽样周期。$X_s(t)$ 频谱图如图 7-12(b) 所示。

（3）设数字滤波器系统函数 $H(e^{j\Omega})$ 在 $0\leqslant\Omega\leqslant\pi$ 区间具有的理想低通特性为

$$H(e^{j\Omega})=\begin{cases}1 & |\Omega|<\Omega_a=\omega_a T\\0 & \Omega_a<|\Omega|<\pi\end{cases} \tag{7-35}$$

其频响特性如图 7-12(c) 所示。

（4）经过数字滤波器后，输出序列 $y(n)$ 的频谱 $Y(e^{j\Omega})$ 根据离散系统的理论得

$$Y(e^{j\Omega})=H(e^{j\Omega})\cdot X(e^{j\Omega})$$

而输出冲激抽样信号 $y_s(t)$ 的频谱 $Y_s(\omega)$ 与 $Y(e^{j\Omega})$ 的关系为

$$Y_s(\omega)=Y(e^{j\Omega})\mid_{\Omega=\omega T}=[H(e^{j\Omega})\cdot X(e^{j\Omega})]\mid_{\Omega=\omega T}=H(e^{j\omega T})X_s(\omega)$$

$$= \frac{1}{T} \sum_{m=-\infty}^{\infty} X_a(\omega - m\omega_s) \tag{7-36}$$

$Y(e^{j\Omega})$、$Y_s(\omega)$ 的频谱如图 7-12(d) 所示。可见由于数字滤波器的频率响应特性的选择作用，已经滤除了输入序列中无用信号的频率成分，只保留了有用信号的成分。

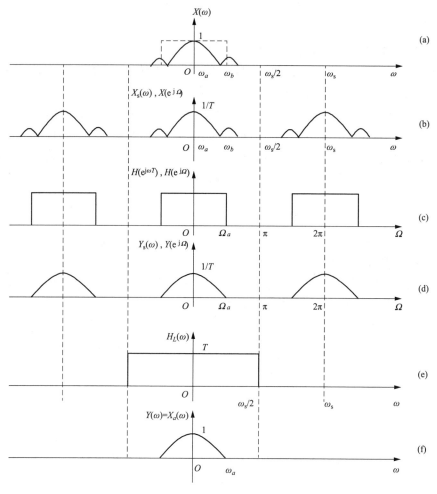

图 7-12　数字滤波器的工作原理

(5) 输出抽样信号 $y_s(t)$ 经过理想低通模拟滤波器恢复为连续信号 $y(t)$ 的输出。根据抽样定理，理想低通滤波器的频率响应为

$$H_L(\omega) = \begin{cases} T & |\omega| \leqslant \dfrac{\omega_s}{2} \\[2mm] 0 & |\omega| > \dfrac{\omega_s}{2} \end{cases}$$

故 $y(t)$ 的频谱 $Y(\omega)$：

$$Y(\omega) = H_L(\omega) Y_s(\omega) = T \cdot \frac{1}{T} X_a(\omega) = X_a(\omega)$$

$H_L(\omega)$ 与 $Y(\omega)$ 如图 7-12(e)、(f) 所示。因此

$$y(t) = \mathscr{F}^{-1}[Y(\omega)] = \mathscr{F}^{-1}[X_a(\omega)] = x_a(t)$$

上式说明输出信号 $y(t)$ 即为输入信号中的有用信号 $x_a(t)$，已滤去无用信号 $x_n(t)$。整个数字滤波器等效为一个模拟滤波器。由于滤波过程是尽可能地恢复被噪声干扰的消息源，因此在近代随机信号处理中，将从噪声中提取信号的问题也称为滤波问题。

7.5.2　数字滤波器分类

1. 按系统时域性能分类

按照离散系统的时域特性，数字滤波器可分为无限冲激响应数字滤波器（Infinite Impulse Response Digital Filter，IIR）和有限冲激响应数字滤波器（Finite Impulse Response Digital Filter，FIR）两大类。前者指序列 $h(n)$ 为无限长序列，后者指 $h(n)$ 为有限长序列。

一般离散系统可以用 N 阶差分方程表示为

$$y(n) + \sum_{k=1}^{N} b_k y(n-k) = \sum_{\tau=0}^{M} a_r x(n-\tau) \tag{7-37}$$

其系统函数为

$$H(z) = \frac{Y(z)}{X(z)} = \frac{\displaystyle\sum_{r=0}^{M} a_r z^{-r}}{1 + \displaystyle\sum_{k=1}^{N} b_k z^{-k}} \tag{7-38}$$

当 b_k 不全为零时，$H(z)$ 为有理分式形式，则其 $h(n) = \mathscr{Z}^{-1}[H(z)]$ 为无限长序列，称为 IIR 系统；当 b_k 全为零时，$H(z)$ 具有多项式形式，此时 $h(n) = \mathscr{Z}^{-1}[H(z)]$ 为有限长序列，称为 FIR 系统。

【例 7-4】设一离散系统差分方程为

$$y(n) = x(n) - 0.5y(n-1)$$

求此系统的单位抽样响应 $h(n)$。

解：由该系统的差分方程可知：$N=1$，$b_1=0.5$，$M=0$，$a_0=1$，为一阶差分方程，则其系统函数为

$$H(z) = \frac{Y(z)}{X(z)} = \frac{1}{1 + 0.5z^{-1}} = \frac{z}{z + 0.5}$$

$$h(n) = \mathscr{Z}^{-1}[H(z)] = (-0.5)^n u(n)$$

其输出与输入序列如图 7-13 所示，可见 $h(n)$ 为无限长序列，故为 IIR 系统。

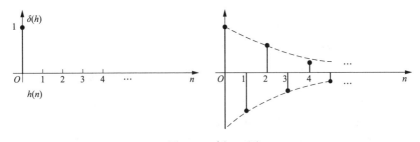

图 7-13　例 7-4 图

【例 7-5】设一离散系统差分方程为

$$y(n) = x(n) + 0.5x(n-1)$$

求其单位抽样响应 $h(n)$。

其系统函数为

$$H(z) = \frac{Y(z)}{X(z)} = 1 + 0.5z^{-1}$$

$$h(n) = \mathcal{Z}^{-1}[H(z)] = \delta(n) + 0.5\delta(n-1)$$

其输出、输入序列如图 7-14 所示，可见 $h(n)$ 为有限长序列，故为 FIR 系统。

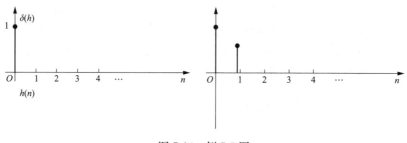

图 7-14　例 7-5 图

2. 按系统的结构分类

按照离散系统实现的结构不同，数字滤波器又可分为递归（recursive）与非递归（non-recursive）两种形式。当 $H(z)$ 的 $b_k \neq 0$，$H(z)$ 为有理分式形式时，从其对应的差分方程来看，输出 $y(n)$ 不仅与输入有关，而且与输出的移序值有关，在这种系统的结构图上存在着反馈环路，采用这种结构的数字滤波器称为递归结构。例 7-4 系统的结构图 7-15(a) 即为递归结构的例子。

当 $H(z)$ 的 $b_k = 0$，$H(z)$ 为多项式形式时，从它对应的差分方程来看，输出 $y(n)$ 只与输入及其移序值有关，而与输出的移序值无关，这种系统的结构图不存在反馈环路，采用这种结构的数字滤波器称为非递归滤波器。例 7-5 系统的结构图 7-15 （b） 即为非递归结构的例子。

一般来说，IIR 系统由于它的系统函数为有理分式形式，因此易于用递归结构实现，而 FIR 系统由于它对应的系统函数是多项式形式，所以易于用非递归结构实现。

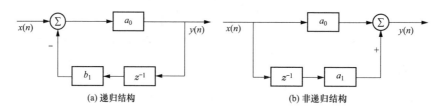

图 7-15　数字滤波器按系统的结构分类

3. 按频域特性分类

与模拟滤波器相似，数字滤波器按其频域特性不同，也可分为低通 （LP）、高通 （HP）、带通 （BP）、带阻 （BS） 等类型，它们的理想特性如图 7-16 所示。图中只画出了它们的正频率部分，但它们的特点是具有周期性。正是由于这种周期性，它们的频域特性即所谓低通、高通、带通、带阻等均是指数字角频率在 $\Omega = 0 \sim \pi$ 的范围内。

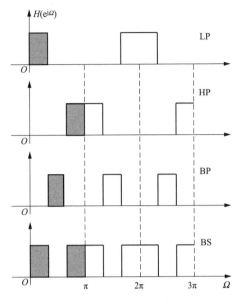

图 7-16　数字滤波器按频域特性分类

7.6　IIR 数字滤波器设计

理想数字滤波器频率特性如图 7-16 所示，这些频率特性都是以 2π 为周期的连续函数，而且当系统单位抽样响应 $h(n)$ 为 n 的实函数时，幅频特性呈周期偶对称、相频特性呈周期奇对称。因此数字滤波器频率特性只要给出 Ω 在 $0\sim\pi$ 之间 $H(\mathrm{e}^{\mathrm{j}\Omega})$ 的变化情况即可。图 7-17 给出了数字低通滤波频域设计容差图，与模拟滤波器一样，设计数字滤波器先寻求满足性能要求的系统函数 $H(z)$，因此其也是一个逼近问题。

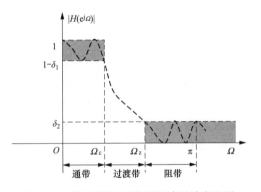

图 7-17　数字低通滤波器频域设计容差图

IIR 滤波器的设计任务就是用式（7-40）的系统函数逼近给定的幅频特性 $|H_\mathrm{d}(\mathrm{e}^{\mathrm{j}\Omega})|$，确定 M、N、$b_k(k=1,2,\cdots,N)$ 和 $a_r(r=0,1\cdots,M)$ 各参数，通常的设计流程为：首先按照给定指标设计一个模拟滤波器，然后通过冲激响应不变法或双线性变换法得到数字滤波器。

7.6.1　冲激响应不变法

把模拟滤波器的冲激响应 $h_a(t)$ 进行等间隔抽样，其抽样值 $h_a(nT)$ 作为数字滤波器的单位抽样响应 $h(n)$，即

$$h(n)=h_a(nT)=h_a(t)\,|\,t=nT \tag{7-39}$$

式中，T 为抽样间隔。对 $h(n)$ 取 $\mathcal{Z}$ 变换，求得 $H(z)=\mathcal{Z}[h(n)]$ 作为该滤波器的系统函数。

设模拟滤波器的系统函数 $H_a(s)$ 具有单极点，表达式为

$$H_a(s) = \frac{Y(z)}{X(z)} = \frac{\displaystyle\sum_{r=0}^{M} a_r s^r}{1 + \displaystyle\sum_{k=1}^{N} b_k s^k} = \sum_{k=1}^{N} \frac{A_k}{s - s_k} \tag{7-40}$$

$$A_k = (s - s_k) H_a(s) \mid_{s=s_k} \tag{7-41}$$

对式（7-40）取反变换得

$$h_a(t) = \sum_{k=1}^{N} A_k \mathrm{e}^{s_k t} u(t) \tag{7-42}$$

按式（7-39）方式对 $h_a(t)$ 抽样并取 z 变换：

$$h(n) = h_a(t) \mid_{t=nT} = \sum_{k=1}^{N} A_k \mathrm{e}^{s_k nT} u(n) \tag{7-43}$$

$$H(z) = \sum_{n=0}^{\infty} h(n) z^{-n} = \sum_{n=0}^{\infty} \left[\sum_{k=1}^{N} A_k \mathrm{e}^{s_k nT} u(n) \right] z^{-n}$$

$$= \sum_{k=1}^{N} \frac{A_k}{1 - \mathrm{e}^{s_k T} z^{-1}} \tag{7-44}$$

对比式（7-40）和式（7-44）可见，冲激响应不变法（impulse response invariance）的原理就是把 $H_a(s)$ 部分分式展开式中的 $\dfrac{1}{s - s_k}$ 代之以 $\dfrac{1}{1 - \mathrm{e}^{s_k T} z^{-1}}$，即得 $H(z)$，可写出下面示意式：

$$\frac{1}{s - s_k} \Rightarrow \frac{1}{1 - \mathrm{e}^{s_k T} z^{-1}} \tag{7-45}$$

s 平面极点 s_k 映射到 z 平面是位于 $z = \mathrm{e}^{s_k T}$ 处的极点，若 s_k 在 s 平面的左半平面，则 $\mathrm{e}^{s_k T}$ 必位于 z 平面的单位圆内，从而保证了数字滤波器的稳定性。冲激响应不变法只适用于低通滤波器或限带（$0 \leqslant \omega T \leqslant \pi$）的高通或带通滤波器。

【例 7-6】 给定通带内具有 3dB 起伏（对应 $\varepsilon = 0.9976$）、$n = 2$ 的二阶切比雪夫低通模拟滤波器的系统函数为

$$H_a(s) = \frac{0.5012}{s^2 + 0.6449 s + 0.7079}$$

用冲激响应不变法求对应的数字滤波器系统函数 $H(z)$。

解： 将 $H_a(s)$ 展开成部分分式形式：

$$H_a(s) = \frac{\mathrm{j}0.3224}{s + 0.3224 + \mathrm{j}0.7772} + \frac{-\mathrm{j}0.3224}{s + 0.3224 - \mathrm{j}0.7772}$$

利用式（7-45）的变换关系得

$$H_a(s) = \frac{\mathrm{j}0.3224}{1 - \mathrm{e}^{-(0.3224 + \mathrm{j}0.7772)T} z^{-1}} + \frac{-\mathrm{j}0.3224}{1 - \mathrm{e}^{-(0.3224 - \mathrm{j}0.7772)T} z^{-1}}$$

$$= \frac{0.6448 \mathrm{e}^{-0.3224T} \sin(0.7772T) \cdot z^{-1}}{1 - 2\mathrm{e}^{-0.3224T} \cos(0.7772T) \cdot z^{-1} + \mathrm{e}^{-0.3224T} \cdot z^{-2}}$$

由于给定的是 $H_a(s)$，因而变换到数字滤波器时与抽样间隔 T 有关，图 7-18 分别画出了不同 T 时，数字滤波器的对数幅频特性 $20\lg |H(\mathrm{e}^{\mathrm{j}\Omega})|$（为了便于比较，图中横坐标用 $\Omega / T = \Omega'$ 进行标注）。

当 $T=1\text{s}$ 时

$$H(z)=\frac{0.3276z^{-1}}{1-1.328z^{-1}+0.5247z^{-2}}$$

当 $T=0.1\text{s}$ 时

$$H(z)=\frac{0.0485z^{-1}}{1-1.9307z^{-1}+0.9375z^{-2}}$$

从图 7-18 可以看出，模拟与数字滤波器幅频特性主要差异在 $\Omega'=\pi$ 处，因为冲激响应不变法在此频率处有混叠，提高抽样率可以减小混叠效应。对应数字滤波器的对数幅频频特性如图 7-18 中的虚线（$T=1\text{s}$）所示，可见混叠现象比较明显。

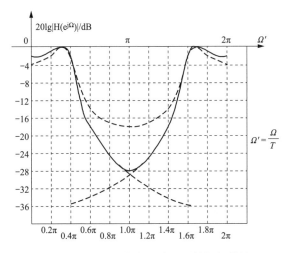

图 7-18　例 7-6 数字滤波器对数幅频特性

7.6.2　双线性变换法

冲激响应不变法是使模拟滤波器与数字滤波器的冲激响应相互模仿，从而达到使两者的频率响应特性相互模仿。双线性变换（bilinear transform）法的基本思想则是使模拟滤波器与数字滤波器在输入输出上相互模仿，从而达到频率响应相互模仿的目的，双线性变换法的基本思想如图 7-19 所示。

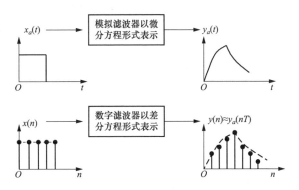

图 7-19　双线性变换法的基本思想

所谓使两者之间输入输出相互模仿，其含义是使数字滤波器的差分方程成为表征模拟滤波器微分方程的数值近似解。通常采用的是将微分方程作积分，然后再对积分采用数值近似的方法。

设一个模拟滤波器的微分方程为

$$c_1 \frac{\mathrm{d}y_a(t)}{\mathrm{d}t} + c_0 y_a(t) = d_0 x_a(t) \tag{7-46}$$

式 (7-46) 对模拟系统的传递函数为

$$H_a(s) = \frac{d_0}{c_1 s + c_0} \tag{7-47}$$

将 $y_a(t)$ 写成 $y'_a(t)$ 的积分形式，即

$$y_a(t) = \int_{t_0}^{t} y'_a(\tau)\mathrm{d}\tau + y_a(t_0)$$

设 $t_0 = (n-1)T$，$t = nT$ 则

$$y_a(nT) = \int_{(n-1)T}^{nT} y'_a(\tau)\mathrm{d}\tau + y_a[(n-1)T]$$

用梯形法求近似积分得

$$y_a(nT) = y_a[(n-1)T] + \frac{1}{2}\{y'_a(nT) + y'_a[(n-1)T]\} \tag{7-48}$$

由式 (7-46) 得

$$y'_a(nT) = -\frac{c_0}{c_1}y_a(nT) + \frac{d_0}{c_1}x_a(nT)$$

$$y'_a[(n-1)T] = -\frac{c_0}{c_1}y_a[(n-1)T] + \frac{d_0}{c_1}x_a[(n-1)T]$$

将以上两式代入式 (7-48)，并用 $y(n)$、$y(n-1)$、$x(n)$、$x(n-1)$ 代表各抽样值得

$$y(n) - y(n-1) = \frac{T}{2}\left\{-\frac{c_0}{c_1}[y(n) + y(n-1)] + \frac{d_0}{c_1}[x(n) + x(n-1)]\right\} \tag{7-49}$$

式 (7-49) 即为逼近微分方程的差分方程。对差分方程取 z 变换即得 $H(z)$：

$$H(z) = \frac{Y(z)}{X(z)} = \frac{d_0}{c_1} \cdot \frac{1}{\dfrac{2}{T} \cdot \dfrac{1-z^{-1}}{1+z^{-1}} + \dfrac{c_0}{c_1}} \tag{7-50}$$

比较式 (7-47) 与式 (7-50) 可知，若将 $H_a(s)$ 中的变量 s 用以下关系取代即得 $H(z)$

$$s = \frac{2}{T} \cdot \frac{1-z^{-1}}{1+z^{-1}} \tag{7-51}$$

或

$$z = \frac{\dfrac{2}{T} + s}{\dfrac{2}{T} - s} \tag{7-52}$$

即

$$H(z) = H_a(s)\Big|_{s = \frac{2}{T} \cdot \frac{1-z^{-1}}{1+z^{-1}}} \tag{7-53}$$

以上这种关系虽是从一阶微分方程得来的，对于一般形式的高阶微分方程也是适用的，因为 n 阶模拟滤波器微分方程可以写成 n 个一阶微分方程之和，因此这种变换关系普遍成

立。以上求得了 s 变量与 z 变量之间的变换关系，下面再来求两频率变量 ω 与 Ω 之间的变换关系。由式（7-52）可知，当 $s=\mathrm{j}\omega$ 时

$$z=\frac{\dfrac{2}{T}+\mathrm{j}\omega}{\dfrac{2}{T}-\mathrm{j}\omega} \tag{7-54}$$

设 $z=|z|\,\mathrm{e}^{\mathrm{j}\Omega}$，则有

$$|z|=1 \tag{7-55}$$

$$\Omega=2\arctan\left(\frac{\omega T}{2}\right) \tag{7-56}$$

或

$$\omega=\frac{2}{T}\tan\left(\frac{\Omega}{2}\right) \tag{7-57}$$

由此可见，当 s 在 s 平面的虚轴上变化时，对应的 z 正好在 z 平面的单位圆上变化，也即模拟滤波器的频响 $H_a(\mathrm{j}\omega)$ 正好与数字滤波器的频响 $H(\mathrm{e}^{\mathrm{j}\Omega})$ 相对应，但模拟角频率 ω 与数字角频率 Ω 之间的变换关系是非线性的，双线性变换法用频率变换关系如图 7-20 所示。

由

$$z=\frac{\dfrac{2}{T}+s}{\dfrac{2}{T}-s}=\frac{\dfrac{2}{T}+\sigma+\mathrm{j}\omega}{\dfrac{2}{T}-\sigma-\mathrm{j}\omega}$$

当 $\sigma<0$ 时

$$|z|=\frac{\sqrt{\left(\dfrac{2}{T}+\sigma\right)^2+\omega^2}}{\sqrt{\left(\dfrac{2}{T}-\sigma\right)^2+\omega^2}}<1$$

当 $\sigma>0$ 时，上式 $|z|>1$。双线性变换法 s 平面到 z 平面的映射关系如图 7-21 所示。

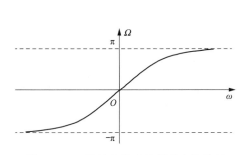

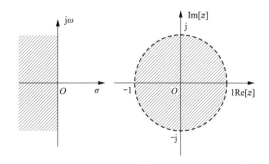

图 7-20　双线性变换法的频率变换关系　　　　图 7-21　双线性变换法 s 平面到 z 平面的映射关系

双线性变换法满足稳定性要求，当模拟滤波器 $H_a(s)$ 的极点落在 s 平面的左半平面时，则通过双线性变换后得到的数字滤波器 $H(z)$ 的极点必在单位圆内，因此数字滤波器也是稳定的。在双线性变换中，s 平面的整个虚轴正好映射到 z 平面的单位圆上，为一一对应关系，因此不会出现由于高频部分超过折叠频率而混淆到低频部分去的现象，即所谓频谱混叠现

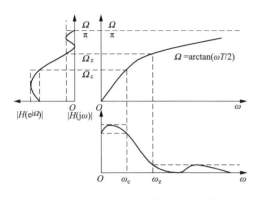

图 7-22 双线性变换中模拟频响与数字
频响之间的变换关系

象，另一方面 Ω 与 ω 的对应关系为非线性的，从图 7-21 中可见，只有在 $\omega=0$ 附近的一段可近似为线性，当 ω 增大时，Ω 增加减缓，当 $\omega \to \infty$，$\Omega \to \pi$。由于这种非线性关系，使得数字滤波器与模拟滤波器的幅度与频率对应关系，即频率特性产生失真。形象地说，模拟滤波器的频率特性原来在 $\omega = -\infty \sim +\infty$ 范围内的分布，被压缩在数字滤波器 $\Omega = -\pi \sim +\pi$ 的频带内了。双线性变换中模拟频响与数字频响之间的变换关系如图 7-22 所示。

【例 7-7】试用双线性变换法设计一个数字低通滤波器。技术指标如下。

(1) 通带允许起伏：-3dB $0 \leqslant \Omega \leqslant 0.318\pi$；

(2) 阻带增益：$\leqslant -20\text{dB}$ $0.8\pi \leqslant \Omega \leqslant \pi$。

通带内具有等波纹特性，求其系统函数 $H(z)$。

解：(1) 求模拟滤波器技术指标。

由于用双线性变换，因此求模拟滤波器的指标时用式（7-57）得

$$\omega_c = \frac{2}{T}\tan\left(\frac{1}{2} \times 0.318\pi\right) = 1.0926(\text{rad/s})$$

$$\omega_z = \frac{2}{T}\tan\left(\frac{1}{2} \times 0.8\pi\right) = 6.1554(\text{rad/s})$$

此处为方便取 $T=1$。

(2) 设计模拟滤波器，并求 $H_a(s)$，采用切比雪夫滤波器。求得波纹参数 $\varepsilon = 0.99763$ 求滤波器阶数 n：

$$\frac{1}{\sqrt{1 + \varepsilon^2 T_n^2\left(\frac{6.1554}{1.0926}\right)}} = 10^{-\frac{20}{20}}$$

$$n = \frac{\operatorname{arcch}\left(\frac{1}{0.99763}\sqrt{10^{\frac{20}{10}} - 1}\right)}{\operatorname{arcch}\left(\frac{6.1554}{1.0926}\right)} = 1.24$$

取 $n=2$，采用双线性变换，没有高频端混叠，因而让阻带满足指标要求，通带指标留有余量，以便减小信号通过滤波器时的失真。按 $n=2$ 条件求截止角频率 ω_c：

$$\frac{1}{\sqrt{1 + \varepsilon^2 T_n^2\left(\frac{6.1554}{\omega_c}\right)}} = 10^{-\frac{20}{20}}$$

$$\omega_c = \frac{1}{\operatorname{ch}\left[\frac{1}{2}\operatorname{arcch}\left(\frac{1}{0.99763}\sqrt{10^{\frac{20}{10}} - 1}\right)\right]} = 2.6278\text{rad/s}$$

由于本例预畸变使 $\omega_c \neq 1$，因此需进行解归一化，求得

$$H_a(s) = \frac{0.5012}{\left(\dfrac{s}{\omega_c}\right)^2 + 0.6449\left(\dfrac{s}{\omega_c}\right) + 0.7079} = \frac{0.5012 \times (2.6278)^2}{s^2 + 0.6449 \times 2.6278s + 0.7079 \times (2.6278)^2}$$

$$= \frac{3.4609}{s^2 + 1.6947s + 4.8886}$$

（3）用双线性变换求 $H(z)$。

$$H_a(s) = \frac{3.4609}{\left[2\left(\dfrac{1-z^{-1}}{1+z^{-1}}\right)\right]^2 + 1.6947\left[2\left(\dfrac{1-z^{-1}}{1+z^{-1}}\right)\right] + 4.8886}$$

$$= \frac{0.2819(1+z^{-1})^2}{1 + 0.1447z^{-1} + 0.4479z^{-2}}$$

图 7-23 画出了 $H(z)$ 的频率特性。由于用双线性变换，频率特性高端经非线性变换下降很快，阻带衰减性能比冲激响应不变法要好，但相频特性的非线性较严重，这是由切比雪夫带内起伏及双线性变换的非线性引起的。

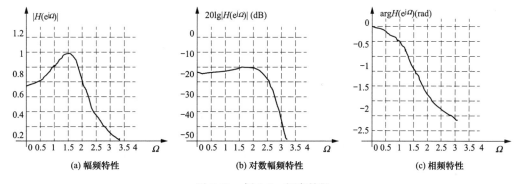

(a) 幅频特性　　　　　(b) 对数幅频特性　　　　　(c) 相频特性

图 7-23　例 7-7　频率特性

7.6.3　IIR 数字滤波器的基本结构

采用软件实现，是指根据编写的计算机程序，由数字计算机或微处理器完成滤波器功能。而硬件实现应先确定数字滤波器的运算结构图。结构图应由各种基本运算单元组成，包括存储单元、延时单元、加法器及乘法器等。运算结构可以用方块图表示，图 7-24 是数字滤波器中三种基本运算单元的框图：加法器、乘法器、延时单元。

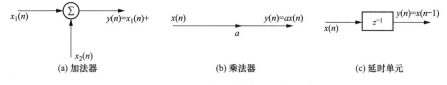

(a) 加法器　　　　　　　(b) 乘法器　　　　　　　(c) 延时单元

图 7-24　基本运算单元的框图

IIR 数字滤波器构成形式主要有直接型（direct form）、级联型（cascade form）及并联型（parallel form）等，下面就分别讨论它们的构成实现形式。

1. 直接型

设 IIR 数字滤波器的系统函数为

$$H(z) = \frac{Y(z)}{X(z)} = \frac{\sum_{r=0}^{M} a_r z^{-r}}{1 + \sum_{k=1}^{N} b_k z^{-k}} \quad\quad (7-58)$$

其差分方程为

$$y(n) = \sum_{r=0}^{M} a_r x(n-r) - \sum_{k=1}^{N} b_k y(n-k) \quad\quad (7-59)$$

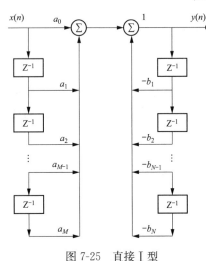

图 7-25 直接 I 型

对应式（7-59）可直接画出其结构实现框图如图 7-25 所示，称为直接 I 型，图中结构可以进行简化，若将 $H(z)$ 看成是两个子系统级联两成，则 $H(z)$ 是两个子系统函数的乘积，即

$$H(z) = H_1(z) \cdot H_2(z)$$

其中

$$H_1(z) = \frac{W(z)}{X(z)} = \frac{1}{1 + \sum_{k=1}^{N} b_k z^{-k}}$$

因此有

$$W(z) = \frac{X(z)}{1 + \sum_{k=1}^{N} b_k z^{-k}}$$

上式的差分方程形式为

$$w(n) = x(n) - \sum_{k=1}^{N} b_k w(n-k) \quad\quad (7-60)$$

同理

$$Y(z) = W(z) \sum_{r=0}^{M} a_r z^{-r}$$

差分方程形式为

$$y(n) = \sum_{r=0}^{M} b_r w(n-r) \quad\quad (7-61)$$

由式（7-60）及式（7-61）可得简化的数字滤波器构成形式——直接 II 型，如图 7-26 所示。直接 II 型比直接 I 型节约了很多延迟单元，这样的软件实现可节省存储单元，硬件实现时可节省延时寄存器，经济性较好。

直接型结构虽能简便地实现 $H(z)$，但滤波系数 a_r、b_k 的变动将使系统的所有零极点同时发生变动，从而引起滤波器频响发生很大变化。因此其首先是调整不便，其次是在数字实现时，系数 a_r、b_k 不可避免存在量化误差，会导致零极点发生变化，从而引起频响发生较大误差，其至出现

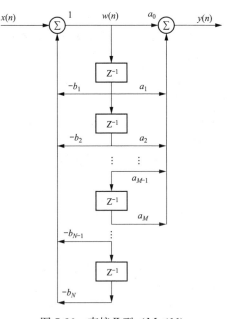

图 7-26 直接 II 型 （M<N）

不稳定现象。因此直接型多用在一、二阶滤波器上，高阶滤波器则往往通过分解为低阶的级联或并联结构来实现。

2. 级联型

如果将式（7-58）表示的系统函数 $H(z)$ 的分子和分母多项式进行因式分解，可将 $H(z)$ 分解成连乘形式：

$$H(z)=\frac{\displaystyle\sum_{r=0}^{M}a_r z^{-r}}{1+\displaystyle\sum_{k=1}^{N}b_k z^{-k}}=A_0\prod_{i=1}^{K}H_i(z) \tag{7-62}$$

式中，A_0 为比例系数；$H_i(z)$ 为子系统函数，它们可以表示为 z^{-1} 的一阶或二阶多项式比值形式，即

$$H_i(z)=\frac{1+a_{1i}z^{-1}}{1+b_{1i}z^{-1}} \tag{7-63}$$

式（7-63）称为一阶节。

或

$$H_i(z)=\frac{1+a_{1i}z^{-1}+a_{2i}z^{-2}}{1+b_{1i}z^{-1}+b_{2i}z^{-2}} \tag{7-64}$$

式（7-64）称为二阶节。

显然，一阶节和二阶节子系统结构可由直接Ⅱ型结构实现，如图 7-27(a)、（b）所示。这样就可以由子系统滤波器级联得到ⅡR 数字滤波器的完整结构，如图 7-28 所示。从级联型结构可见，一个一阶节只关系滤波器的一个极点和一个零点，调整子系统滤波器系数，只需单独调整其零、极点而不影响其他子系统的零、极点。这种结构便于零、极点调整，且式（7-63）及式（7-64）中的任一分子与任一分母均可配成一个一阶节或二阶节，因此级联结构有很大的灵活性。

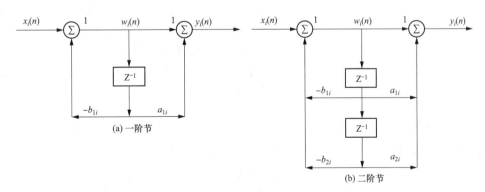

图 7-27　子系统结构

3. 并联型

若将 $H(z)$ 展开成部分分式形式，就可用并联方式构成数字滤波器结构。

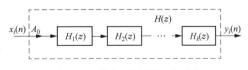

图 7-28　数字滤波器级联形式

$$H(z) = \frac{\sum\limits_{r=0}^{M} a_r z^{-r}}{1 + \sum\limits_{k=1}^{N} b_k z^{-k}} = C + \sum_{i=1}^{k} H_i(z) \tag{7-65}$$

式中，C 为常数；$H_i(z)$ 为子系统滤波器，是 z^{-1} 的一阶节或二阶节，其形式一般为

$$H_i(z) = \frac{a_{0i}}{1 + b_{1i} z^{-1}} \qquad \text{(一阶节)}$$

$$H_i(z) = \frac{a_{0i} + a_{1i} z^{-1}}{1 + b_{1i} z^{-1} + b_{2i} z^{-2}} \qquad \text{(二阶节)}$$

    子滤波器 $H_i(z)$ 的结构如图 7-29 所示。式（7-65）表明，一个数字滤波器可由各子滤波器并联而成，如图 7-30 所示。

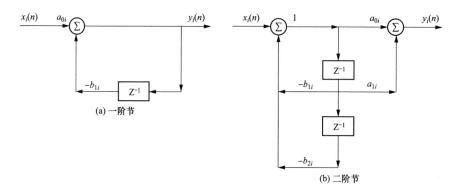

图 7-29   子滤波器结构

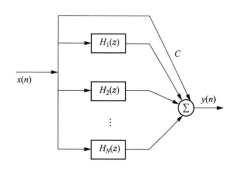

图 7-30   数字滤波器并联形式

    并联结构与级联结构一样，可以单独调整极点位置，但是却不能像级联那样直接控制零点，因此在要求准确的传输零点时，不如级联型好调整，但在运算误差方面，并联型各基本节的误差互不影响，所以比级联型误差要小些。

    【例 7-8】已知数字滤波器的 $H(z)$，画出其级联与并联结构。

$$H(z) = \frac{3 + 3.6z^{-1} + 0.6z^{-2}}{1 + 0.1z^{-1} - 0.2z^{-2}}$$

解： 对 $H(z)$ 分子与分母多项式分别进行因式分解，得

$$H(z) = 3\frac{(1+z^{-1})(1+0.2z^{-1})}{(1+0.5z^{-1})(1-0.4z^{-1})} = A_0 \prod_{i=1}^{2} H_i(z)$$

其中

$$H_1(z) = \frac{1+z^{-1}}{1+0.5z^{-1}} \qquad H_1(z) = \frac{1+0.2z^{-1}}{1-0.4z^{-1}}$$

其级联结构如图 7-31(a) 所示。若采用并联形式，则把 $H(z)$ 展开成部分分式，得

$$H(z) = \frac{3(1+1.2z^{-1}+0.2z^{-2})}{1+0.1z^{-1}-0.2z^{-2}}$$

$$=-3-\frac{6+3.9z^{-1}}{(1+0.5z^{-1})(1-0.4z^{-1})}$$

$$=-3-\frac{1}{1+0.5z^{-1}}+\frac{7}{1-0.4z^{-1}}$$

故得

$$H_1(z)=\frac{-1}{1+0.5z^{-1}}$$

$$H_1(z)=\frac{7}{1-0.4z^{-1}}$$

$$C=-3$$

其并联结构如图 7-31(b) 所示。

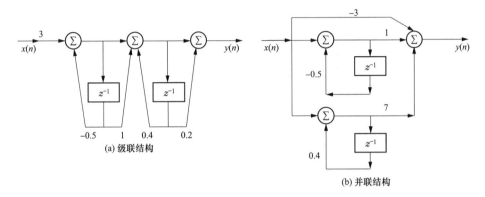

图 7-31　例 7-8 结构框图

递归式数字滤波器的系统函数 $H(z)$ 在一般情况下包含零点和极点。由于这种系统含有反馈环路，因反馈作用的存在，系统的单位抽样响应 $h(n)$ 通常为无限长序列，所以递归式数字滤波器一般属于 IIR 型数字滤波器。

7.7　FIR 数字滤波器设计

IIR 数字滤波器的设计方法，由于继承了模拟滤波器的成果，设计方法很简单，但设计只保证幅度响应特性，无法兼顾相位特性，相位特性往往为非线性的。为了得到线性相位，必须另加相位校正网络。FIR 数字滤波器在保证幅度特性满足要求的条件下，容易做到严格的线性相位特性，这对于要求高保真度的信号处理（如数据处理、语音处理）来说有重要意义。

FIR 数字滤波器具有严格的线性相位、有限长的冲激响应及很好的稳定性。FIR 数字滤波器的单位抽样响应是有限长的，系统函数是 z^{-1} 的 $N-1$ 次多项式，在 z 平面上有 $N-1$ 个零点，且在原点有 $N-1$ 个重极点。$H(z)$ 在除 $z=0$ 外的整个 z 平面上收敛，收敛域包含单位圆，而极点在单位圆内，因此系统处于一直稳定状态。系统函数 $H(z)$ 具有线性相位，线性相位表示系统的相频特性与频率具有线性关系。

7.7.1　窗函数法

窗函数法能有效实现线性相位 FIR 设计。为了设计一个接近理想状态的 FIR 滤波器

$H(z)$，需求理想滤波器的单位抽样响应 $h_d(n)$。由于 $h_d(n)$ 是无限长离散序列，因此需要通过窗函数 $w(n)$ 进行截断，得到有限长离散序列，即 $h(n)=h_d(n) \cdot G_N(n)$。

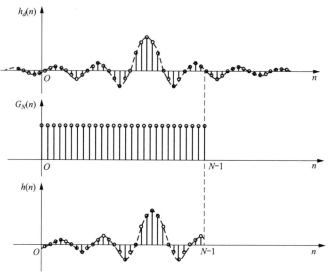

图 7-32　矩形窗函数对 $h_d(n)$ 的截断

设理想低通滤波器频率特性为

$$H_d(\mathrm{e}^{\mathrm{j}\Omega})=H_d(\Omega)\mathrm{e}^{-\mathrm{j}\alpha\Omega}=\begin{cases}\mathrm{e}^{-\mathrm{j}\alpha\Omega} & |\Omega|\leqslant\Omega_\mathrm{c} \\ 0 & \Omega_\mathrm{c}<|\Omega|<\pi\end{cases} \tag{7-66}$$

式中，$H_d(\Omega)$ 为幅度特性；α 为相移常数。对应的单位抽样响应为

$$h_d(n)=\frac{1}{2}\int_{-\pi}^{\pi}H_d(\mathrm{e}^{\mathrm{j}\Omega})\mathrm{e}^{\mathrm{j}n\Omega}\mathrm{d}\Omega$$

$$=\frac{1}{2}\int_{-\Omega_\mathrm{c}}^{\Omega_\mathrm{c}}\mathrm{e}^{-\mathrm{j}\alpha\Omega}\mathrm{e}^{\mathrm{j}n\Omega}\mathrm{d}\Omega=\frac{\sin[(n-\alpha)\Omega_\mathrm{c}]}{(n-\alpha)\pi}=\frac{\Omega_\mathrm{c}}{\pi}Sa[(n-\alpha)\Omega_\mathrm{c}] \tag{7-67}$$

按式（7-66）设计的长度为 N 的线性相位低通滤波器的单位抽样响应为

$$h(n)=h_d(n) \cdot G_N(n)=\frac{\Omega_\mathrm{c}}{\pi}Sa[(n-\alpha)\Omega_\mathrm{c}] \cdot G_N(n) \tag{7-68}$$

矩形窗函数对 $h_d(n)$ 的截断如图 7-32 所示，$h_d(n)$ 为无限长序列，且为非因果的。$h(n)$ 是对 $h_d(n)$ 的截断，是长度为 N 的线性相位滤波器的单位抽样响应。因此 $h(n)$ 的频率特性 $H(\mathrm{e}^{\mathrm{j}\Omega})$ 是对矩形序列 $G_N(n)$ 的频率特性 $G_N(\mathrm{e}^{\mathrm{j}\Omega})$ 的卷积结果。$G_N(n)$ 的傅里叶变换为

$$G_N(\mathrm{e}^{\mathrm{j}\Omega})=\sum_{n=0}^{N-1}\mathrm{e}^{-\mathrm{j}n\Omega}=\mathrm{e}^{-\mathrm{j}\frac{N-1}{2}\Omega} \cdot \frac{\sin\left(\frac{N\Omega}{2}\right)}{\sin\left(\frac{\Omega}{2}\right)}=G_N(\Omega)\mathrm{e}^{-\mathrm{j}\frac{N-1}{2}\Omega} \tag{7-69}$$

式中

$$G_N(\Omega)=\frac{\sin\left(\frac{N\Omega}{2}\right)}{\sin\left(\frac{\Omega}{2}\right)}$$

为矩形窗的频域幅度函数。这样，设计的线性相位低通滤波器的频率特性为

$$H(\mathrm{e}^{\mathrm{j}\Omega}) = \sum_{n=0}^{N-1} h(n)\mathrm{e}^{-\mathrm{j}n\Omega} = \frac{1}{2\pi} H_d(\mathrm{e}^{\mathrm{j}\Omega}) * G_N(\mathrm{e}^{\mathrm{j}\Omega})$$

$$= \frac{1}{2\pi} \int_{-\pi}^{\pi} H_d(\theta)\mathrm{e}^{-\mathrm{j}\alpha\theta} G_N(\Omega-\theta)\mathrm{e}^{-\mathrm{j}\alpha(\Omega-\theta)}\mathrm{d}\theta$$

$$= \frac{1}{2\pi}\mathrm{e}^{-\mathrm{j}\alpha\Omega} \int_{-\pi}^{\pi} H_d(\theta)G_N(\Omega-\theta)\mathrm{d}\theta = H_g(\Omega)\mathrm{e}^{-\mathrm{j}\alpha\Omega} \qquad (7\text{-}70)$$

其中频域幅度函数 $H_g(\Omega)$ 是 $H_d(\Omega)$ 与 $G_N(n)$ 卷积的结果，即

$$H_g(\Omega) = \frac{1}{2\pi} H_d(\Omega) * G_N(\Omega) = \frac{1}{2\pi} \int_{-\pi}^{\pi} H_d(\theta)G_N(\Omega-\theta)\mathrm{d}\theta \qquad (7\text{-}71)$$

矩形窗函数对理想低通滤波器幅度特性的影响如图 7-33 所示。

比较加窗截断后的 $H_g(\Omega)$ 与原来的 $H_d(\Omega)$ 特性可以得出：在 $\Omega = \Omega_c$ 附近形成过渡带，过渡带两边出现正、负肩峰，肩峰的间距为 $4\pi/N$，肩峰两侧再伸展为起伏的余振。必须注意，过渡带的间距并不等于两肩峰的间距，只是与 $4\pi/N$ 成正比，且小于此值。肩峰的增量值为 8.95%，此即为吉布斯现象（Gibbs phenomenon）。从理论上讲，应规定从 $H_g(\Omega)=1$ 到 $H_g(\Omega)=0$ 的范围为过渡带，而实际上允许此二值向中心 Ω_c 点有微小偏移。经计算可求得当此允许偏移为 1.55dB 时，过渡带的宽度为 $0.9(2\pi/N)$（约为两个肩峰间距之半）。此外，进入阻带的负峰将影响阻带的衰减特性。对此矩形窗函数，8.95% 的负峰值相当于 21dB 的阻带衰减，一般情况下，此数值远远不能满足阻带内衰减的要求。显然，矩形窗的逼近性能很

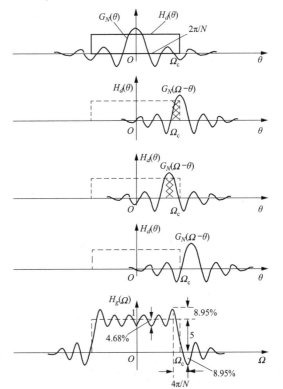

图 7-33　矩形窗函数对理想低通滤波器幅度特性的影响

不理想。为加大阻带衰减，也即减小肩峰的影响，需采用其他形状的窗函数。通常，若窗函数时域波形两端平缓下降（如三角形窗、升余弦形窗等），则其频域特性旁瓣（side lobe）电平减小，从而阻带衰减增加，但其代价是增加了主瓣（main lobe）和过渡带的宽度。对于同一种窗函数，增加 N 值可使过渡带减小。常用的窗函数有矩形窗、三角窗、汉宁窗、汉明窗、布莱克曼窗等。

窗函数法设计 FIR 滤波器的步骤如下。

（1）给定 $H_d(\mathrm{e}^{\mathrm{j}\Omega})$，求出相应的 $h_d(n)$。

（2）根据允许的过渡带宽度及阻带衰减要求选择窗函数形状及滤波器长度 N。

（3）按所得窗函数求得 $h(n) = h_d(n)w(n)$。

（4）计算 $H(\mathrm{e}^{\mathrm{j}\Omega})=[H_d(\mathrm{e}^{\mathrm{j}\Omega})*W(\mathrm{e}^{\mathrm{j}\Omega})]/2\pi$ 并检验各项指标。

窗函数法设计简单实用，但缺点是过渡带及边界频率不易控制，因此通常需要反复计算。

【例 7-9】 用矩形窗、汉宁窗和布莱克曼窗设计 FIR 低通滤波器，设 $N=11$，$\Omega_c=0.2\pi$（rad）。

解： 用理想低通滤波器作为逼近滤波器，按照式（7-68）有

$$h_d(n)=\frac{\sin[(n-\alpha)\Omega_c]}{(n-\alpha)\pi}\qquad 0\leqslant n\leqslant 10$$

$$\alpha=\frac{1}{2}(N-1)=5$$

用矩形窗设计：

$$h_d(n)=\frac{\sin[(n-5)\times 0.2\pi]}{(n-5)\pi}\qquad 0\leqslant n\leqslant 10$$

用汉宁窗设计：

$$h_d(n)=h_d(n)\cdot w_H(n)\qquad 0\leqslant n\leqslant 10$$

$$w_H(n)=\frac{1}{2}\left[1-\cos\left(\frac{2n\pi}{10}\right)\right]$$

所以

$$h(n)=\frac{\sin[(n-5)\times 0.2\pi]}{(n-5)\pi}\cdot\frac{1}{2}\left[1-\cos\left(\frac{2n\pi}{10}\right)\right]$$

用布莱克曼窗设计：

$$w_{\mathrm{Bl}}(n)=0.42-0.5\cos\left(\frac{2n\pi}{10}\right)+0.08\cos\left(\frac{4n\pi}{10}\right)\quad(0\leqslant n\leqslant 10)$$

所以

$$h(n)=h_d(n)\cdot w_{\mathrm{Bl}}(n)$$
$$=\frac{\sin[(n-5)\times 0.2\pi]}{(n-5)\pi}\cdot\left[0.42-0.5\cos\left(\frac{2n\pi}{10}\right)+0.08\cos\left(\frac{4n\pi}{10}\right)\right]$$

分别求出其 $h(n)$ 后，求出频率响应 $H(\mathrm{e}^{\mathrm{j}\Omega})$，其幅度特性如图 7-34 所示。该例表明用矩形窗时过渡带最窄，阻带衰减最小；布莱克曼窗过渡带最宽，但带来的问题是阻带衰减加大。汉宁窗则介于两者之间。

在 FIR 滤波器设计方法中除了窗函数法之外，还有其他一些方法，如频率抽样法、等纹波设计法等，限于篇幅本书不再进行讨论，有兴趣的读者可参考有关教材或文献资料。

7.7.2 FIR 数字滤波器的基本结构

FIR 数字滤波器的构成形式主要有直接型、级联型、线性相位 FIR 滤波器结构等，下面分别进行讨论。

1. 直接型

FIR 滤波器的单位抽样响应 $h(n)$ 是一个

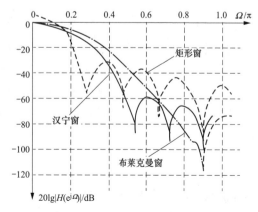

图 7-34　例 7-9 的各窗函数幅度特性

有限长序列，其系统函数一般具有如下形式：

$$H(z) = \sum_{n=0}^{N-1} h(n) z^{-n} \tag{7-72}$$

其差分方程为

$$y(n) = \sum_{i=0}^{N-1} h(i) x(n-i) \tag{7-73}$$

由式（7-73）可得出 FIR 滤波器直接型结构如图 7-35 所示。又因式（7-73）实际上是信号的卷积形式，故又称为卷积型结构。从图 7-35 中可看出它具有横向延时链，所以也被称为横向型结构。

2. 级联型

若将 $H(z)$ 分解为如下二阶实系数因子形式：

$$H(z) = \sum_{n=0}^{N-1} h(n) z^{-n} = \prod_{i=1}^{M} (\beta_{0i} + \beta_{1i} z^{-1} + \beta_{2i} z^{-2}) \tag{7-74}$$

则这样所得的 FIR 滤波器级联型结构如图 7-36 所示。这种结构每一节控制一对零点，因此在需要控制传输零点时可以采用。但相应的滤波系数增加，乘法运算次数增加，因此需要较多的存储器，运算时间也比直接型长。

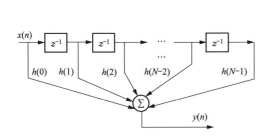

图 7-35　FIR 滤波器直接型结构

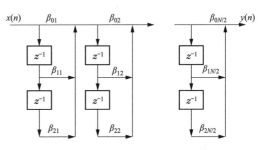

图 7-36　FIR 滤波器级联型结构

3. 线性相位 FIR 滤波器结构

线性相位 FIR 滤波器满足下列偶对称条件：

$$h(n) = h(N-1-n) \tag{7-75}$$

故当 N 为偶数时

$$H(z) = \sum_{n=0}^{\frac{N}{2}-1} h(n) [z^{-n} + z^{-(N-1-n)}] \tag{7-76}$$

当 N 为奇数时

$$H(z) = \sum_{n=0}^{\frac{N-1}{2}-1} h(n) [z^{-n} + z^{-(N-1-n)}] + h\left(\frac{N-1}{2}\right) z^{-\frac{N-1}{2}} \tag{7-77}$$

由此可画出线性相位 FIR 滤波器结构图如图 7-37 所示，显然这种结构形式其乘法次数较之直接型节省了一半左右。

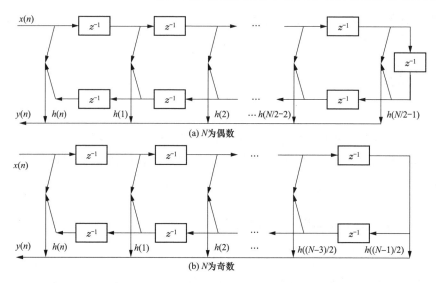

(a) N为偶数

(b) N为奇数

图 7-37 线性相位 FIR 滤波器结构

7.8 MATLAB 在滤波器设计中的应用

【例 7-10】设计一个模拟巴特沃思低通滤波器，其技术指标：通带边界频率 $f_p = 400\text{Hz}$，通带最大衰减 $a_p = 0.5\text{dB}$；阻带边界频率 $f_s = 1000\text{Hz}$，阻带最小衰减 $a_s = 40\text{dB}$。

在 MATLAB 中，设计一个模拟巴特沃思低通滤波器可以用函数 buttord（）计算巴特沃思滤波器的阶数和截止频率，再用函数 butter（）设计，buttord（）函数的主要调用格式如下：

$$[\text{n,Wn}] = \text{buttord(Wp,Ws,Rp,Rs)}$$

其中，Wp 为通带截止频率，Ws 为阻带截止频率，Rp 为通带最大衰减，R 为阻带最小衰减，函数会返回计算出的阶数 n 和对应的截止频率 Wn。

函数 butter（）的主要调用格式如下：

$$[\text{B,A}] = \text{butter(N,Wc,'s')}$$

其中，N 为滤波器的阶数，Wc 为滤波器的归一化截止频率。B 和 A 为返回滤波器的 N 个一阶分段的分母和分子系数。

MATLAB 程序如下：

```
Wp=2*pi*400;Ws=2*pi*1000;
ap=0.5;as=40;
[N,Wc]=buttord(Wp,Ws,ap,as,'s')        % 求阶数 N 和 3dB 截止频率 Wc
[B,A]=butter(N,Wc,'s')                  % 求系统函数
```

MATLAB 程序执行结果如下：

```
N=
    7
Wc=
    3.2544e+03
B=
    1.0e+24 *
```

0	0	0	0	0	0	0	3.8662

A=

1.0e+24 *

0.0000	0.0000	0.0000	0.0000	0.0000	0.0000	0.0053	3.8662

根据 B、A 可以写出相应的 $H(z)$。

【例 7-11】 采用脉冲响应不变法设计一个巴特沃思低通数字滤波器，其通带边界临界频率为 400Hz，阻带临界频率为 600Hz，抽样频率为 1000Hz，在通带内的最大衰减为 0.3dB，阻带内最小衰减为 60dB。

MATLAB 程序如下：

```
Wp=2*pi*400;Ws=2*pi*600;
ap=0.3;as=60;Fs=1000;              % 设置参数
[N,Wc]=buttord(Wp,Ws,ap,as,'s');  % 求阶数 N 和 3dB 截止频率 Wc
[Z,P,K]=buttap(N);                % 把滤波器零极点模型转化为传递函数模型
[A,B,C,D]=zp2ss(Z,P,K);           % 把模拟滤波器原型转换为截止频率为 wc 的模拟低通滤波器
[At,Bt,Ct,Dt]=lp2lp(A,B,C,D,Wc);  % 用双线性法实现模拟滤波器到数字滤波器的转换
[num1,den1]=ss2tf(At,Bt,Ct,Dt);
[num2,den2]=impinvar(num1,den1,Fs);
[H,W]=freqz(num2,den2);           % 计算数字滤波器的频率响应
plot(W*Fs/2/pi,abs(H));grid;      % 绘制图形
xlabel('f/Hz');
ylabel('幅值')
```

MATLAB 程序执行结果如图 7-38 所示。

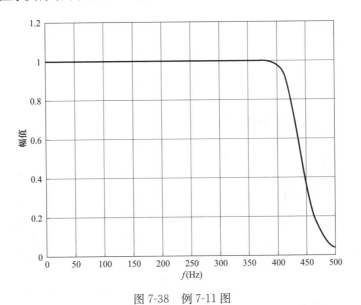

图 7-38　例 7-11 图

【例 7-12】 用矩形窗、三角窗、汉宁窗、汉明窗分别设计低通数字滤波器，信号采样频率为 1000Hz，数字滤波器的截止频率为 100Hz，滤波器的阶数为 80。

MATLAB 程序如下：

```
passrad=2*pi*100/1000;
w1=boxcar(81);                            % 矩形窗
w2=triang(81);                            % 三角窗
w3=hanning(81);                           % 汉宁窗
w4=hamming(81);                           % 汉明窗
n=1:1:81;                                 % 取点
hd=sin(passrad*(n-41))./(pi*(n-41));      % 设置函数
hd(41)=passrad/pi;
h1=hd.*rot90(w1);
h2=hd.*rot90(w2);
h3=hd.*rot90(w3);
h4=hd.*rot90(w4);
[MAG1,RAD]=freqz(h1);                      % 求离散系统频率响应特性
[MAG2,RAD]=freqz(h2);
[MAG3,RAD]=freqz(h3);
[MAG4,RAD]=freqz(h4);
subplot(2,2,1)                             % 开辟绘图区域
plot(RAD,20*log10(abs(MAG1)));             % 绘图
grid on
subplot(2,2,2)
plot(RAD,20*log10(abs(MAG2)));
grid on
subplot(2,2,3)
plot(RAD,20*log10(abs(MAG3)));
grid on
subplot(2,2,4)
plot(RAD,20*log10(abs(MAG4)));
grid on
```

MATLAB 程序执行结果如图 7-39 所示。

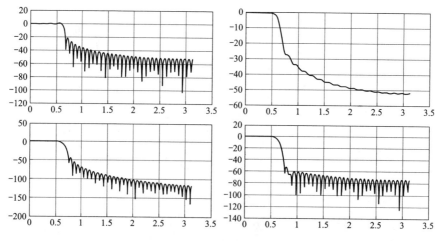

图 7-39　例 7-12 图

【例 7-13】 用窗函数法设计一个 FIR 带通滤波器，指标如下。

阻带下截止频率：$w_{ls} = 0.2\pi$；通带下截止频率：$w_{lp} = 0.35\pi$

阻带上截止频率：$w_{ws} = 0.8\pi$；通带上截止频率：$w_{wp} = 0.65\pi$

通带最大衰减：$a_p = 1\mathrm{dB}$；阻带最小衰减：$a_s = 60\mathrm{dB}$

MATLAB 程序如下：

```
wls=0.2*pi;wlp=0.35*pi;wup=0.65*pi;
B=wlp-wls;                              % 过渡带宽度
N=ceil(12*pi/B);                        % 计算阶数 N,ceil(x)取大于等于 x 的整数
wp=[wlp/pi-6/N,wup/pi+6/N];             % 设置理想带通截止频率
hn=fir1(N-1,wp,blackman(N));
M=1024;
Hk=fft(hn,M);                           % 快速傅里叶变换
n=0:N-1;                                % 取点
subplot(2,1,1);                         % 开辟绘图区域
stem(n,hn,'.');                         % 绘制离散图形
xlabel('n');ylabel('h(n)');             % 标注横纵坐标
grid on;
k=1:M/2+1;                              % 取点
w=2*(0:M/2)/M;
subplot(2,1,2);
plot(w,20*log10(abs(Hk(k))));
axis([0,1,-100,5]);
xlabel('w');ylabel('20lg|H(w)|');
grid on
```

MATLAB 程序执行结果如图 7-40 所示。

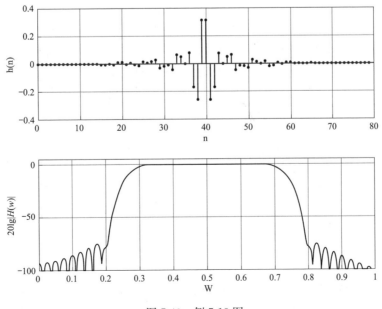

图 7-40　例 7-13 图

【例 7-14】设计满足如下指标的归一化的低通切比雪夫Ⅰ型滤波器：$A_p=1.5dB$，$A_s=40dB$，$w_s=4rad/s$。

在 MATLAB 中，设计一个模拟切比雪夫Ⅰ型滤波器可以用函数 cheb1ap（），cheb1ap（）函数的主要调用格式如下：

$$[z,p,k]=cheb1ap(n,Rp)$$

其中，Rp（单位为分贝）是通带最大衰减，z、p、k 分别为滤波器的零点、极点和增益，n 为滤波器的阶次。

MATLAB 程序如下：

```
wpass=1;
wstop=4;
Apass=1;
Astop=35;
t1=sqrt(10^(0.1*Apass)-1);                  % 返回 x 的平方根
t2=sqrt(10^(0.1*Astop)-1);
N=ceil(acosh(t2/t1)/acosh(wstop/wpass));    % 返回大于或者等于指定表达式的最小整数
[z,p,k]=cheb1ap(N,wpass);                    % 模拟低通滤波器原型
syms rad h1 h2
h1=k/(1i*rad/wpass-p(1))/(1i*rad/wpass-p(2))/(1i*rad/wpass-p(3));
h2=10*log((abs(h1)).^2)/log(10);
ezplot(h2,[-6 6]);                           % 绘制函数
title('低通切比雪夫Ⅰ型滤波器')
grid on
```

MATLAB 程序执行结果如图 7-41 所示。

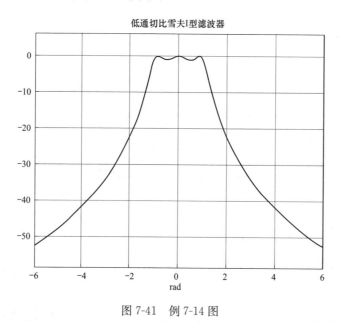

图 7-41　例 7-14 图

【例 7-15】滤除特定频率：某信号 $x(t)=\cos(2\pi t)+\cos(10\pi t)$，要求利用切比雪夫Ⅰ型滤波器将 $\cos(10\pi t)$ 的频率成分滤除，由于 $x(t)$ 的最高频是 $10\pi rad/s$，则取样频率至少为

$20\pi\text{rad/s}$，取 $T=0.1\text{s}$（等于 $w_s=\dfrac{2\pi}{T}=20\pi\text{rad/s}$），滤波器通带的截止频率为 $3\pi\text{rad/s}$，可以衰减信号中的成分 $\cos(10\pi t)$。

　　MATLAB 程序如下：

```
N=2;
T=0.1;
Rp=3;
Wn=[0.001 3*pi]/(20*pi);
[b,a]=cheby1(N,Rp,Wn);          % 查看设计滤波器的曲线
T=0.1;
n=0:100;
t=n*T;
x=cos(2*pi*t)+ cos(10*pi*t);    % 设置函数
y=filter(b,a,x);                % 直接滤波器实现
subplot(2,1,1);
plot(t,x);
xlabel('T(s)');ylabel('幅度');   % 标注横纵坐标
ylim([-1 3]);
title('信号的时域图');
subplot(2,1,2);
plot(t,y)
xlabel('T(s)');ylabel('幅度');
ylim([-1 3]);
title('滤波后的信号的时域图');
```

　　MATLAB 程序执行结果如图 7-42 所示。

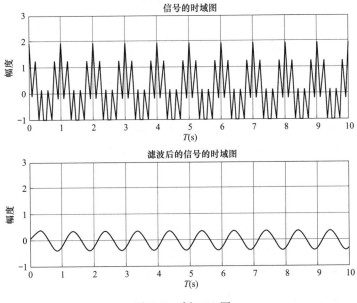

图 7-42　例 7-15 图

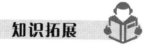

本章小结

1. 模拟滤波器

介绍了模拟滤波器的基本概念：包括信号不失真传输条件，滤波器理想与实际特性。重点介绍了滤波器设计方法；巴特沃思滤波器和切比雪夫滤波器的设计及计算实例。

2. 数字滤波器

数字滤波器分为无限冲激响应滤波器和有限冲激响应滤波器。在设计方面，可以通过脉冲响应不变法和双线性变换法设计 IIR 数字滤波器，窗函数法设计 FIR 数字滤波器。

知识拓展

数字滤波器在微机保护中的应用

20 世纪中期，随着计算机技术和微处理器技术的发展，微机保护逐渐发展，之后在电力系统方面得到应用。微机保护是利用微型计算机、基于可编程数字电路技术和信号分析与处理技术构成的保护，具有极高的优势和广阔的前景。与常规的保护相比，微机保护既有硬件也有软件。硬件结构上微机保护包括实现模拟量数据输入的数据采集部分，以微机为核心的计算机系统部分，人机交互部分，通信部分等，实际应用中可能还需要更多的硬件来实现更多的功能。微机保护也可以利用软件进行在线自检，功能强大，检查快速，功耗低，还可以实现其他保护难以完成的复杂保护。

微机保护的核心思想是，首先将互感器传来的二次模拟信号转换为数字信号，再把模拟信号送入微机保护系统中利用算法进行分析和处理，然后通过输入输出系统实行相应功能。电压互感器或者电流互感器传来的信号有时并不是完全的工频信号，当发生故障时还带有许多直流分量或者高频谐波。在微机保护系统中，及时有效地处理故障引起的直流分量和高频谐波是确保保护系统可靠性和准确性的关键。通过数字滤波技术、时域和频域分析、故障特征提取、自适应滤波和实时监控等措施，微机保护系统能够准确识别和响应各种电力系统故障，提升电力系统的安全性和稳定性。

数字滤波器实质上就是通过一系列的计算，把输入的数字信号转换成另一组信号，设计出适合的计算公式，就是设计数字滤波器的重点。数字滤波器目前已经建立起了完整的理论体系，种类繁多，但在微机保护中，还需要设计一些特别适用于微机保护的数字滤波器。根据不同的故障类型或者不同的保护方法，所采用的适用于微机保护的数字滤波器种类也不同，有简单也有复杂的，不同的数字滤波器具有不同的特性，所以要考虑微机保护中数字滤波器的要求。由于继电保护快速性的要求，故数字滤波器必须能够快速反应。在反应速度和滤波效果上来看，非递归型数字滤波器符合要求，因为非递归型数字滤波器是有限冲激响应的，其数据窗明确，易于满足滤波时延和滤波效果之间的协调性。从稳定性上来看，有限冲激响应滤波器由于使用的是有限个数据，没有输出反馈输入，故比较稳定，而无限冲激响应滤波器就有稳定性的问题。另外，非递归型数字滤波器运算量小，对于需要实时计算数据的微处理器来说，使用的时间短，处理速度也比较快。除此之外，在设计数字滤波器时还有许多问题需要考虑，比如测量精度和动作速度之间的关系、启动元件的影响等。可以看出，设计数字滤波器需要考虑的方面很多，场合不同适用的滤波器也不同，无论什么特性的滤波器，都有优点和缺点，而目前实用的微机保护中有限冲激响应滤波器居多。

　　总的来说，微机保护有很多优于常规保护装置的特点，其能够应用在多种场合，数字滤波器是微机保护中不可分割的部分，考虑的情况不同，使用的滤波器也不同，所达成的精度、动作速度、计算时间等指标也会不同。

习　　题

　　7.1　下列各函数是否为可实现系统的频率特性幅度模平方函数？如果是，请求出相应的最小相位函数；如果不是，请说明理由。

　　(1)　$|H(j\omega)|^2 = \dfrac{1}{\omega^4 + \omega^2 + 1}$

　　(2)　$|H(j\omega)|^2 = \dfrac{1 + \omega^4}{\omega^4 - 3\omega^2 + 2}$

　　(3)　$|H(j\omega)|^2 = \dfrac{100 - \omega^4}{\omega^4 + 20\omega^2 + 10}$

　　7.2　已知滤波器幅度平方函数为

　　(1)　$A(\omega^2) = \dfrac{25(4 - \omega^2)}{(9 + \omega^2)(16 + \omega^2)}$

　　(2)　$A(\omega^2) = \dfrac{4(1 - \omega^2)^2}{6 + 5\omega^2 + \omega^4}$

　　(3)　$A(\omega^2) = \dfrac{1}{1 - \omega^2 + \omega^4}$

求传递函数 $H(s)$，并画出零极点分布图。

　　7.3　巴特沃思滤波器的幅度平方函数为

$$A(\omega^2) = \dfrac{1}{1 + \omega^6}$$

求传递函数 $H(s)$ 并画出极点分布图。

　　7.4　已知理想低通滤波器传递函数为

$$H(j\omega) = \begin{cases} 1 & |\omega| < \dfrac{2\pi}{\tau} \\ 0 & |\omega| > \dfrac{2\pi}{\tau} \end{cases}$$

激励信号的傅里叶变换为

$$E(\omega) = \tau Sa\left(\dfrac{\omega\tau}{2}\right)$$

利用时域卷积定理求响应的时间函数表示式。

　　7.5　一个理想带通滤波器的幅度特性与相移特性如图 7-43 所示。求其冲激响应，画出响应波形，说明此滤波器是否是物理可实现的。

　　7.6　图 7-44 所示系统，$H_1(j\omega)$ 具有理想低通特性

$$H_1(j\omega) = \begin{cases} e^{-j\omega t_0} & |\omega| \leqslant 1 \\ 0 & |\omega| > 1 \end{cases}$$

求 (1) 若 $x(t)$ 为单位阶跃信号 $\varepsilon(t)$，写出 $y(t)$ 表示式。

(2) 若 $x(t) = Sa\left(\dfrac{t}{2}\right)$，求 $y(t)$。

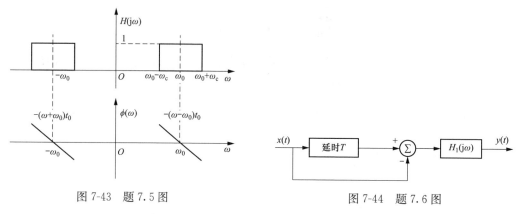

图 7-43 题 7.5 图   图 7-44 题 7.6 图

7.7 试证明：$|H(j\omega)|^2 = |H(j\omega) \cdot H(-j\omega)|$。

分以下两步进行。

(1) 先证明 $|H(j\omega)|^2 = H(j\omega) \cdot H*(j\omega)$

(2) 再证明若传递函数 $H(s)$ 的分子、分母多项式的系数 a、b 均为实数则 $H*(j\omega) = H(-j\omega)$

7.8 计算 $n = 3$、4 时，巴特沃思幅度平方函数 $|H(j\omega)|^2 = A(\omega^2)$ 的极点，并验证表 7-1 的巴特沃思系统函数分母多项式中 $n = 3$、4 正确性。

7.9 利用表 7-1，确定 3 阶巴特沃思低通滤波器的传递函数，其中 3dB 截止频率为 1kHz。

7.10 利用表 7-2，确定 2 阶切比雪夫低通滤波器的传递函数，其中通带纹波为 1dB，截止频率为 $\omega_c = 1$ rad/s。

7.11 一个低通滤波器要求满足下列条件。

(1) 从直流到 5kHz，响应变动在 3dB 之内

(2) 当频率 $f \geqslant 10$kHz 时，衰减 $\geqslant 30$dB

求满足以上要求的巴特沃思滤波器和切比雪夫滤波器的最小阶次 n 及传递函数 $H(s)$。

7.12 设计一个低通巴特沃思滤波器传递函数，要求满足下列指标：在通带截止频率 $\omega_c = 10^5$ rad/s 处衰减 $\delta_c \leqslant 3$dB，阻带始点频率 $\omega_z = 4 \times 10^5$ rad/s 处衰减 $\delta_z \geqslant 35$dB。

7.13 设计一个低通切比雪夫滤波器传递函数，要求满足下列指标。

通带截止频率：$\omega_c = 2\pi \times 10^3$ rad/s，通带允许起伏：-1dB

阻带始点频率：$\omega_z = 4\pi \times 10^3$ rad/s，阻带衰减：$\leqslant -40$dB

7.14 确定一个高通滤波器传递函数 $H_h(s)$，要求具有下列特性。

(1) 3 个极点

(2) 巴特沃思响应

（3）3dB 截止频率为 100Hz

7.15　图 7-45 所示为模拟信号的数字处理系统，已知限带滤波器和平滑滤波器的截止角频率都为 π/T rad/s，数字滤波器截止角频率为 $\pi/8$ rad/s，三者都为理想低通滤波器，则抽样频率为 10kHz 及 20kHz 两种情况下等效模拟滤波器带宽是多少？

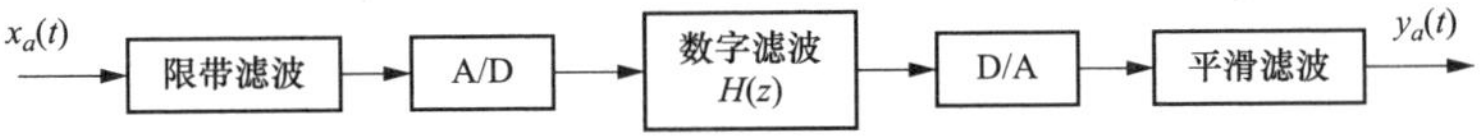

图 7-45　题 7.15 图

7.16　用冲激响应不变法求下列相应的数字滤波器的系统函数 $H(z)$。

（1）$H_a(s) = \dfrac{s+3}{s^2+3s+2}$，抽样周期 $T=0.5$

（2）$H_a(s) = \dfrac{s+1}{s^2+2s+4}$，抽样周期 $T=2$

（3）$H_a(s) = \dfrac{s+3}{s^2+3s+2}$，抽样周期 $T=0.1$

7.17　试证明对 $H_a(s) = \dfrac{1}{s+a}$、$H_a(s) = \dfrac{s+a}{(s+a)^2 + \left(\dfrac{2\pi}{T}\right)^2}$ $(a>0)$ 分别用冲激响应不变法变换成数字滤波器的系统函数 $H(z)$，两者具有相同的 $H(z)$，并从物理概念上进行解释（其中 T 为抽样周期）。

7.18　（1）用双线性变换法把 $H_a(s) = \dfrac{s}{s+a}$ $(a>0)$ 变换成数字滤波器的系统函数 $H(z)$，并求其单位抽样响应 $h(n)$。（设 $T=2$）

（2）对（1）中给出的 $H_a(s)$ 能否用冲激响应不变法转换成数字滤波器 $H(z)$，为什么？

7.19　要求通过模拟滤波器设计低通数字滤波器，给定下列指标：-3dB 截止角频率 $\Omega_c = \pi/2$，通带内 $\Omega_p = 0.4\pi$ 处起伏不超过 -1dB，阻带内 $\Omega_z = 0.8\pi$ 处衰减不大于 -20dB，用巴特沃思滤波特性实现。

（1）用冲激响应不变法，最少需要几阶

（2）用双线性变换法，最少需要几阶

7.20　用冲激响应不变法设计一个 3 阶巴特沃思数字低通滤波器，设采样频率为 $f_s = 2\pi$kHz，截止频率为 $f_c = 1$kHz，画出数字低通滤波器并联型结构图。

7.21　用双线性变换法设计一个 3 阶巴特沃思数字低通滤波器，设采样频率为 $f_s = 1.2$kHz，截止频率为 $f_c = 400$Hz，画出它的级联型结构图。

7.22　完整推导证明窗函数法设计准则式（7-66）。

7.23　试求汉宁窗窗函数的傅里叶变换，并解释旁瓣电平降低的原因。

7.24　已知 FIR 滤波器的系统函数为

$$H_d(z) = \frac{1 + 2z^{-1} + 4z^{-2} + 2z^{-3} + z^{-4}}{10}$$

（1）求 $H(e^{j\Omega})$ 的表达式

（2）画出乘法次数最少的结构框图表示

7.25   用矩形窗设计一个线性相位带通 FIR 滤波器

$$H_d(\mathrm{e}^{\mathrm{j}\Omega}) = \begin{cases} \mathrm{e}^{\mathrm{j}\Omega\alpha} & (\Omega_0 - \Omega_\mathrm{c} \leqslant \Omega \leqslant \Omega_0 + \Omega_\mathrm{c}) \\ 0 & (0 \leqslant \Omega \leqslant \Omega_0 - \Omega_\mathrm{c}), (\Omega_0 + \Omega_\mathrm{c} \leqslant \Omega \leqslant \pi) \end{cases}$$

(1) 计算 N 为奇数时的 $h(n)$

(2) 计算 N 为偶数时的 $h(n)$

7.26   设数字滤波器系统函数为

$$H_d(z) = \frac{2(z-1)(z^2 + 1.412z + 1)}{(z+0.5)(z^2 - 0.9z + 0.81)}$$

(1) 画出一阶节和二阶节级联型结构框图

(2) 画出用并联型结构实现的框图

7.27   已知 FIR 数字滤波器系统函数为

$$H_d(z) = (1 + 0.5z^{-1})(1 + 2z^{-1})(1 - 0.25z^{-1})(1 - 4z^{-1})$$

画出级联型、直接型、线性相位结构。

第8章 现代信号分析与处理简介

本章重点要求

（1）理解非平稳信号的特点以及傅里叶分析的局限。
（2）掌握短时傅里叶变换。
（3）掌握连续小波变换与离散小波变换。
（4）掌握希尔伯特-黄变换。
（5）应用 MATLAB 进行信号的时频分析。

思 考

时频分析方法有什么特点？

8.1 短时傅里叶变换

8.1.1 傅里叶分析的局限性

傅里叶变换可以把一个信号分解为基波分量和基波整数倍频率的高次分量，傅里叶正变换把信号从时域变换到频域，傅里叶反变换把信号从频域变换到时域，傅里叶变换反映的是时域和频域的映射关系。

由于傅里叶变换是在全部时域内的积分（$-\infty \sim \infty$），因此它不仅需要信号整个时域的信息，而且无法分析频率随时间变化的关系，信号局部突变的作用很难反映出来。傅里叶变换得到的傅里叶系数是不随时间变化的常数。傅里叶变换给出了信号中包含的频率信息，即原始信号包含的不同频率的信号，但是不能给出某个频率信号是在何时出现的。如果信号的频率分量一直保持不变，那么就不需要确切知道某个频率分量的出现时间，因为所有的频率分量都出现在信号的每一个时刻。对于平稳信号，其频率成分不随时间变化而改变，可以用傅里叶变换来分析。

实际很多信号的频率会随着时间而改变，比如语言信号、雷达信号、生物医学信号、故障信号等，这样的信号的统计特性是随时间变化而改变的，它们是非平稳信号。对于非平稳信号，如果用傅里叶变换来分析，只能得到所有时刻的全部频谱成分，傅里叶系数不能准确地反映出某一段时间内出现的特定频率的成分大小，只能反映出该频率成分在整个时间范围内的总体大小。傅里叶变换不能提取突变信号或者信号的局部细节。

对 $f_1(t)$、$f_2(t)$、$f_3(t)$ 这三种信号做傅里叶幅频特性分析。$f_1(t)$ 是一个平稳信号，其时域波形和幅频特性如图 8-1 所示，$f_1(t)$ 各频率分量出现在信号的整个周期内，从 $f_1(t)$ 的幅频特性图中可以看到信号包含的频率分量为 10Hz、20Hz、40Hz 和 80Hz。

$$f_1(t) = \sin(2\pi \cdot 10 \cdot t) + \sin(2\pi \cdot 20 \cdot t) + \sin(2\pi \cdot 40 \cdot t) + \sin(2\pi \cdot 80 \cdot t)$$

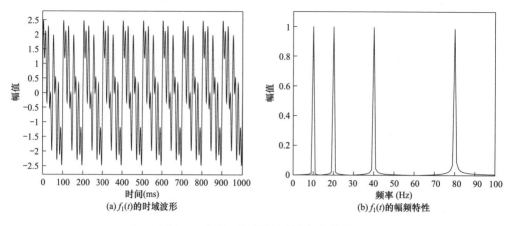

(a) $f_1(t)$ 的时域波形　　　　　　　　　　(b) $f_1(t)$ 的幅频特性

图 8-1　$f_1(t)$ 的时域波形和幅频特性

　　$f_2(t)$ 和 $f_3(t)$ 都是非平稳信号，其时域波形和幅频特性如图 8-2 和图 8-3 所示。$f_2(t)$ 在第一个时间段内出现的是最低频率的分量，在最后一个时间段内出现的是最高频率的分量，$f_3(t)$ 在第一个时间段内出现的是最高频率的分量，在最后一个时间段内出现的是最低频率的分量。两个信号 $f_1(t)$ 和 $f_2(t)$ 的时域波形不同，对这两个信号进行傅里叶变换后，得到的幅频特性却是相同的，两个信号包含的频率分量为 10Hz、20Hz、40Hz 和 80Hz。从傅里叶变换的角度来看，图 8-2 和图 8-3 的幅频特性中的 4 个尖峰意味着信号中的 4 个频率分量，傅里叶变换的计算过程决定了变换结果不能体现出现时刻，即无法从频域上区分 $f_1(t)$ 和 $f_2(t)$ 这两个信号，因此傅里叶变换无法有效地处理非平稳信号。

$$f_2(t) = \begin{cases} \sin(2\pi \cdot 10 \cdot t) & 0 \leqslant t \leqslant 0.50 \\ \sin(2\pi \cdot 20 \cdot t) & 0.50 < t \leqslant 1.00 \\ \sin(2\pi \cdot 40 \cdot t) & 1.00 < t \leqslant 1.50 \\ \sin(2\pi \cdot 80 \cdot t) & 1.50 < t \leqslant 2.00 \end{cases}$$

$$f_3(t) = \begin{cases} \sin(2\pi \cdot 80 \cdot t) & 0 \leqslant t \leqslant 0.50 \\ \sin(2\pi \cdot 40 \cdot t) & 0.50 < t \leqslant 1.00 \\ \sin(2\pi \cdot 20 \cdot t) & 1.00 < t \leqslant 1.50 \\ \sin(2\pi \cdot 10 \cdot t) & 1.50 < t \leqslant 2.00 \end{cases}$$

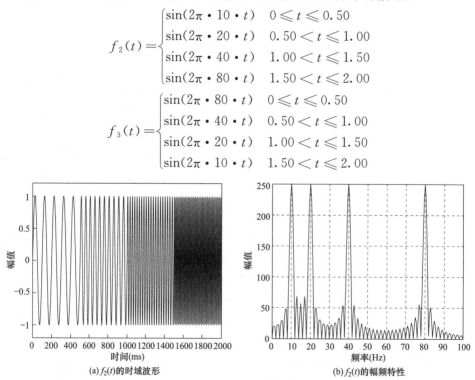

(a) $f_2(t)$ 的时域波形　　　　　　　　　　(b) $f_2(t)$ 的幅频特性

图 8-2　$f_2(t)$ 的时域波形和幅频特性

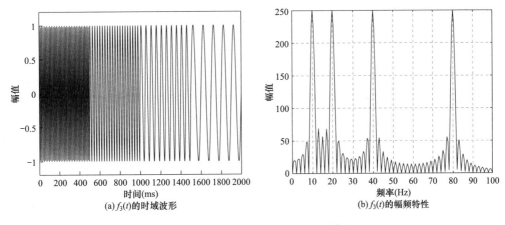

图 8-3　$f_3(t)$ 的时域波形和幅频特性

傅里叶变换本质上是将一个信号分解为不同频率的复指数函数。在傅里叶变换式中，$F(\omega)$ 可以看作 $f(t)$ 在整个时域内与特定频率的指数函数相乘后的累积结果，在傅里叶反变换式中，信号 $f(t)$ 是一些频率的指数项整合后得到的结果。傅里叶变换中的积分是从负无穷到正无穷的，通过傅里叶变换获取信号的频谱需要信号的全部时域信息，不管频率分量何时出现，其作用都会影响到积分结果。也就是说，不管某个频率分量出现在时刻 t_1 还是 t_2，只要信号持续的时间相同，那么它们都将对积分结果产生相同的影响。傅里叶变换是整个时域内信号的全局累加，因此傅里叶变换不能体现原信号的时间位置信息，不能区分频率成分出现时间不同的信号，不具备时域的分辨率。因此傅里叶分析不适合于分析频率随时间而变化的非平稳信号。

信号是否具备平稳的特性决定了能否使用傅里叶变换对信号进行分析和处理。当需要对信号的频谱分量进行时间定位时，就需要一个能够反映时间和频率关系的分析方法，即时频分析法。因此分析非平稳信号时，需要提供各个分量所具有的频率，还要表示出各个分量是在什么时候出现的，兼顾时间和频率两方面的信息。作为对传统傅里叶分析的发展，短时傅里叶变换（STFT）是一个比较常用的解决方案。

8.1.2　短时傅里叶变换

短时傅里叶变换（Short-Time Fourier Transform，STFT）是研究非平稳信号的最广泛使用的方法之一。实际系统中的非平稳信号往往在一定的时间区间内是保持平稳的，把非平稳信号划分成若干个平稳信号，就可以使用傅里叶变换来对信号进行处理。如果信号保持平稳的时间段很短，那么时间窗也要很窄才能用傅里叶分析来观察和分析信号，显然窗口要窄到从窗里看到的信号确实是平稳的。利用时域内的窗函数来提取出非平稳信号的平稳部分，再进行傅里叶变换就可以知道其频率信息，而窗函数的位置提供了时间信息。

对时域内平方可积信号 $x(t) \in L^2(R)$ 和窗函数 $W(t)$，定义 $x(t)$ 的短时傅里叶变换为

$$X(\tau,\omega) = \int_{-\infty}^{\infty} x(t)W(t-\tau)e^{-j\omega t}\,dt \tag{8-1}$$

式中，$W(t-\tau)$ 是中心位于 τ 位置的时域窗函数。短时傅里叶变换在表达式上比傅里叶变换只多了窗函数，为了使原函数有足够平稳的时间段，要求时间窗也要足够窄，这样才能有足够的时间分辨率。所以当 τ 取不同时刻时，窗函数随着时间移动，足够的分辨率使得在任何

时刻信号都是平稳的，都可以进行傅里叶变换，这样就可以得到信号不同时刻的频谱，即短时傅里叶变换描述了信号频谱与时间的相关性。因此，短时傅里叶变换又被称为加窗傅里叶变换（Windowed Fourier Transform，WFT），加窗可以分为在时域加窗和在频域加窗，常用的窗函数有矩形窗、三角窗、汉宁窗、海明窗和高斯窗等，加高斯窗的短时傅里叶变换也叫 Gabor 变换。

为了研究信号在某个时刻的特性，加强在那个时刻的信号，而压缩在其他时刻的信号，短时傅里叶变换把待分析的信号与一个窗函数相乘的信号做傅里叶变换。短时傅里叶变换与傅里叶变换的不同之处在于，信号在时间域内将被分为若干足够小的片段，并保证每个片段都可以看成是平稳信号。为了实现时域的局部化，把信号划分成许多小的时间间隔，可以用傅里叶变换分析每一个时间间隔，以便确定在那个时间间隔存在的频率，短时傅里叶变换需要窗函数的宽度与信号片段的宽度相匹配，以确保窗内信号的平稳性。

$X(\tau, \omega)$ 的短时傅里叶反变换定义为

$$x(t) = \frac{1}{2\pi A} \int_R \int_R X(\tau, \omega) \mathrm{e}^{\mathrm{j}\omega t} W(t - \tau) \mathrm{d}\omega \mathrm{d}\tau \tag{8-2}$$

式中，$A = \int_{-\infty}^{\infty} W^2(t) \mathrm{d}t$。式（8-2）表明，信号 $x(t)$ 可以用 $\mathrm{e}^{\mathrm{j}\omega t} W(t - \tau)$ 作为基函数进行展开，而 $X(\tau, \omega)$ 在一定程度上可以看作是时频点 (τ, ω) 的邻域范围内，分量对信号的贡献。

不管是时间窗还是频率窗，窗口的宽度越大，能够获取的信息所覆盖的范围越大，相应地分辨率就越低，越难以精确地获取信号的确切信息。因此，无论在时域加窗，还是在频域加窗，均要求窗口宽度非常窄，否则就很难得到某一时刻信号的频谱或某一频率分量所对应的波形的近似结果。但是在时域加窗，窗口的宽度越窄，虽然时间分辨率越高，但频率分辨率将越低。同理，在频域加窗，若频率窗口的宽度越窄，则频率分辨率越高，但时间分辨率会明显下降。"海森堡测不准原理"可以证明，时间窗长度与频率窗宽度的乘积是一个非零常数，时间分辨率与频率分辨率是互相矛盾、互相制约的。

短时傅里叶变换本质上是一种固定分辨率的分析方法，且分辨率是单一的。该变换通过窗函数来兼顾时间和频率分辨率，由于窗函数在整个变换过程中是固定的，并且与频率无关，使得短时傅里叶变换在处理具有不同频率特征的信号时遇到困难。

8.2　小　波　变　换

在短时傅里叶变换中，选定了窗函数，整个分析过程的时间分辨率和频率分辨率都保持恒定。由于分辨率固定，短时傅里叶变换无法研究变化比较剧烈的非平稳信号。实际的信号分析需要依据实际情况局部而有针对性地选择分辨率，对于频率较高、变化迅速的信号，需要高时间分辨率来捕捉信号的瞬时变化；对于频率较低、变化缓慢的信号，由于这些信号的频谱成分可能非常近，需要较高的频率分辨率，有效区分这些频率成分。

8.2.1　连续小波变换

1. 连续小波变换的定义

小波变换与短时傅里叶变换相似，也是把信号和一个函数相乘，且这个函数窗口很小，这样整个时域就被分为很多小段。与短时傅里叶变换不同的是，小波变换不再选取三角函数

作为基函数，而且它的窗口宽度可调，因而具有了多尺度特性和局部化特征。小波变换是一种窗口大小固定但其形状可改变，时间窗和频率窗都能够变化的时频局部分析方法，小波变换的多分辨率特性使得在高频部分能够提供高时间分辨率，而在低频部分提供高频率分辨率。因此，小波变换广泛适用于信号分析领域。

若函数 $\psi(t)$ 是一个平方可积函数，即 $\psi(t) \in L^2(R)$，若其傅里叶变换 $\Psi(\omega) = \int_{-\infty}^{\infty} \psi(t) \mathrm{e}^{-\mathrm{j}\omega t} \mathrm{d}t$，满足容许条件（admissibility condition），即

$$C_{\psi} = \int_{-\infty}^{\infty} \frac{|\Psi(\omega)|^2}{|\omega|} \mathrm{d}\omega < +\infty \tag{8-3}$$

则称函数 $\psi(t)$ 是母小波函数，也称为基本小波。把 $\psi(t)$ 称为母小波函数，是因为实际变换时所用的小波函数是将其经过不同程度的平移和伸缩后得到的，可以说它是变换中用到的所有小波函数的原型，当然任一小波函数都要满足式（8-3）。

小波，仅从字面上理解就是小的波形。小波是短时间的振荡波形，振幅在两端快速衰减到零。小波通过展缩和平移来改变振荡频率和时间位置，并且叠加到分析中的信号中。对于非平稳信号，在信号变换剧烈的地方使小波具有高时间分辨率，在频率较低的地方使小波具有高频率分辨率。小波变换的"小"体现在其只在有限的局部范围内才具有相应的值，并且振荡衰减很快，能够快速减小至零。小波变换的"波"体现在其波动性上，从容许条件可知 $\psi(0)=0$，即小波函数的均值为 0，那么 $\psi(t)$ 在轴上取值必然有正有负，因此 $\psi(t)$ 具有正负交叠的波动性质。

若信号 $x(t) \in L^2(R)$，$\psi(t)$ 是母小波函数，则连续小波变换（Continuous Wavelet Transform，CWT）的定义如下

$$W_x(a,b) = \int_{-\infty}^{+\infty} x(t) \overline{\psi}_{a,b}(t) \mathrm{d}t = \int_{-\infty}^{+\infty} x(t) \frac{1}{\sqrt{a}} \psi\left(\frac{t-b}{a}\right) \mathrm{d}t, a > 0 \tag{8-4}$$

式中，$\psi_{a,b}(t)$ 是小波函数；a 为尺度因子；b 为平移因子；$\overline{\psi}_{a,b}(t)$ 是 $\psi(t)$ 的共轭；$W_x(a,b)$ 为小波变换系数，简称小波系数。

式（8-4）中系数 $\frac{1}{\sqrt{a}}$ 确保变换后的信号在任意尺度上都有相同的能量。从形式上看，小波变换的结果是关于尺度因子和平移因子的函数。从式（8-4）可以看出，类似于傅里叶变换，小波变换依然是将信号进行了分解，只不过是将基函数从 $\mathrm{e}^{\mathrm{j}\omega t}$ 换成了 $\psi\left(\frac{t-b}{a}\right)$。

若信号 $x(t) \in L^2(R)$，$\psi(t)$ 是母小波函数，$\Psi(\omega)$ 是 $\psi(t)$ 的傅里叶变换，$W_x(a,b)$ 是相应的连续小波变换系数，那么连续小波逆变换的定义如下：

$$x(t) = \frac{1}{C_{\psi}} \int_0^{+\infty} \int_{-\infty}^{+\infty} a^{-2} W_x(a,b) \psi_{a,b}(t) \mathrm{d}b \mathrm{d}a \tag{8-5}$$

式中，$C_{\psi} = \int_0^{\infty} \frac{|\Psi(\omega)|^2}{\omega} \mathrm{d}\omega < +\infty$。

连续小波变换实际上是用信号与小波函数的积分来定义的，而这种运算实际上能够表征两个函数"相似"的程度。很显然小波系数越大意味着原信号与当前小波基函数的相似程度越大。引入的小波函数为：

$$\psi_{a,b}(t) = \frac{1}{\sqrt{a}}\psi\left(\frac{t-b}{a}\right) \tag{8-6}$$

若 $a>1$，则原函数被展宽，幅值会变小，a 越大，时间分辨率越低，频率分辨率越高；若 $a<1$，则原函数被缩窄，幅值会变大，a 越小，时间分辨率越高，频率分辨率就越低。若 $b>0$，函数右移 b，若 $b<0$，函数左移 $|b|$。由于式（8-6）是由母小波函数 $\Psi(t)$ 经过时域的展缩和平移得来的，故把式（8-6）称为小波基函数（basic function）。它实际上是由母小波函数中 $\psi_{a,b}(t)$ 进行展缩和平移而形成的一组函数序列 $\{\psi_{a,b}(t) \mid a>0, a\in C, b\in C\}$。由于两个参数 a，b 的取值是连续的，故称为连续小波变换。对于持续时间有限的小波，小波函数的平移与展缩关系如图 8-4 所示。

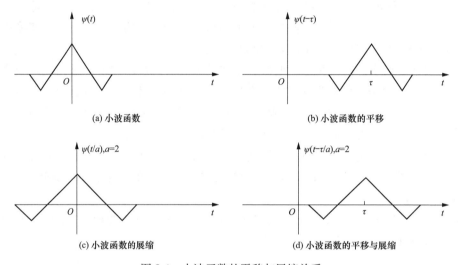

图 8-4 小波函数的平移与展缩关系

尺度因子 a 是一个正实数，反映的是一个特定小波函数的尺度，也就是小波函数支撑集的宽度。如果 $a>1$，那么 $\psi_{a,b}(t)$ 是对 $\psi(t)$ 的拉伸，表明相比于用原始 $\psi(t)$，用一个拉伸过的 $\psi(t)$ 波形在较大范围内来观察信号 $x(t)$，即测量 $x(t)$ 与一个拉伸过的 $\psi(t)$ 的相似程度。如果 $0<a<1$，则是用一个压缩过的 $\psi(t)$ 在较小的局部观察 $x(t)$。

平移因子 b 的取值范围是整个实数域。平移因子用于指定一个特定小波函数沿 t 轴平移的位置。通常小波基函数是以原点为中心、在支撑区间有限范围内非零的函数，所以平移因子就确定了基函数的中心，从而确定了要观察信号的具体位置。如果信号是时间信号，平移因子为 b 时的变换结果反映的就是 b 时刻的信号信息；如果信号是空间信号，则反映的是 b 位置处的信息。

小波变换的结果是关于 a 和 b 的函数，a 的存在表明可以使用不同尺度的小波基函数来考察信号，而 b 则确定了小波基函数的窗口位置。因此小波具有多尺度特性和局部化分析的能力。小波也因此而有了"数学显微镜"的别名，对同一个信号可以用某个倍数的显微镜来观察整个信号，也可以用不同倍数的显微镜来观察信号的同一位置，直到找到满意的结果。小波系数取决于当前基函数的尺度因子和平移因子，因此小波系数能够同时反映频率信息和时间信息。

在小波变换中没有频率参数，但是有意义类似于频率参数的尺度因子。尺度因子越大，意味着小波的拉伸程度越大，小波函数的支撑集越大，小波基函数的变化越慢，相应地小波系数反映出来的是信号较低频率成分的信息。同时尺度因子越大，小波函数的时间窗口越宽，变换结果的时间分辨率越低，频率分辨率越高。这个尺度因子与地图比例缩放非常类似，在地图中比例高就意味着没有细节，只是一个整体的视图，比例低则意味着可以看到更多的细节。同样的，在信号分析中，低频（高尺度）一般是对信号的全局概况信息，高频（低尺度）则能给出信号中更多详细的局部细节信息。

下面介绍几个比较有代表性的连续小波函数。

（1）Harr 小波

$$\psi_{\mathrm{H}} = \begin{cases} 1, & 0 \leqslant t \leqslant \dfrac{1}{2} \\ -1, & \dfrac{1}{2} \leqslant t < 1 \\ 0, & \text{其他} \end{cases} \tag{8-7}$$

（2）墨西哥帽小波（Mexcian hat wavelet）

$$\psi(t) = \frac{1}{\sqrt{2\pi}\sigma^3} \left[\mathrm{e}^{\frac{-t^2}{2\sigma^2}} \cdot \left(\frac{t^2}{\sigma^2} - 1 \right) \right] \tag{8-8}$$

（3）高斯差分小波

$$\psi(t) = \mathrm{e}^{\frac{-t^2}{2}} - \frac{1}{2}\mathrm{e}^{\frac{-t^2}{8}} \tag{8-9}$$

高斯差分小波常常作为墨西哥帽小波的一个简易近似。

（4）Morlet 小波

$$\psi(t) = \mathrm{e}^{iat} \cdot \mathrm{e}^{\frac{-t^2}{2\sigma^2}} \tag{8-10}$$

式中，a 为调制参数；σ 为影响窗宽度的尺度因子。

（5）复 Shannon 小波

$$\psi(t) = \sqrt{b}\sin(bt) \cdot \mathrm{e}^{\mathrm{j}2\pi ct} \tag{8-11}$$

式中，b 用来调整带宽；c 用来调整中心频率。

（6）复高斯小波

$$\psi(t) = C_p \mathrm{e}^{-\mathrm{j}t} \cdot \mathrm{e}^{-t^2} \tag{8-12}$$

常见小波函数波形如图 8-5 所示。

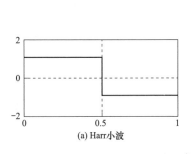
(a) Harr小波

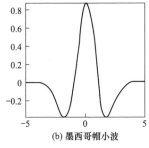
(b) 墨西哥帽小波

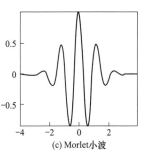
(c) Morlet小波

图 8-5　常见小波函数波形

2. 连续小波变换的计算

选择了母小波 $\psi(t)$ 后，通常认为未经压缩或拉伸的初始母函数的尺度是 1，因此连续小波变换的计算往往从 $a=1$ 开始。由于 a 的取值是连续的且取值范围为正实数，因此连续小波变换需要在无穷无尽的尺度因子设置下进行计算。在每个尺度下，需要运用平移来进行计算，同样的位移因子 b 的取值也是连续的，取值范围是整个时域。对一般的信号分析来说，信号的带宽有限，一定范围内的变换就能够满足分析要求。

连续小波变换中 a 和 b 是连续的，连续小波变换的结果是以尺度因子 a 和平移因子 b 为变量的二维光滑曲面，连续小波变换的数值计算过程如下。

（1）选定尺度因子 $a=1$，平移因子 $b=0$，计算信号 $x(t)$ 与小波函数相乘后的积分，即小波中心要在信号开始的初始时刻，在所有时域内计算 $\int_{-\infty}^{+\infty} x(t) \frac{1}{\sqrt{a}} \psi\left(\frac{t-b}{a}\right) \mathrm{d}t$ 的数值。这样得到的就是 a-b 平面上 $(1,0)$ 处的变换结果。

（2）将尺度因子 $a=1$ 的小波函数平移至 $b=\tau$ 位置，在全时域内计算上述积分，得到 a-b 平面上 $(1,\tau)$ 处的变换结果。

（3）不断地平移小波函数，重复过程（2），直到到达了信号的末端。这样就得到了尺度 $a=1$ 时的连续小波变换的结果。

（4）改变尺度因子至 $a=a'$，重复过程（1）～（3），得到尺度因子为 a' 的变换结果。

（5）综合所有尺度因子 a 和平移因子 b 取值下的变换结果，得到尺度-平移平面内的整个连续小波变换的结果。

3. 连续小波变换的性质

（1）线性性质。一个多分量信号的小波变换等于各个分量的小波变换之和。设有两个函数 $x_1(t)$ 和 $x_2(t)$，其中 $x_1(t)$ 的小波变换为 $W_{x_1}(a,b)$，$x_2(t)$ 的小波变换为 $W_{x_2}(a,b)$，若 $x(t)=\alpha x_1(t)+\beta x_2(t)$，则 $x(t)$ 的小波变换为 $\alpha W_{x_1}(a,b)+\beta W_{x_2}(a,b)$。

（2）平移不变性质。若 $x(t)$ 的小波变换为 $W_x(a,b)$，则 $x(t-\tau)$ 的小波变换为 $W_x(a,b-\tau)$。

（3）伸缩共变性质。若 $x(t)$ 的小波变换为 $W_x(a,b)$，则 $x(ct)$ 的小波变换为 $\frac{1}{\sqrt{c}} W_x(ca,cb)$。其中 $c>0$。

令 $x(t)=x(ct)$，则有

$$
\begin{aligned}
W_x(a,b) &= \frac{1}{\sqrt{a}} \int_{-\infty}^{\infty} x(t) \psi^*\left(\frac{t-b}{a}\right) \mathrm{d}t \\
&= \frac{1}{\sqrt{c}\,\sqrt{ca}} \int_{-\infty}^{\infty} f(ct) \psi^*\left(\frac{ct-cb}{ca}\right) \mathrm{d}(ct) \\
&= \frac{1}{\sqrt{c}} W_x(ca,cb)
\end{aligned}
$$

（4）自相似性质。对应于不同尺度因子 a 和不同平移因子 b 的连续小波变换之间是自相似的。由于小波族 $\psi_{a,b}(t)$ 是同一基小波 $\psi(t)$ 经过平移和伸缩获得的，而连续小波变换又具有平移不变性和伸缩共变性，所以在不同网格点 (a,b) 的连续小波变换具有自相似性。

（5）冗余性质。连续小波变换中存在信息表述的冗余度。连续小波变换是将一维信号 $x(t)$ 等距映射到二维尺度-平移 $(a，b)$ 平面，其自由度明显增加，从而使得小波变换含有冗余度，即性质（5）成立。冗余性事实上也是自相似性的直接反映，由连续小波变换恢复原信号的重构公式不是唯一的。小波变换的核函数即小波基函数 $\psi_{a,b}(t)$ 存在许多可能的选择（例如，它们可以是非正交小波、正交小波或双正交小波，甚至允许是彼此线性相关的）。小波变换在不同网格点 $(a，b)$ 之间的相互关联增加了分析和解释小波变换结果的困难。因此，小波变换的冗余度应尽可能小，这是小波分析的主要问题之一。

8.2.2　离散小波变换

连续小波变换含有很多冗余信息，对计算时间和资源是巨大的浪费，对参数进行离散化可以有效解决该问题。离散小波变换（Discrete Wavelet Transform，DWT）是同时针对尺度和平移进行离散化取样，它不仅提供了信号分析和重构所需的足够信息，而且便于计算机实现，运算量也大为减少。

离散小波变换运用了多分辨率分析（Multi-Resolution Analysis，MRA）的设计方法。多分辨率分析是在 $L^2(R)$ 函数空间内，将函数投影到由正交基所构成的空间 V_j 内，尺度 j 不同所得到的空间也不同，函数在空间内的投影也不同。这些投影都是函数的平滑版本，而且参数 j 不同，具有的精细度也不同，也即分辨率不同。多分辨率分析有如下特点。

（1）对 $\forall j \in Z$，$V_j \subset V_{j-1}$。

（2）$\bigcap\limits_{j \in Z} V_j = \{0\}$，$\bigcup\limits_{j \in Z} V_j = L^2(R)$。

（3）对 $\forall m \in Z$，若 $f(x) \in V_0$，则 $f(x-m) \in V_0$。

（4）若 $f(x) \in V_j$，则 $f\left(\dfrac{x}{2}\right) \in V_{j+1}$，$f(2x) \in V_{j-1}$。

一个信号如果可以被一组正交基规范表示为 $x(t) = \sum\limits_{n} a_n f_n(t)$，则其系数可表示为 $a_n = <f(t)，x_n(t)>$。尺度函数 $\varphi(t)$ 设计成与小波函数正交。与小波函数类似，可以定义尺度函数的经过展缩和平移后的函数族 $\varphi_{j,k}(t) = m_0^{-\frac{j}{2}} \psi[m_0^{-j}(t-kn_0)]$。对于尺度函数而言，每个尺度 j 都对应一个信号空间 V_j，由于 $\varphi_{j-1,k}(t)$ 在时域上比 $\varphi_{j,k}(t)$ 更窄，所以 $V_j \subset V_{j-1}$，也即高分辨率尺度信号组成的空间包含低分辨率尺度函数组成的空间，又因为 $V_{j-1} \bigcap V_j = \{0\}$，将 V_{j-1} 去除 V_j 后的部分称为 W_j，记为 $V_{j-1} = V_j \oplus W_j$。

由于 $\bigcup\limits_{j \in Z} V_j = L^2(R)$，所以 $L^2(R) = V_j \oplus W_j \oplus W_{j-1} \oplus W_{j-2} \oplus \cdots$，信号空间如图 8-6 所示。简单来说，$W_j$ 由小波函数 $\psi_{j,k}(t)$ 张成，而 V_j 来由尺度函数 $\varphi_{j,k}(t)$ 构成。

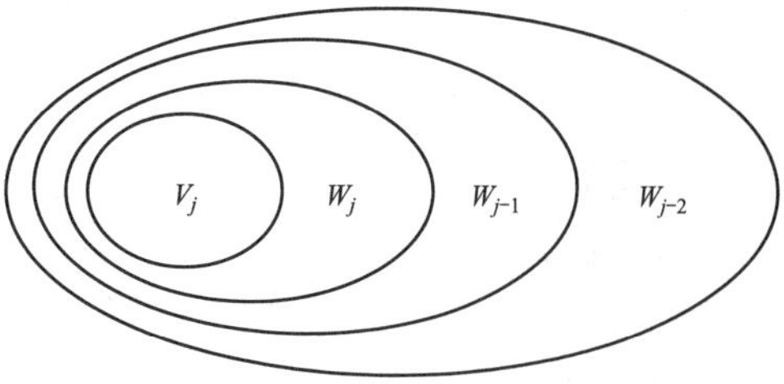

1. 离散小波变换的定义

若有连续小波函数 $\psi_{a,b}(t) = \dfrac{1}{\sqrt{a}} \psi\left(\dfrac{t-b}{a}\right) a > 0$，令 $a = a_0^j$（$a_0 > 1$），$b = k a_0^j b_0$，则称 $\psi_{j,k}(t) = a_0^{-j/2} \psi(a_0^{-j} t - k b_0)$ 为离散小波函数。

图 8-6　信号空间

当 $j = 0$ 时，通过选择和调整 b_0，可以使 $\psi(a_0^{-j} t - k b_0)$ 在 k 的作用下覆盖整个时间轴，而不丢失数据。实际运算中，常常直接使用对连续信号取样得到的离散信号作为 $j = 0$ 时的系数。对于其他尺度 $a_0^j(j=\pm1,\pm2,\cdots)$ 上的小波函数，因为尺度因子的作用，小波函数被拉伸或压缩到母函数的 a_0^j 倍，时间轴上的取样间隔相应地扩大或缩小至 a_0^j 倍，不会导致信息丢失，所以平移因子 $b=ka_0^jb_0$ 能够保证不丢失信息。在实际运算中，常常通过调整时间轴或者时间度量单位来使 $b_0=1$，得到如下形式的离散小波函数：

$$\psi_{j,k}(t)=a_0^{-j/2}\psi(a_0^{-j}t-k),j,k\in Z \tag{8-13}$$

若信号 $\psi_{j,k}(t)=a_0^{-j/2}\psi(a_0^{-j}t-k)$，$x(t)\in L^2(R)$，$a_0>1$，$j$，$k\in Z$，则

$$W_x(j,k)=\langle x(t),\psi_{j,k}(t)\rangle=\int_{-\infty}^{+\infty}x(t)\overline{\psi}_{j,k}(t)\mathrm{d}t=\int_{-\infty}^{+\infty}x(t)a_0^{-j/2}\overline{\psi}(a_0^{-j}t-k)\mathrm{d}t \tag{8-14}$$

为 $x(t)$ 的离散小波变换，式中 $W_x(j,k)$ 称为第 j 级变换的小波系数。

离散小波变换中并未对小波函数 $\psi(t)$ 和信号 $x(t)$ 在时间轴上进行离散取样，因此小波系数的积分仍然是采用连续积分来完成的。离散小波变换可以认为是在尺度-平移平面上若干散列点上进行小波变换得到的结果，这些点构成了规则的栅格排列。特别地，如果 $a_0=2$ 则构成了二进栅格。离散小波变换对尺度轴采用的是指数间隔取样，而由于平移因子与尺度因子成正比，因此对平移轴实际上是指数间隔的取样。

若信号 $\psi_{j,k}(t)=a_0^{-j/2}\psi(a_0^{-j}t-k)$，$j$，$k\in Z$ 构成 $L^2(R)$ 上的标准正交基，即 $\delta_{jm}\delta_{kn}=\begin{cases}1,j=m,\text{且 }k=n\\0,\qquad\text{其他}\end{cases}$，则称 $\psi(t)$ 为正交小波。

相应地

$$W_x(j,k)=\int_{-\infty}^{+\infty}x(t)\overline{\psi}_{j,k}(t)\mathrm{d}t=\int_{-\infty}^{+\infty}x(t)a_0^{-j/2}\overline{\psi}(a_0^{-j}t-k)\mathrm{d}t \tag{8-15}$$

称为正交小波变换，并且将

$$x(t)=\sum_{j=-\infty}^{\infty}\sum_{k=-\infty}^{\infty}W_x(j,k)\psi_{j,k}(t) \tag{8-16}$$

称为小波级数。

正交变换可以保证信号在变换前后的能量是相等的，这一点在傅里叶变换中已经体现出来了。正交变换仅在离散小波变换中才存在，连续小波变换中不存在正交变换。由小波级数可以看出，时域内的连续函数可以表示成正交小波函数加和的级数形式。对小波变换和傅里叶变换做一个简单的类比，连续小波变换相当于傅里叶变换，小波级数类似于傅里叶级数，而离散小波变换相当于离散傅里叶变换。

2. 尺度函数

在小波变换的平移轴和尺度轴做了离散化后，数据冗余性的问题得到了解决。然而从离散小波变换的公式［式(8-13)］中 j，$k\in Z$ 可知，即便是离散小波变换，仍然需要计算无穷多的小波系数。

对平移而言，由于实际中的信号往往是有限长度的，故平移不会无限进行下去。但是对于尺度变化而言，假设变换中尺度因子 $a_0=2$，由于每次尺度因子变大 2 倍意味着小波函数覆盖的频谱变为一半，同时由于小波函数自身具备的高通特性，因此每次经过小波变换以后会得到变换前信号较高频率的信息。高通的带宽与中心频率成正比，即尺度越小，则中心频率越高，带宽越宽（这一点与短时傅里叶变换不同，短时傅里叶变换中窗函数的带宽固定且与频率无关）。

每次小波变换得到频率较高一半的分量，但是总还剩下了一半的频谱，况且绝大多数的信号都会有直流或者低频分量存在，因此如果要继续用小波函数来实现对频谱的完整覆盖，那将需要无穷多次小波变换，导致了尺度轴上的无穷次计算。

频谱无法完全用小波函数覆盖的原因在于小波变换得到的结果只是覆盖了较高的一半频谱，对应着是一个高通滤波器。为此引入尺度函数 $\phi(t)$，其有低通特性，低通函数常被称为平均滤波函数，它对应一个低通滤波器，在尺度函数和小波函数的共同作用下尺度函数的频谱与其他小波函数的频谱组合在一起，实现了对整个信号频谱的无缝覆盖。这样一来，离散小波变换在尺度轴上的变换次数也是有限的。

3. 离散小波变换的快速分解

由于在多数情况下离散小波变换分析的函数是离散信号，下面的关于离散小波变换的讨论中将不再区分函数与序列，通常都用 $x[n]$ 或者 $y[n]$ 的形式表示，其中 n 为整数。

针对离散时间信号离散小波变换的计算可以简化为数字滤波器的滤波。对信号滤波的过程在数学上等效为信号与滤波器冲激响应的卷积，即有如下形式：

$$x[n] * h[n] = \sum_{k=-\infty}^{\infty} x[k]h[n-k] \tag{8-17}$$

在离散小波变换中 $h=[h_0, h_1, \cdots, h_{L-1}]$ 往往是一个长度为 L 的半带数字低通滤波器，它能够滤除信号中超过最高频率一半的所有频率分量。例如，如果信号的最高频率分量为 $1000\,\text{Hz}$，则半带低通滤波器滤除所有超过 $500\,\text{Hz}$ 的频率分量。

信号通过半带低通滤波器之后，根据抽样定理，由于信号现在的最高频率只有原来的一半，需要舍弃一半的取样点以确保数据稳定和含义清晰，因此要对滤波结果每隔一个点舍弃一个点，即下 2 取样。经过下 2 取样后，信号长度变为原来的一半，而信号的尺度则变为原来的 2 倍，因为虽然点数只有一半但原信号的长度没变。

低通滤波器仅是滤除了高频信息保留了低频信息，但并没有改变尺度，是下取样过程改变了尺度。半带低通滤波器滤除了一半的频率信息，因此进行滤波处理以后，由海森堡测不准原理可知，信号的时间分辨率降为一半，频率分辨率加倍。滤波之后的下取样处理并不影响分辨率，因为从信号中滤除一半的频率分量已经使得信号中一半的取样点为冗余数据，丢掉这一半的取样点不会丢失任何信息。

上述滤波和下取样的过程用数学公式可以表示如下：

$$y[n] = \sum_{k=-\infty}^{\infty} h[k]x[2n-k] \tag{8-18}$$

式中，y 为滤波结果；h 是数字滤波器系数；x 为信号；$2n-k$ 中的系数 2 表明计算过程采用了下 2 取样。

离散小波变换基本运算过程的核心思想是通过分别使用低通滤波器和高通滤波器将信号分解为粗略的逼近（低频）和精细的细节（高频）。在相关的理论中，低通滤波器对应尺度函数，而高通滤波器对应小波函数。若要得到信号在不同频段上的分解，则只需简单地在时域中将信号若干次进行高通和低通滤波即可。因此在离散小波变换中，滤波涉及两个滤波器，一个是半带高通滤波器 $g[n]$，滤除整个信号中较低的频率分量，得到高通子带，表示的是信号的精细细节；另一个是半带低通滤波器 $h[n]$，滤除整个信号中较高的频率分量，得到低通子带，表示的是信号的粗略逼近。由于滤波后结果的频域带宽均变为原来的一半，因此结果均要进行下 2 取样。我们有如下的离散小波变换的快速分解算法。

Mallat 分解算法：若 $c_{j+1,k}$ 表示第 $j+1$ 级低通子带上 k 位置处的数值，d_{j+1} 表示第 $j+1$ 级高通子带上 k 位置处的数值，$c_{j,n}$ 表示第 j 级分解中得到的 n 位置处的低频子带数值，那么由 c_j 与 c_{j+1} 和 d_{j+1} 之间存在如下的递推关系：

$$c_{j+1,k} = \sum_{n \in Z} c_{j,n} h_{n-2k}, k \in Z \tag{8-19}$$

$$d_{j+1,k} = \sum_{n \in Z} c_{j,n} g_{n-2k}, k \in Z \tag{8-20}$$

式中，h 和 g 分别为低通滤波器和高通滤波器的系数；$n-2k$ 是滤波器系数的游标，其中的 2 表明了下 2 取样的操作。

Mallat 分解算法表明 $j+1$ 级的小波系数可以由第 j 级结果中的低频子带分别进行高通和低通滤波得到。Mallal 算法是离散小波变换的快速算法，地位类似于傅里叶变换中的快速傅里叶变换。而第 0 级的子带 c_0 则可以使用信号本身，因为事实上最初的原始信号往往来自于对实际物理量的取样，也就是最精细的信号。Mallat 算法的每次分解将时间分辨率变为原来的一半，因为仅需用一半的数值表示原信号。上述分解过程，也即是通常所说的子带编码，还可以重复下去不断分解。在每一层的分解中，滤波和下取样会使取样点数不断减半，因此使时间分辨率减半，导致频带减半，使频率分辨率加倍。离散小波变换的分解过程如图 8-7 所示。其中 $x[n]$ 为待分解的原始信号，$h[n]$ 和 $g[n]$ 分别为低通和高通滤波器。

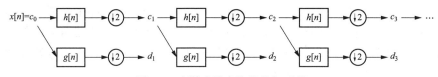

图 8-7　离散小波变换的分解过程

原始信号中主要的频率分量，在离散小波变换中会出现在包含这些特定频率的信号中。与傅里叶变换不同的是，这种变换保留了信号的时间信息。当然，时间的分辨率与频率所处的层数有关。如果信息的频段在高频部分，那么时间分辨率就很高，因为此时信号的取样点数还比较多。如果信息的频段在低频部分，那么时间分辨率就很低，因为此时信号只有很少的几个取样点。离散小波变换在高频部分能获得很好的时间分辨率，在低频部分能获得很好的频率分辨率。许多实际的信号正是需要这种处理。

4. 离散小波变换的快速重构

在一般的应用中，离散小波变换的高通滤波器和低通滤波器的单位冲激响应之间往往存在如下的关系：

$$g[L-1-n] = (-1)^n h[n] \tag{8-21}$$

式中，g 为高通滤波器；h 为低通滤波器；L 为滤波器长度。通常将满足上述条件的滤波器称为正交镜像滤波器。低通和高通滤波器是互为奇数点翻转的对称关系，即先在时间轴上反转，然后再对奇数点的值求反，低通到高通的翻转通过（$-1)^n$ 项来实现。此时，半带滤波器构成一组正交基，那么重构时只需按照与上述分解过程完全相反的次序运算即可。

Mallat 重构算法：若 $c_{j+1,k}$ 表示第 $j+1$ 级低通子带上 k 位置处的数值，$d_{j+1,k}$ 表示第 $j+1$ 级高通子带上 k 位置处的数值，$c_{j,n}$ 表示第 j 级 n 位置处的低频子带数值，那么由 c_{j+1}

和 d_{j+1} 重构 c_j 可表示为

$$c_{j,k} = \sum_{n \in Z} c_{j+1,n} \tilde{h}_{2n-k} + \sum_{n \in Z} d_{j+1,n} \tilde{g}_{2n-k} = \sum_{n \in Z} c_{j+1,n} h_{k-2n} + \sum_{n \in Z} d_{j+1,n} g_{k-2n}, k \in Z \quad (8\text{-}22)$$

式中，$\tilde{h}$ 和 $\tilde{g}$ 分别为低通重构滤波器和高通重构滤波器的系数；h 和 g 分别为低通滤波器和高通滤波器的系数。

　　类似于图 8-7 的分解过程，离散小波变换的重构过程可以用图 8-8 表示。

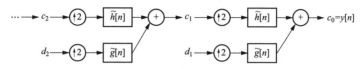

图 8-8　离散小波变换的重构过程

　　如果滤波器不是理想的半带滤波器，那么就不可能实现信号的完全重构。虽然在实际中不可能实现理想的滤波器，但在某种条件下设计出实现完全重构的滤波器还是有可能的。最著名的可实现完全重构的滤波器是由数学家 Ingrid Daubechies 设计的一组滤波器，被称为 Daubechies（db）小波。

　　Mallat 分解算法和重构算法统称 Malat 算法。Mallat 算法被称为小波变换的快速算法。小波变换最初是用积分的形式定义的，若用计算机实现数值计算则会有相当大的计算量，甚至是不可完成的任务。Mallat 算法给出了相邻两次分解之间系数的递推关系，它甚至不关心小波的具体形式，只要有递推系数就足够了。在进行小波分解时，最初的小波系数从理论严格来讲是要通过小波变换的积分式来获取，但针对离散信号而言我们可以直接取取样过的序列本身，因为小波本身具有取样函数的特性。Mallat 算法适用于正交和双正交小波，不适用于非正交小波，相关理论可以参考有关文献。

　　实际操作中，由于要不断地进行 2 倍的下取样，因此为了有效进行处理，要保证信号长度为 2 的幂次方，或者至少是 2 的幂次方的倍数。信号长度决定了需要分解的层数。例如信号长度为 1024，那么分解的最多层数为 10。

8.2.3　小波分析的应用

　　小波变换通过调整，其时频窗口可以改变，在高频区域窗口是短窗，时间分辨率高，在低频区域窗口是宽窗，时间分辨率低，从而可以不同尺度和分辨率来分析信号。目前，小波分析在应用数学、物理学、信号处理、图像处理、语音分析、模式识别等领域都有了重要应用。在电力系统方面，小波分析可以应用于线路保护、行波故障选相、电力变压器励磁涌流鉴别、信号检测、谐波分析、电能质量检测、电力系统短期负荷预测等。

　　在谐波检测方面，可以将离散小波与连续小波融合在一起以形成离散连续滤波器组，该算法先是利用离散小波变换把谐波信号的波形分成多个子带，紧接着依靠连续小波变换来计算其各个子带的谐波含量，该方法可以精确计算谐波的频率、相位和幅度，也可以利用小波包分析理论、插值优化技术、基于小波插值的小波 Mallat 多分辨率分解检测方法等。可以把快速傅里叶变换和快速小波变换进行结合，该算法是时频局部化和傅里叶变换的优异频域分析能力的完美组合。首先，通过傅里叶变换和静态小波变换测量原始谐波信号的时频特性，然后通过连续小波变换得到检测到的瞬态谐波信号的时频特性。该算法能够在相似频率下检测整数和非整数谐波，获得可靠的谐波检测结果。

在噪声处理方面，实际应用中通常采用基于阈值的小波去噪法、强制小波去噪法、基于相关性的小波去噪法。小波去噪法的基本思想是对信号进行小波变换，得到其多层次的小波系数，然后根据小波系数的特性进行阈值处理，以去除噪声。基于阈值的小波去噪法是一种有效的信号去噪技术，通过小波分解和阈值处理，可以显著提高信号的质量。在实际应用中，选择合适的小波基、分解层数和阈值策略，对于实现高效的去噪效果至关重要。强制小波去噪法的核心思想是通过小波变换将信号分解为不同频率成分，并通过设定一个阈值，对小波系数进行处理。具体而言，硬阈值法会将绝对值低于阈值的系数直接设为零，只保留绝对值高于阈值的系数。这种方法可以有效地去除高频噪声，同时尽量保留信号的主要特征。基于相关性的小波去噪法通过小波变换提取信号特征，并利用小波系数之间的统计相关性来进行有效去噪。通过合理的阈值设置和小波系数的处理，可以显著提高去噪效果，减小信号中的噪声成分。

在信号压缩方面，第一种信号压缩方法是直接去除信波表达中某些高精度信号分量对应的离散小波变换系数，通过减小尺度实现信号压缩。第二种信号压缩方法是去除信号小波表达中各精度信号分量的离散小波变换系数中幅度较小的数据，即通过阈值化实现信号压缩。

8.3 希尔伯特-黄变换

传统的信号处理方法，如傅里叶分析是一种纯频域的分析方法，它用频率不同的各正弦分量的叠加来拟合原函数。而有限频域上的信息不足以确定在任意小范围内的函数，特别是非平稳信号在时间轴上的任何突变，其频谱将散布在整个频率轴上。而且，非平稳动态信号的统计特性与时间有关，对非平稳信号的处理需要进行时频分析，希望得到时域和频域中非平稳信号的全貌和局域化结果。在傅里叶变换中，人们若想得到信号的时域信息，就得不到频域信息；反之亦然。后来出现的小波变换通过一种可伸缩和平移的小波对信号进行变换，从而达到了时频局域化分析的目的。但这种变换实际上没有完全摆脱傅里叶变换的局限，它是一种窗口可调的傅里叶变换，其窗内的信号必须是平稳的。另外，小波变换是非适应性的，小波基一旦选定，在整个信号分析过程中就只能使用这个小波基。

希尔伯特-黄变换（Hilbert-Huang Transform，HHT）是一种经验数据分析法，其扩展是自适应性的，它是一种分析非线性、非平稳信号的时频分析方法。希尔伯特-黄变换的主要内容包含两部分，第一部分为经验模式分解（Empirical Mode Decomposition，EMD），利用经验模态分解方法将给定的信号分解为若干固有模态函数（Intrinsic Mode Function，IMF），第二部分为 Hilbert 谱分析（Hilbert Spectrum Analysis，HSA），利用 Hilbert 变换求解每一阶固有模态函数的瞬时频率，得到相应的 Hilbert 谱，汇总所有固有模态函数的 Hilbert 谱，就可以得到原始信号的时频表示，即 Hilbert 谱。

8.3.1 固有模态函数

正弦信号的频率为恒值，但是大部分实际信号的频率是随时间变化的函数。瞬时频率表征信号在局部时间点上的瞬态频率特性，整个持续期上的瞬时频率反映了信号频率的时变规律。

对于随机时间序列 $x(t)$，对其进行 Hilbert 变换，可得

$$Y(t) = \frac{1}{\pi} PV \int_{-\infty}^{\infty} \frac{X(\tau)}{t - \tau} d\tau \tag{8-23}$$

式中，PV 为柯西主值（Cauchy principal value）。该式表示 $Y(t)$ 是 $x(t)$ 与 $1/\pi t$ 的卷积。

通过这个定义，$x(t)$ 和 $y(t)$ 组成了一个共轭复数对，得到解析信号 $Z(t)$ 如下：

$$Z(t) = X(t) + \mathrm{i}Y(t) = a(t)\mathrm{e}^{\mathrm{i}\theta(t)} \tag{8-24}$$

式中

$$\begin{cases} a(t) = \left[X^2(t) + Y^2(t)\right]^{1/2} \\ \theta(t) = \arctan\dfrac{Y(t)}{X(t)} \end{cases} \tag{8-25}$$

理论上讲，虚部的定义方法有很多种。但是 Hilbert 变换为其提供了唯一的虚部值，这就使得其结果成为一个解析函数。得到了相位，就可以得到瞬时频率 ω，因为瞬时频率 ω 就是相位的导数。

只有当信号只包括一种振动模式，而没有复杂叠加波的情况下，信号才能用瞬时频率来讨论。实际上，定义一个有意义的瞬时频率的必要条件是要求函数关于局部零平均值对称，并且零交叉点和极值点数量相同。基于此种原因，提出了固有模态函数（IMF）的概念。固有模态函数满足以下两个条件：①整个数据范围内，极值点和过零点的数量相等或者相差一个。②在任意点处，所有极大值点形成的包络线和所有极小值点形成的包络线的平均值为零。第一个条件是显而易见的，它类似于平稳过程中传统的稳定且满足高斯分布的窄带信号条件。第二个条件把传统的全局条件调整到局部情况。只有满足了这个条件，得到的瞬时频率才不会因为不对称波形的存在而引起不规则波动。这是得到正确瞬时频率的必要条件，这样瞬时频率就不包含由于不对称波形造成的波动。

8.3.2 经验模式分解

为了使用瞬时频率定义，必须要把随机数据归结为固有模态函数组件，这样才可以为每个固有模态函数组件定义瞬时频率。为了将数据归结为所需的固有模态函数组件，采用经验模式分解方法。经验模式分解方法是利用时间序列上下包络的平均值确定瞬时平衡位置，进而提取固有模态函数。

经验模式分解方法基于如下假设：①信号至少有两个极点，即一个极大值和一个极小值；②信号特征时间尺度是由极值间的时间间隔来确定的；③如果数据没有极值而仅有拐点，可以通过微分、分解、再积分的方法获得固有模态函数。

在此假设基础上，可以用经验模式分解方法将信号的固有模态筛选出来。经验模式分解过程就是筛选过程，可实现振动模式的提取。经验模式分解方法是用波动上、下包络的平均值去确定瞬时平衡位置，进而提取出固有模态函数。上、下包络线是由三次样条函数对极大值点和极小值点进行拟合得到的。

经验模式分解过程的基本过程如下。

（1）寻找信号 $x(t)$ 所有局部极大值和局部极小值。为更好保留原序列的特性，局部极大值定义为时间序列中的某个时刻的值，它只要满足既大于前一时刻的值也大于后一时刻的值即可。局部极小值的提取同理，即该时刻的值满足既小于前一时刻的值也小于后一时刻的值。使用三次样条函数进行拟合，获得上包络线 $x_{\max}(t)$ 和下包络线 $x_{\min}(t)$。

（2）计算上、下包络线的均值 $m(t) = \left[x_{\max}(t) + x_{\min}(t)\right]/2$。

（3）用原信号 $x(t)$ 减去均值 $m(t)$，得到第一个组件 $h(t) = x(t) - m(t)$。由于原始序列的差异，组件 $h(t)$ 不一定就是一个固有模态函数，如果 $h(t)$ 不满足固有模态函数的两个条件，就把 $h(t)$ 当成原始信号，重复步骤（1）～（3），直到满足条件为止，令 $I_1(t) =$

$h(t)$，至此第一个固有模态函数已经成功地提取了。由于剩余的$r(t)=x(t)-I_1(t)$仍然包含具有更长周期组件的信息，因此可以把它看成新的信号，重复上述过程，依次得到第二个$I_2(t)$，第三个$I_3(t)$，…当$r(t)$满足单调序列或常值序列条件时，终止筛选过程，认为完成了提取固有模态函数的任务，最后的$r(t)$称为余项，它是原始信号的趋势项。

由此可得$x(t)$的表达式$x(t)=\sum_{i=1}^{n}I_{i(t)}+r(t)$，即原始序列是由$n$个固有模态函数与一个趋势项组成的。整个过程就像筛选过程，根据时间特性把固有模态函数从信号中提取出来。

8.3.3　希尔伯特-黄变换方法

希尔伯特-黄变换方法的分析质量很大程度上取决于经验模式分解的质量，完成了经验模式分解过程就得到了所有可提取的固有模态函数，在 Hilbert 变换的基础上，只要根据式（8-23）～式（8-25）计算瞬时频率即可。

对固有模态函数进行 Hilbert 变换后，可以用下面方式表示信号：

$$X(t)=\sum_{j=1}^{n}a_j(t)\exp\left(i\int\omega_{i(t)}\mathrm{d}t\right) \tag{8-26}$$

这里没有考虑余项r_n，因为它只是单调函数或常量。尽管 Hilbert 变换可以把单调函数看成是振动的一部分，但是其余项中的能量很小，一般情况可以不用考虑。

由 Hilbert 变换得出的振幅和频率都是时间的函数，如果用三维图形表达幅值、频率和时间之间的关系，或者把振幅用灰度的形式显示在频率-时间平面上，就可以得到 Hilbert 谱$H(\omega，t)$。

如果把$H(\omega，t)$对时间积分，就可以得到希尔伯特边际谱$h(\omega)$，即

$$h(\omega)=\int_0^T H(\omega,t)\mathrm{d}t \tag{8-27}$$

边际谱提供了对每个频率的总振幅的量测，表达了整个时间长度内累积的振幅。另外，作为 Hilbert 边际谱的附加结果，可以得到用下式定义的希尔伯特瞬时能量：

$$\mathrm{IE}(t)=\int_\omega H^2(\omega,t)\mathrm{d}\omega \tag{8-28}$$

瞬时能量提供了信号能量随时间的变换情况。事实上，如果把振幅的平方对时间积分，可以得到希尔伯特能量谱

$$\mathrm{ES}(\omega)=\int_0^T H^2(\omega,t)\mathrm{d}t \tag{8-29}$$

希尔伯特能量谱提供了对于每个频率的能量的量测，表达了每个频率在整个时间长度内所累积的能量。

希尔伯特-黄变换的整个过程包括 EMD 分解与 Hilbert 变换，希尔伯特-黄的优越性主要体现在如下几个方面。

（1）HHT 方法是一种全新的信号分析方法，能够描绘出信号的时频谱图、边际谱、能量谱等，是一种更具有适应性的时频局域化分析方法。

（2）HHT 局部性能良好而且是自适应的，它即可以分析平稳信号，也可分析非平稳信号。它没有固定的先验基底，分解完全基于数据本身进行。固有模态函数是基于序列数据的时间特征尺度得出的，不同的数据有不同的固有模态函数，每个固有模态函数都可以认为是信号中固有的一个模态，所以通过 Hilbert 变换得到的瞬时频率具有清晰的物理意义，能够

表达信号的局部特征。

（3）HHT 的信号幅值和频率都是时间函数，IMF 表示了广义的傅里叶扩展，可变的幅值和瞬时频率不仅强化了信号信息，还使之适用于非平稳信号。通过 IMF 可以清楚地区分调幅和调频，这样就打破了傅里叶变换中固有幅值和固有频率的限制，允许分解出的 IMF 的幅值随时间变化，使信号分析更加灵活方便。同时，由于 Hilbert 变换通过微分法来定义瞬时频率，因此不需要大量的信号点来定义振动。

（4）Hilbert 谱把各 IMF 分量的幅值以灰度的形式表示在频率-时间图上，其中幅值用点的灰度表示：点越亮，幅值越大；点越暗，幅值越小。Hilbert 谱三维灰度图的形式对各分量的瞬时频率和瞬时振幅都进行了比较确切的刻画，比传统的频谱图更直观、更清晰。

（5）很多信号不是围绕水平位置振动的，这就需要从测量数据中去掉这个背景场，使之成为水平直线附近的振动。EMD 方法就可以有效地提取数据序列的均值，消除序列的趋势项，把复杂的数据分解成若干线性、平稳的模态，且不改变原数据的物理特性。

8.3.4　希尔伯特-黄变换的应用

暂态信号分析是系统故障诊断及暂态保护的基础和依据。实际系统涉及的各种暂态信号大多属于非平稳信号，传统的傅里叶变换由于其全局变换特性，无法反映这些信号的时变特征，也就不能准确地描述和提取所需的信息，因此不适合用于分析这类非平稳的暂态信号。这类非平稳的暂态信号需要使用在时域和频域都有较高分辨率的时变信号分析方法来提取相关信息。小波变换虽然具有显微镜之美誉，且应用广泛，但其本质上是一种窗口可调的傅里叶变换，是在傅里叶变换的基础上发展起来的，仍未根本摆脱傅里叶变换的局限性，而希尔伯特-黄变换具有良好的时频聚集性能，可以对信号的细节进行分析，具有很强的局部描述能力。

根据 Hibert 谱图的定义可知，Hilbert 谱图可以描述信号的能量、瞬时频率随时间变化的情况。由于雷达信号一般不使用脉内幅度调制，在对雷达信号进行脉内调制的分析中，我们感兴趣的是信号瞬时频率随时间变化的规律，因此可以利用 Hilbert 谱图来描述雷达脉内调制信号的瞬时频率随时间变化的规律，从而反映出雷达脉内调制信号的调制方式。

基于 HHT 的雷达信号脉内调制特征分析，就是运用 HHT 方法对雷达信号进行分析处理，提取雷达信号的脉内特征，从而获知信号的脉内调制方式。首先运用 EMD 对雷达脉冲信号进行分解，对分解后各分量进行 Hilbert 变换，就可绘制出 Hilbert 谱图，描述出信号瞬时频率随时间变化的规律，从而得到信号的脉内特征，最后根据脉内特征确定信号的脉内调制方式。此外，对于含噪雷达脉内信号的分析，分析前应该先进行去噪处理，再进行基于 HHT 的脉内特征分析。

根据 HHT 方法在非平稳信号处理中的优势，特别是分析结果对振动信号物理意义的清晰展示，我们自然想到将这种方法应用于地震信号的处理，必能从理论上符合地震信号处理的特点，在结果上进一步提高地震资料解释的精度。利用 EMD 方法的特点，可以将地震信号作自适应的分解，得到各阶不同分量。对各分量形成的地震剖面进行分析，这实际也形成了一种滤波方法。同时，由分解得到的 IMF 函数作 Hilbert 变换求取瞬时参数。因为 IMF 是满足 Hilbert 变换的基本条件的分量，所以能够得到置信度很高的瞬时参数，这样就提高了瞬时参数求取过程中的抗噪性能。基于 HHT 方法的特点，在地震资料处理中运用该方法，取得了初步效果。从处理结果来看，Hilbert 谱与小波谱具有相似的表达能力，但 Hilbert 谱在时域和频域内的分辨率均高于小波谱，摆脱了小波基选取的困扰，能够定量地进行时频分析，且结果可以反映系统原有的物理特性。

8.4　MATLAB 在信号的小波分析中的应用

利用 MATLAB 可以实现信号的小波分析。

【例 8-1】基于小波变换的电压暂降检测。扰动开始时刻与结束时刻分别选取在 0.05s 和 1s 的时候，频率 $f=50$hz，采样频率 $=10000$，选取 db4 作为小波分析的基函数，检测结果如图 8-9 所示。

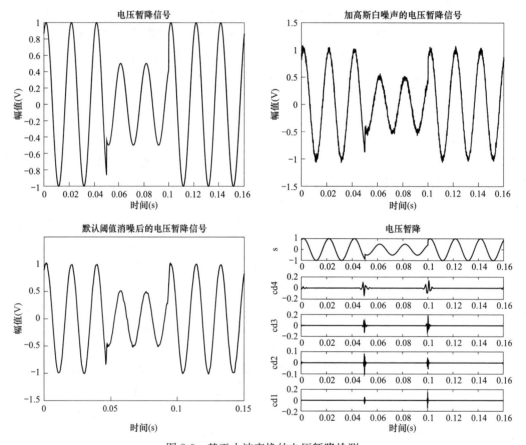

图 8-9　基于小波变换的电压暂降检测

MATLAB 程序如下：

```
clc
clear
f0=50;
fs=10000;                              % 采样频率
t=0:1/fs:0.16;                         % 时间
for i=1:length(t)
    if t(i)<0.10&&t(i)>0.05
        u1=0.5* sin(2*pi*f0*t(i)+pi/3);
        u2=0;
```

```
            y(i)=u1+u2;
        else
            u2=sin(2*pi*f0*t(i)+pi/3);
            u1=0;
            y(i)=u1+u2;
        end
    end
% 小波变换
% 信号加噪
y_noise=awgn(y,30);
% 小波去噪
% 参数设置
wname='db4';                                    % 对小波基进行选择,db、dmey、cmol 等
lev=4;                                          % 分解层数
% lev 层分解
[c,l]=wavedec(y_noise,lev,wname);
% 提取小波系数
a4=appcoef(c,l,wname,4);                        % 提取第三层的近似分量(低频部分)
d1=detcoef(c,l,1);                              % 提取第一层的细节分量(高频部分)
d2=detcoef(c,l,2);                              % 提取第二层的细节分量(高频部分)
d3=detcoef(c,l,3);                              % 提取第三层的细节分量(高频部分)
d4=detcoef(c,l,lev);
% 方法一:强制去噪
dd1=zeros(size(d1));                            % 将第一层的细节分量置零
dd2=zeros(size(d2));                            % 将第二层的细节分量置零
dd3=zeros(size(d3));
dd4=d4;                                         % 将第三层的细节分量不置零
c1=[a4 dd4 dd3 dd2 dd1];                        % 重构
y_denoise1=waverec(c1,l,wname);                 % 去噪
% 方法二:默认阈值
[thr,sorh,keepapp]=ddencmp('den','wv',y_noise);     % 获得信号的默认阈值
y_denoise2=wdencmp('gbl',c,l,wname,lev,thr,sorh,keepapp);     % 去噪
% 画图
figure;plot(t,y);xlabel('时间/s');ylabel('幅值/V');title('电压暂降信号')
figure;plot(t,y_noise);xlabel('时间/s');ylabel('幅值/V');title('加高斯白噪声的电压暂降信号')
figure;plot(t,y_denoise1);xlabel('时间/s');ylabel('幅值/V');title('强制消噪后的电压
暂降信号')
figure;plot(t,y_denoise2);xlabel('时间/s');ylabel('幅值/V');title('默认阈值消噪后的
电压暂降信号')
% 参数设置
wname='db4';                                    % 对小波基进行选择,db、dmey、cmol 等
lev=4;                                          % 分解层数
[c,l]=wavedec(y,lev,wname);                     % 对信号进行分解
```

```
AA=wrcoef('a',c,l,wname,lev);              % 近似系数重构
for i=1:lev
    DD(i,:)=wrcoef('d',c,l,wname,i);    % 细节系数重构
end
% 画图
subplot(lev+1,1,1)
plot(t,y)
ylabel('s');
for i=2:lev+1
    subplot(lev+1,1,i);
    plot(t,DD(lev+2-i,:));
    ylabel(['cd',num2str(lev+2-i)]);
end
xlabel('时间/s')
suptitle('电压暂降')
```

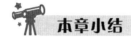

本章小结

1. 短时傅里叶变换

短时傅里叶变换是一种分析时变信号频率特性的方法,它是通过在信号上滑动一个固定长度的窗口,并对窗口内的信号片段进行傅里叶变换来实现的。这种方法结合了时间域和频域信息,可以揭示信号随时间变化的频率特性。

2. 小波变换

小波变换是一种时频分析方法,它可以在不同的尺度上对信号进行局部化分析。小波变换通过将信号与一系列缩放和平移后的小波函数进行卷积,以提取信号的时频特征。小波变换有两种主要类型:连续小波变换和离散小波变换。

3. 希尔伯特-黄变换

希尔伯特-黄变换是一种用于分析非线性和非平稳信号的时频分析方法。它主要包括两个步骤:经验模态分解和希尔伯特谱分析。

信号的稀疏表示与压缩感知

信号的稀疏表示与压缩感知作为一种高效、可靠的信号处理技术,在多个领域具有广泛的应用前景。信号的稀疏表示与压缩感知的核心思想是利用信号在某种变换域中的稀疏性质,通过较少的测量和计算来恢复原始信号。稀疏表示是指将信号表示为一系列基函数的线性组合,其中大部分系数为零或接近零。这种表示方法的关键在于找到合适的基函数,使得信号在该基函数下的表示尽可能稀疏。常见的稀疏表示方法有:小波变换、离散余弦变换、稀疏编码等。通过稀疏表示,可以从信号的局部特征中提取有用信息,从而降低信号处理的复杂性。压缩感知是稀疏表示的延伸,其核心思想是通过非均匀采样和优化算法来恢复稀疏

信号。在许多实际应用中，信号的采样和恢复过程受到硬件和计算资源的限制。压缩感知通过减少采样数量，以降低数据存储和处理的需求，同时保证信号的恢复质量。压缩感知的关键在于设计一个满足"可恢复条件"的测量矩阵，使得稀疏信号可以从少量的非均匀采样中恢复出来。

信号的稀疏表示与压缩感知技术在许多领域具有重要意义和广泛应用。在医学成像领域，压缩感知技术可以有效减少核磁共振等成像设备的采样时间，提高成像速度，同时保证成像质量，这对于需要快速成像的临床诊断具有重要意义。在无线通信领域，稀疏表示和压缩感知可以用于信道估计和信号检测。通过稀疏表示，我们可以从有限的观测数据中提取信道信息，从而提高通信系统的性能和可靠性。在图像处理领域，稀疏表示和压缩感知技术可以用于图像去噪、超分辨率重建等任务。通过稀疏表示，可以从噪声中提取出图像的主要特征，实现高质量的图像恢复。

习　题

8.1　为什么传统傅里叶变换不能很好地处理非平稳信号？短时傅里叶变换是如何解决的？

8.2　为什么说短时傅里叶变换处理实际信号时仍有重大缺陷？

8.3　小波变换的时间和频率分辨率的含义是什么？两者之间的关系是什么？

8.4　简述连续小波变换、小波级数以及离散小波变换之间的相互关系。

8.5　已知信号为 $s(t) = e^{-j\omega_0 t} + \sqrt{2\pi}\delta(t-t_0)$，如果采用窗函数 $h(t) = \left(\dfrac{a}{\pi}\right)^{1/4} e^{-at^2/2}$，求其短时傅里叶变换 $S_t(\omega)$。

8.6　令窗函数 $g(t) = \left(\dfrac{\alpha}{\pi}\right)^{1/4}\exp\left(-\dfrac{\alpha}{2}t^2\right)$，求高斯信号 $s(t) = \left(\dfrac{\beta}{\pi}\right)^{1/4}\exp\left(-\dfrac{\beta}{2}t^2\right)$ 的短时傅里叶变换 $\mathrm{STFT}(t, \omega)$。

8.7　令 $Y(t, \omega) = \displaystyle\int_{-\infty}^{\infty} y(u)\gamma^*(u-t)e^{-j\omega u}\mathrm{d}u$，表示 $y(t)$ 的短时傅里叶变换。用 $y(t)$ 和 $\gamma(t)$ 的傅里叶变换表示 $Y(t, \omega)$，并利用这一表示说明为什么要求 $\gamma(t)$ 是窄带函数？

8.8　证明信号 $z(t)$ 可以利用短时傅里叶逆变换恢复或重构，即
$$z(t) = \frac{1}{g^*(0)}\int_{-\infty}^{\infty}\mathrm{STFT}(t, f)e^{j2\pi ft}\mathrm{d}f$$

8.9　令低通滤波器 $H(\omega) = \begin{cases} 1, & |\omega| \leqslant \left|\dfrac{\pi}{2}\right| \\ 0, & \text{其他} \end{cases}$，并且 $G(\omega) = -e^{-j\omega}H^*(\omega+\pi)$，试求由 $G(\omega)$ 产生的小波函数 $\psi(t)$。

8.10　综合练习题：采集一段语音（一维信号）或者选择一幅数字图像（二维信号），对该信号进行离散小波变换实验，分析变换得到的小波系数的分布规律，体会小波变换所具备的局部化特性和多尺度特性。要求：至少进行三级小波变换；至少尝试 3 种小波基；能够同时展示信号的时域波形（或空域图像）和各级小波系数。

提示：可能用到的 MATLAB 函数如下：

```
y=wavrecord(n,fs,ch,dtype)           % 直接采集声音
im=imread('filepath');               % 读取数字图像
y=wavread('filepath')                % 读取 .wav 文件
[ca,cd]=dwt(y,'wname');              % 一维离散小波变换
[ca,cv,ch,cd]=dwt2(im,'wname');      % 二维离散小波变换
figure,plot(x,y);% 画波形
```

8.11　在语音信号处理中，"端点"的检测是一个很重要的问题，其目的是检测说话人发出声音的开始点和结束点。请问若用小波分析进行语音端点检测，你有什么思路或者方法？并简要分析所提出方法的难点。

附　　录

附录一　卷　积　表

序号	$f_1(t)$	$f_2(t)$	$f_1(t) * f_2(t)$
1	$f(t)$	$\delta(t)$	$f(t)$
2	$f(t)$	$\varepsilon(t)$	$\displaystyle\int_{-\infty}^{t} f(\lambda)\mathrm{d}\lambda$
3	$f(t)$	$\delta'(t)$	$f'(t)$
4	$\varepsilon(t)$	$\varepsilon(t)$	$t\varepsilon(t)$
5	$\varepsilon(t)-\varepsilon(t-t_1)$	$\varepsilon(t)$	$t\varepsilon(t)-(t-t_1)\varepsilon(t-t_1)$
6	$\varepsilon(t)-\varepsilon(t-t_1)$	$\varepsilon(t)-\varepsilon(t-t_2)$	$t\varepsilon(t)-(t-t_1)\varepsilon(t-t_1)-(t-t_2)\varepsilon(t-t_2)+(t-t_1-t_2)\cdot\varepsilon(t-t_1-t_2)$
7	$e^{at}\varepsilon(t)$	$\varepsilon(t)$	$-\dfrac{1}{\alpha}(1-e^{at})\varepsilon(t)$
8	$e^{at}\varepsilon(t)$	$\varepsilon(t)-\varepsilon(t-t_1)$	$-\dfrac{1}{\alpha}(1-e^{at})[\varepsilon(t)-\varepsilon(t-t_1)]\dfrac{1}{\alpha}(e^{-at_1}-1)e^{at}\varepsilon(t-t_1)]$
9	$e^{at}\varepsilon(t)$	$e^{at}\varepsilon(t)$	$te^{at}\varepsilon(t)$
10	$e^{a_1 t}\varepsilon(t)$	$e^{a_2 t}\varepsilon(t)$	$\dfrac{1}{\alpha_1-\alpha_2}\left(e^{a_1 t}-e^{a_2 t}\right)\varepsilon(t)\quad \alpha_1\neq\alpha_2$
11	$e^{at}\varepsilon(t)$	$t^n\varepsilon(t)$	$\dfrac{n!}{a^{n+1}}e^{at}\varepsilon(t)-\displaystyle\sum_{j=0}^{n}\dfrac{n!}{\alpha^{j+1}(n-j)!}t^{n-j}\varepsilon(t)$
12	$t^m\varepsilon(t)$	$t^n\varepsilon(t)$	$\dfrac{m!n!}{(m+n+1)!}t^{m+n+1}\varepsilon(t)$
13	$t^m e^{a_1 t}\varepsilon(t)$	$t^n e^{a_2 t}\varepsilon(t)$	$\displaystyle\sum_{j=0}^{m}\dfrac{(-1)^j m!(n+j)!}{j!(m-j)!(\alpha_1-\alpha_2)^{n+j+1}}t^{m-j}e^{a_1 t}\varepsilon(t)+$ $\displaystyle\sum_{k=0}^{n}\dfrac{(-1)^k n!(m+k)!}{k!(n-k)!(\alpha_1-\alpha_2)^{m+k+1}}t^{n-k}e^{a_2 t}\varepsilon(t)\quad \alpha_1\neq\alpha_2$
14	$e^{-at}\cos(\beta t+\theta)\varepsilon(t)$	$e^{\lambda t}\varepsilon(t)$	$\left[\dfrac{\cos(\theta-\varphi)}{\sqrt{(\alpha+\lambda)^2+\beta^2}}e^{\lambda t}-\dfrac{e^{-at}\cos(\beta t+\theta-\varphi)}{\sqrt{(\alpha+\lambda)^2+\beta^2}}\right]\varepsilon(t)$ 其中 $\varphi=\arctan\left(\dfrac{-\beta}{\alpha+\lambda}\right)$

附录二　常用周期信号的傅里叶级数表

信号名称	周期信号 $f(t)$ 波形	特点 对称性	特点 冲激出现在	傅里叶级数 $f(t)=a_0+\sum_{n=1}^{\infty}\left[a_n\cos(n\omega_1 t)+b_n\sin(n\omega_1 t)\right]\;(n=1,2,\cdots)$ a_0	a_n	b_n	特点 包含的频率分量	特点 谐波幅度收敛速率
一般周期信号				$\dfrac{1}{T_1}\displaystyle\int_{t_0}^{t_0+T_1}f(t)\mathrm{d}t$	$\dfrac{2}{T_1}\displaystyle\int_{t_0}^{t_0+T_1}f(t)\cdot\cos(n\omega_1 t)\mathrm{d}t$	$\dfrac{2}{T_1}\displaystyle\int_{t_0}^{t_0+T_1}f(t)\cdot\sin(n\omega_1 t)\mathrm{d}t$	$n\omega_1$	
周期矩形信号		偶函数	$f'(t)$	$\dfrac{E\tau}{T_1}$	$\dfrac{2E}{n\pi}\sin\left(\dfrac{n\pi\tau}{T_1}\right)$ $=\dfrac{E\tau\omega_1}{\pi}\mathrm{sa}\left(\dfrac{n\omega_1\tau}{2}\right)$	0	$0,n\omega_1$	$\dfrac{1}{n}$
		偶函数，奇谐函数	$f'(t)$	0	$\dfrac{2E}{n\pi}\sin\left(\dfrac{n\pi}{2}\right)$	0	基波和奇次谐波的余弦分量	$\dfrac{1}{n}$
周期对称方波信号		奇函数，奇谐函数	$f'(t)$	0	0	$\dfrac{2E}{n\pi}\sin^2\left(\dfrac{n\pi}{2}\right)$	基波和奇次谐波的正弦分量	$\dfrac{1}{n}$

续表

傅里叶级数 $f(t) = a_0 + \sum_{n+1}^{\infty}[a_n\cos(n\omega_1 t) + b_n\sin(n\omega_1 t)]$ $(n=1,2,\cdots)$

信号名称	周期信号 $f(t)$ 波形	特点 对称性	特点 冲激出现在	a_0	a_n	b_n	特点 包含的频率分量	特点 谐波幅度收敛速率
周期锯齿信号		奇函数	$f'(t)$	0	0	$(-1)^{n+1}\dfrac{E}{n\pi}$	正弦分量	$\dfrac{1}{n}$
周期锯齿信号		去直流后为奇函数	$f'(t)$	$\dfrac{E}{2}$	0	$\dfrac{E}{n\pi}$	直流和正弦分量	$\dfrac{1}{n}$
		偶函数，去直流后为奇谐函数	$f''(t)$	$\dfrac{E}{2}$	$\dfrac{4E}{(n\pi)^2}\sin^2\left(\dfrac{n\pi}{2}\right)$	0	直流和基波、奇次谐波的余弦分量	$\dfrac{1}{n^2}$
周期三角信号		奇函数，奇谐函数	$f''(t)$	0	0	$\dfrac{4E}{(n\pi)^2}\sin\left(\dfrac{n\pi}{2}\right)$	基波和奇次谐波的正弦分量	$\dfrac{1}{n^2}$

续表

周期信号 $f(t)$		特点		傅里叶级数 $f(t) = a_0 + \sum\limits_{n+1}^{\infty}[a_n\cos(n\omega_1 t) + b_n\sin(n\omega_1 t)]$ $(n = 1,2,\cdots)$			特点	
信号名称	波形	对称性	冲激出现在	a_0	a_n	b_n	包含的频率分量	谐波幅度收敛速率
周期半波余弦信号		偶函数		$\dfrac{E}{\pi}$	$\dfrac{2E}{(1-n^2)\pi}\cdot\cos\left(\dfrac{n\pi}{2}\right)$	0	直流和基波、偶次谐波的余弦分量	$\dfrac{1}{n^2}$
周期全波余弦信号		偶函数		$\dfrac{2E}{\pi}$	$(-1)^{n+1}\cdot\dfrac{4E}{(4n^2-1)\pi}$	0	直流和基波以及各次谐波的余弦分量	$\dfrac{1}{n^2}$

附录三　常用信号的傅里叶变换表

序号	信号名称	时间函数 $f(t)$	波形图	频谱函数 $F(\omega)=|F(\omega)|e^{j\varphi(\omega)}$	频谱图
1	单边指数脉冲	$Ee^{-at}\varepsilon(t)$ $(a>0)$		$\dfrac{E}{a+j\omega}$	
2	双边指数脉冲	$Ee^{-a|t|}$ $(a>0)$		$\dfrac{2aE}{a^2+\omega^2}$	
3	矩形脉冲	$\begin{cases} E & |t|<\dfrac{\tau}{2} \\ 0 & |t|\geqslant\dfrac{\tau}{2} \end{cases}$		$E\tau Sa\left(\dfrac{\omega\tau}{2}\right)=\dfrac{2E}{\omega}\sin\left(\dfrac{\omega\tau}{2}\right)$	
4	钟形脉冲	$Ee^{-\left(\frac{t}{\tau}\right)^2}$		$\sqrt{\pi}E\tau e^{-\left(\frac{\omega\tau}{2}\right)^2}$	

续表

序号	信号名称	时间函数 $f(t)$	波形图	频谱函数 $F(\omega)=|F(\omega)|\mathrm{e}^{|\mathrm{j}\varphi(\omega)|}$	频谱图
5	余弦脉冲	$\begin{cases} E\cos\left(\dfrac{\pi t}{\tau}\right) & |t|<\dfrac{\tau}{2} \\ 0 & |t|\geq\dfrac{\tau}{2} \end{cases}$	波形 $f(t)$，峰值 E，区间 $-\dfrac{\tau}{2}$ 到 $\dfrac{\tau}{2}$	$\dfrac{2E\tau}{\pi}\left[\dfrac{\cos\dfrac{\omega\tau}{2}}{1-\left(\dfrac{\omega\tau}{\pi}\right)^2}\right]$	$f(\omega)$，峰值 $\dfrac{2}{\pi}E\tau$，零点 $\dfrac{3\pi}{\tau}$、$\dfrac{5\pi}{\tau}$
6	升余弦脉冲	$\begin{cases} \dfrac{E}{2}\left[1+\cos\left(\dfrac{2\pi t}{\tau}\right)\right] & |t|<\dfrac{\tau}{2} \\ 0 & |t|\geq\dfrac{\tau}{2} \end{cases}$	波形 $f(t)$，峰值 E，区间 $-\dfrac{\tau}{2}$ 到 $\dfrac{\tau}{2}$	$\dfrac{E\tau}{2}\dfrac{\left(\mathrm{sa}\dfrac{\omega\tau}{2}\right)}{1-\left(\dfrac{\omega\tau}{2\pi}\right)^2}$	$F(\omega)$，峰值 $\dfrac{E\tau}{2}$，零点 $\dfrac{4\pi}{\tau}$、$\dfrac{6\pi}{\tau}$
7	三角脉冲	$\begin{cases} E\left(1-\dfrac{2|t|}{\tau}\right) & |t|<\dfrac{\tau}{2} \\ 0 & |t|\geq\dfrac{\tau}{2} \end{cases}$	波形 $f(t)$，峰值 E，区间 $-\dfrac{\tau}{2}$ 到 $\dfrac{\tau}{2}$	$\dfrac{E\tau}{2}\,\mathrm{sa}^2\left(\dfrac{\omega\tau}{4}\right)=\dfrac{8E}{\omega^2\tau}\sin^2\left(\dfrac{\omega\tau}{4}\right)$	$F(\omega)$，峰值 $\dfrac{E\tau}{2}$，零点 $\dfrac{4\pi}{\tau}$、$\dfrac{8\pi}{\tau}$
8	锯齿脉冲	$\begin{cases} \dfrac{E}{a}(t+a) & -a<t<0 \\ 0 & \text{其他} \end{cases}$	波形 $f(t)$，峰值 E，在 $-a$ 处	$\dfrac{E}{a\omega^2}(1+\mathrm{j}a\omega-\mathrm{e}^{+\mathrm{j}\omega a})$	

续表

序号	信号名称	时间函数 $f(t)$	波形图	频谱函数 $F(\omega)=\|F(\omega)\|e^{j\varphi(\omega)}$	频谱图
9	梯形脉冲	$\begin{cases}\dfrac{2E}{\tau-\tau_1}\left(t+\dfrac{\tau}{2}\right) & -\dfrac{\tau}{2}<t<-\dfrac{\tau_1}{2}\\[2mm] E & -\dfrac{\tau_1}{2}<t<\dfrac{\tau_1}{2}\\[2mm] \dfrac{2E}{\tau-\tau_1}\left(\dfrac{\tau}{2}-t\right) & -\dfrac{\tau}{2}<t<\dfrac{\tau}{2}\\[2mm] 0 & 其他\end{cases}$		$\dfrac{8E}{(\tau-\tau_1)\omega^2}\sin\left[\dfrac{\omega(\tau+\tau_1)}{4}\right]\cdot\sin\left[\dfrac{\omega(\tau-\tau_1)}{4}\right]$	
10	抽样脉冲	$\mathrm{sa}(\omega_c t)=\dfrac{\sin(\omega_c t)}{\omega_c t}$		$\begin{cases}\dfrac{\pi}{\omega_c} & \|\omega\|<\omega_c\\[2mm] 0 & \|\omega\|<\omega_c\end{cases}$	
11	指数脉冲	$te^{-at}\varepsilon(t)\quad(a>0)$		$\dfrac{1}{(a+j\omega)^2}$	
12	冲激函数	$E\delta(t)$		E	
13	阶跃函数	$E\varepsilon(t)$		$\dfrac{E}{j\omega}+\pi E\delta(\omega)$	

续表

序号	信号名称	时间函数 $f(t)$	波形图	频谱函数 $F(\omega)=\|F(\omega)\|e^{j\varphi(\omega)}$	频谱图
14	符号函数	$E\,\mathrm{sgn}(t)$		$\dfrac{2E}{j\omega}$	
15	直流信号	E		$2\pi E\delta(\omega)$	
16	冲激序列	$\delta_{\mathrm{T}}(t)=\displaystyle\sum_{n=-\infty}^{\infty}\delta(t-nT_1)$		$\omega_1\displaystyle\sum_{n=-\infty}^{\infty}\delta(\omega-n\omega_1)$ $\left(\omega_1=\dfrac{2\pi}{T_1}\right)$	
17	余弦信号	$E\cos(\omega_0 t)$		$E\pi[\delta(\omega+\omega_0)+\delta(\omega-\omega_0)]$	
18	正弦信号	$E\sin(\omega_0 t)$		$j\pi E[\delta(\omega+\omega_0)-\delta(\omega-\omega_0)]$	

续表

序号	信号名称	时间函数 $f(t)$	波形图	频谱函数 $F(\omega)=\|F(\omega)\|\mathrm{e}^{\mathrm{j}\varphi(\omega)}$	频谱图
19	单边余弦信号	$E\cos(\omega_0 t)\varepsilon(t)$		$\dfrac{E\pi}{2}[\delta(\omega+\omega_0)+\delta(\omega-\omega_0)]$ $+\dfrac{\mathrm{j}\omega E}{\omega_0^2-\omega^2}$	
20	单边正弦信号	$E\sin(\omega_0 t)\varepsilon(t)$		$\dfrac{E\pi}{2\mathrm{j}}[\delta(\omega-\omega_0)-\delta(\omega+\omega_0)]$ $+\dfrac{\omega_0 E}{\omega_0^2-\omega^2}$	
21	复指数信号	$E\mathrm{e}^{\mathrm{j}\omega_0 t}$		$2\pi E\delta(\omega-\omega_0)$	
22	单边减幅正弦信号	$\mathrm{e}^{-at}\sin(\omega_0 t)\varepsilon(t)$ $(a>0)$		$\dfrac{\omega_0}{(a+\mathrm{j}\omega)^2+\omega_0^2}$	
23	单边减幅余弦信号	$\mathrm{e}^{-at}\cos(\omega_0 t)\varepsilon(t)$ $(a>0)$		$\dfrac{a+\mathrm{j}\omega}{(a+\mathrm{j}\omega)^2+\omega_0^2}$	

续表

序号	信号名称	时间函数 $f(t)$	波形图	频谱函数 $F(\omega)=|F(\omega)|e^{j\varphi(\omega)}$	频谱图
24	单边衰减信号	$\dfrac{1}{\beta-\alpha}(e^{-\alpha t}-e^{-\beta t})\varepsilon(t)$ $(\alpha\neq\beta)$		$\dfrac{1}{(j\omega+\alpha)(j\omega+\beta)}$	
25	斜变信号	$t\varepsilon(t)$		$j\pi\delta'(\omega)-\dfrac{1}{\omega^2}$	
26	矩形调幅信号	$\left[\varepsilon\left(t+\dfrac{\tau}{2}\right)-\varepsilon\left(t-\dfrac{\tau}{2}\right)\right]\cos(\omega_0 t)$		$\left[\mathrm{sa}\dfrac{(\omega+\omega_0)\tau}{2}+\mathrm{sa}\dfrac{(\omega-\omega_0)\tau}{2}\right]\dfrac{\tau}{2}$	

附录四　几何级数的求值公式表

序号	公式
1	$$\sum_{n=0}^{n_2} a^n = \begin{cases} \dfrac{1-a^{n_2+1}}{1-a} & a \neq 1 \\ n_2+1 & a=1 \end{cases}$$
2	$$\sum_{n=n_1}^{n_2} a^n = \begin{cases} \dfrac{a^{n_1}-a^{n_2+1}}{1-a} & a \neq 1 \\ n_2-n_1+1 & a=1 \end{cases}$$
3	$$\sum_{n=0}^{\infty} a^n = \frac{1}{1-a} \qquad |a|<1$$
4	$$\sum_{n=1}^{\infty} a^n = \frac{a}{1-a} \qquad |a|<1$$
5	$$\sum_{n=n_1}^{\infty} a^n = \frac{a^{n_1}}{1-a} \qquad |a|<1$$

注　对于公式 2 中 $n_1 \leqslant n_2$，n_1 与 n_2 可以是正数，也可以是负数。

下面证明表中的各公式：

(1) 公式 1。

$$\sum_{n=0}^{n_2} a^n = \left\{ \frac{1-a^{n_2+1}}{1-a} \right. \qquad (a \neq 1)$$

以（$1-a$）乘等式两端，左端得到

$$(1+a+a^2+\cdots+a^{n_2})(1-a)$$

经逐项相乘展开，即可证明它与等式右端相等。

$$\sum_{n=0}^{n_2} a^n = n_2+1 \qquad (a=1)$$

很明显，级数由 n_2+1 项组成，其中每项都是 1。

(2) 公式 2。

利用上述结果容易构成

$$\sum_{n=n_1}^{n_2} a^n = \sum_{n=0}^{n_2} a^n - \sum_{n=0}^{n_1-1} a^n$$

$$= \frac{1-a^{n_2+1}}{1-a} - \frac{1-a^{n_1}}{1-a}$$

$$= \frac{a^{n_1}-a^{n_2+1}}{1-a} \qquad (a \neq 1)$$

$$\sum_{n=n_1}^{n_2} a^n = n_2+1-n_1$$

$$= n_2-n_1+1 \qquad (a=1)$$

（3）公式 5。

注意到，若 $|a|<1$，则有

$$\lim_{n \to \infty} a^n = 0$$

$$\sum_{n=n_1}^{\infty} a^n = \lim_{n_2 \to \infty} \sum_{n_1}^{n_2} a^n$$

$$= \lim_{n_2 \to \infty} \left[\frac{a^{n_1}}{1-a} - \frac{a^{n_2+1}}{1-a} \right]$$

$$= \frac{a^{n_1}}{1-a} \qquad (|a|<1, \ n \geqslant 0)$$

（4）公式 3 与公式 4。

令公式 5 中的 n 分别等于 0 或 1，即可得到：

$$\sum_{n=0}^{\infty} a^n = \frac{1}{1-a} \qquad (|a|<1)$$

$$\sum_{n=1}^{\infty} a^n = \frac{a}{1-a} \qquad (|a|<1)$$

（5）结果推广。

在以上证明过程中，假定 n_1 和 n_2 都是正数，现可将结果推广至 n_1，n_2 为负数的一般情况

若 $n_1 < 0 \leqslant n_2$，则有

$$\sum_{n=n_1}^{n_2} a^n = \sum_{n=n_1}^{-1} a^n + \sum_{n=0}^{n_2} a^n$$

以 $m = -n$ 置换等式右端第一项中的序数得

$$\sum_{n=n_1}^{n_2} a^n = \sum_{m=1}^{-n_1} \left(\frac{1}{a} \right)^m + \sum_{n=0}^{n_2} a^n$$

$$= \frac{\left(\frac{1}{a} \right) - \left(\frac{1}{a} \right)^{-n_1+1}}{1 - \frac{1}{a}} + \frac{1 - a^{n_2+1}}{1-a}$$

$$= \frac{a^{n_1} - a^{n_2+1}}{1-a} \qquad (a \neq 1)$$

若 $n_1 < n_2 \leqslant 0$，再次利用 $m = -n$ 置换，得到

$$\sum_{n=n_1}^{n_2} a^n = \sum_{m=1}^{-n_1} \left(\frac{1}{a} \right)^m$$

$$= \frac{\left(\frac{1}{a} \right)^{n_2} - \left(\frac{1}{a} \right)^{-n_1+1}}{1 - \frac{1}{a}}$$

$$= \frac{a^{n_1} - a^{n_2+1}}{1-a} \qquad (a \neq 1)$$

最后，对于 $a=1$，求上式 $a \to 1$ 的极限，借助洛必达法则，即可得到

$$\sum_{n=n_1}^{n_2} a^n = n_2 - n_1 + 1 \qquad (a=1)$$

至此，表中的公式全部得到证明。

附录五　序列的 z 变换表

序号	序列 $x(n)$	单边 z 变换 $X(z)=\sum\limits_{n=0}^{\infty}x(n)z^{-n}$	收敛域 $\lvert z\rvert>R$
1	$\delta(n)$	1	$\lvert z\rvert\geqslant0$
2	$\delta(n-m)\ (m>0)$	z^{-m}	$\lvert z\rvert>0$
3	$\varepsilon(n)$	$\dfrac{z}{z-1}$	$\lvert z\rvert>1$
4	n	$\dfrac{z}{(z-1)^2}$	$\lvert z\rvert>1$
5	n^2	$\dfrac{z(z+1)}{(z-1)^3}$	$\lvert z\rvert>1$
6	n^3	$\dfrac{z(z^2+4z+1)}{(z-1)^4}$	$\lvert z\rvert>1$
7	n^4	$\dfrac{z(z^3+11z^2+11z+1)}{(z-1)^5}$	$\lvert z\rvert>1$
8	n^5	$\dfrac{z(z^4+26z^3+66z^2+26z+1)}{(z-1)^6}$	$\lvert z\rvert>1$
9	a^n	$\dfrac{z}{z-a}$	$\lvert z\rvert>\lvert a\rvert$
10	na^n	$\dfrac{az}{(z-a)^2}$	$\lvert z\rvert>\lvert a\rvert$
11	n^2a^n	$\dfrac{az(z+a)}{(z-a)^3}$	$\lvert z\rvert>\lvert a\rvert$
12	n^3a^n	$\dfrac{az(z^2+4az+a^2)}{(z-a)^4}$	$\lvert z\rvert>\lvert a\rvert$
13	n^4a^n	$\dfrac{az(z^3+11az^2+11a^2z+a^3)}{(z-a)^5}$	$\lvert z\rvert>\lvert a\rvert$
14	n^5a^n	$\dfrac{az(z^4+26az^3+66a^2z^2+26a^3z+a^4)}{(z-a)^6}$	$\lvert z\rvert>\lvert a\rvert$
15	$(n+1)a^n$	$\dfrac{z^2}{(z-a)^2}$	$\lvert z\rvert>\lvert a\rvert$
16	$\dfrac{(n+1)\cdots(n+m)a^n}{m!}\ (m\geqslant1)$	$\dfrac{z^{m+1}}{(z-a)^{m+1}}$	$\lvert z\rvert>\lvert a\rvert$
17	e^{bn}	$\dfrac{z}{z-e^b}$	$\lvert z\rvert>\lvert e^b\rvert$
18	$e^{jn\omega_0}$	$\dfrac{z}{z-e^{j\omega_0}}$	$\lvert z\rvert>1$
19	$\sin(n\omega_0)$	$\dfrac{z\sin\omega_0}{z^2-2z\cos\omega_0+1}$	$\lvert z\rvert>1$
20	$\cos(n\omega_0)$	$\dfrac{z(z-\cos\omega_0)}{z^2-2z\cos\omega_0+1}$	$\lvert z\rvert>1$
21	$\beta^n\sin(n\omega_0)$	$\dfrac{\beta z\sin\omega_0}{z^2-2\beta z\cos\omega_0+\beta^2}$	$\lvert z\rvert>\lvert\beta\rvert$

序号	序列 $x(n)$	单边 z 变换 $X(z) = \sum\limits_{n=0}^{\infty} x(n)z^{-n}$	收敛域 $\lvert z \rvert > R$
22	$\beta^n \cos(n\omega_0)$	$\dfrac{z\,(z-\cos\omega_0)}{z^2 - 2\beta z\cos\omega_0 + \beta^2}$	$\lvert z \rvert > \lvert \beta \rvert$
23	$\sin(n\omega_0 + \theta)$	$\dfrac{z\,[z\sin\theta + \sin(\omega_0 - \theta)]}{z^2 - 2z\cos\omega_0 + 1}$	$\lvert z \rvert > 1$
24	$\cos(n\omega_0 + \theta)$	$\dfrac{z\,[z\cos\theta - \cos(\omega_0 - \theta)]}{z^2 - 2z\cos\omega_0 + 1}$	$\lvert z \rvert > 1$
25	$na^n \sin(n\omega_0)$	$\dfrac{z(z-a)\,(z+a)\,a\sin\omega_0}{(z^2 - 2az\cos\omega_0 + a^2)^2}$	
26	$na^n \cos(n\omega_0)$	$\dfrac{az[z^2\cos\omega_0 - 2az + a^2\cos\omega_0]}{(z^2 - 2az\cos\omega_0 + a^2)^2}$	
27	$\sinh(n\omega_0)$	$\dfrac{z\sinh\omega_0}{z^2 - 2z\cosh\omega_0 + 1}$	
28	$\cosh(n\omega_0)$	$\dfrac{z(z-\cosh\omega_0)}{z^2 - 2z\cosh\omega_0 + 1}$	
29	$\dfrac{a^n}{n!}$	$\mathrm{e}^{\frac{a}{z}}$	
30	$\dfrac{1}{(2n)!}$	$\cosh(z^{-\frac{1}{2}})$	
31	$\dfrac{(\ln a)^n}{n!}$	$a^{1/z}$	
32	$\dfrac{1}{n}$ $(n=1,\ 2,\ \cdots)$	$\ln\left(\dfrac{z}{z-1}\right)$	
33	$\dfrac{n(n-1)}{2!}$	$\dfrac{z}{(z-1)^3}$	
34	$\dfrac{n(n-1)\ \cdots\ (n-m+1)}{m!}$	$\dfrac{z}{(z-1)^{m+1}}$	

参 考 文 献

[1] 陈后金,胡健,薛健,李居朋. 信号与系统 [M]. 3 版. 北京：高等教育出版社,2020.

[2] 郑君里,应启珩,杨为理. 信号与系统引论 [M]. 3 版. 北京：高等教育出版社,2024.

[3] 赵光宙. 信号分析与处理 [M]. 3 版. 北京：机械工业出版社,2019.

[4] 熊庆旭,刘锋,常青. 信号与系统 [M]. 3 版. 北京：高等教育出版社,2022.

[5] 郭宝龙,闫允一,朱娟娟,等,工程信号与系统 [M]. 2 版. 北京：高等教育出版社,2024.

[6] 崔翔. 信号分析与处理 [M]. 3 版. 北京：中国电力出版社,2016.

[7] 管涛. 信号分析与处理 [M]. 北京：清华大学出版社,2016.

[8] 李泽光. 信号与系统分析和应用 [M]. 北京：高等教育出版社,2016.

[9] 奥本海姆,威尔斯基,纳瓦卜. 信号与系统 [M]. 2 版. 刘树棠,译. 北京：电子工业出版社,
     2020.

[10] 张贤达,现代信号处理 [M]. 3 版. 北京：清华大学出版社,2015.

[11] 宗伟,盛惠兴,杜鹏英. 信号与系统分析 [M]. 3 版. 北京：中国电力出版社,2015.

[12] 王宝祥. 信号与系统 [M]. 北京：高等教育出版社,2015.

[13] 吴湘淇. 信号与系统 [M]. 3 版. 北京：电子工业出版社,2009.

[14] 管致中,夏恭恪,孟桥. 信号与线性系统 [M]. 6 版. 北京：高等教育出版社,2016.

[15] 陈生潭,郭宝龙,李学武,等. 信号与系统 [M]. 2 版. 西安：西安电子科技大学出版社,2001.

[16] 王永德,王军. 随机信号分析基础 [M]. 5 版. 北京：电子工业出版社,2019.

[17] 吴大正. 信号与线性系统 [M]. 4 版. 北京：中国水利水电出版社,2022

[18] 张旭东. 现代信号分析和处理 [M]. 北京：清华大学出版社,2018.

[19] 卜雄洙,吴键,牛杰. 现代信号分析和处理 [M]. 北京：清华大学出版社,2018.

[20] 刘明才. 小波分析及其应用 [M]. 2 版. 北京：清华大学出版社,2013.

[21] 王慧琴. 小波分析与应用 [M]. 北京：北京邮电大学出版社,2011.

[22] 程佩青. 数字信号处理教程 [M]. 4 版. 北京：清华大学出版社,2015.

[23] 胡广书. 数字信号处理——理论、算法与实现 [M]. 4 版. 北京：清华大学出版社,2023.

[24] 罗鹏飞,张文明. 随机信号分析与处理 [M]. 2 版. 北京：清华大学出版社,2012.

[25] Oppenheim Alan, Willsky Alan, Nawab S. Signals and Systems [M]. Pearson Education Limited,
      2013.

[26] Oppenheim Alan, Schafer Ronald. Discrete-Time Signal Processing [M]. Pearson Education Limit-
      ed, 2013.

[27] 普园媛,柏正尧,赵征鹏. MATLAB 信号处理仿真实践 [M]. 北京：科学出版社,2021.

[28] 李欣. MATLAB 信号处理与应用 [M]. 北京：机械工业出版社,2021.

[29] 崔丽. MATLAB 小波分析与应用：30 个案例分析 [M]. 北京：北京航空航天大学出版社,2016.